PHYSIOGEOGRAPHICA

BASLER BEITRÄGE ZUR PHYSIOGEOGRAPHIE

Band 6

QUANTITATIVE BESTIMMUNG DER BODENEROSION UNTER BERÜCKSICHTIGUNG DES ZUSAMMENHANGS EROSION-NÄHRSTOFF-ABFLUSS IM OBEREN LANGETE-EINZUGSGEBIET (NAPFGEBIET, SÜDLICH HUTTWIL)

mit 51 Abbildungen und 47 Tabellen

von

Josef Rohrer

Basel 1985

PHYSIOGEOGRAPHICA

Geographisches Institut der Universität Basel
Klingelbergstraße 16
CH-4056 Basel

Der vorliegende Band erscheint gleichzeitig als Dissertation der Philosophisch-Naturwissenschaftlichen Fakultät der Universität Basel

Abschluß des Manuskripts: Januar 1985

DAS BASLER BODENEROSIONSFORSCHUNGSKONZEPT: HEUTIGER STAND UND AKTUELLE PROBLEME

Hartmut Leser
Forschungsgruppe Physiogeographie und Geoökologie
Geographisches Institut der Universität Basel

1. Einleitung

Die Bodenerosion wird inzwischen auch als *Problem der schweizerischen Landwirtschaft* erkannt, nachdem man davor die Augen verschlossen hatte und die Anfänge der Basler Forschungsarbeiten[1] vor rund zehn Jahren selbst in Fachkreisen wohl zunächst nicht richtig einzuschätzen verstand. Für die Forschungsgruppe Bodenerosion am Geographischen Institut kann mit einer gewissen Genugtuung vermerkt werden, daß sich verschiedene Forschergruppen anderer Institutionen diesem Problemkreis jetzt ebenfalls zuwenden. Damit wird für den Sektor Bodenerosion endlich jene breite Grundlagenforschungsarbeit in Angriff genommen, die schon längst überfällig war und die von einer einzelnen Arbeitsgruppe – selbstverständlich – landesweit nicht abgedeckt werden kann.

Der "Stand und (die) Perspektiven" wurden an dieser Stelle (H.LESER 1983 c)[2] im Zusammenhang mit dem Erscheinen der Dissertation W.SEILER (1983 a) dargestellt, so daß sich eine Wiederholung dieser Aspekte erübrigt. Ebenfalls an dieser Stelle wurde der Ansatz der Forschungsarbeiten dargelegt, der grundsätzlich geoökologischer Natur ist.[3] Hier sollen – im Zusammenhang mit der vorliegenden Arbeit von J.ROHRER (1985) – Fragen der *Projektstruktur und deren Weiterentwicklung*, vor dem Hintergrund der Ergebnisse der vorliegenden Dissertation und anderen laufenden oder beginnenden Arbeiten, erörtert werden.

---

1) Der Verfasser und seine Mitarbeiter sind dem Schweizerischen Nationalfonds zur Förderung der Wissenschaften (SNF) zu tiefem Dank dafür verpflichtet, daß er frühzeitig das Projekt in seine Förderung aufnahm und dessen Langfristcharakter erkannte. Ohne die große Unterstützung des Projektes durch den SNF wäre das Programm nicht in der jetzt bestehenden Tiefe und Breite durchzuführen gewesen.

2) Literatur: Siehe anschließendes "Schriftenverzeichnis Bodenerosion".

3) Darauf wurde vom Verfasser in verschiedenen Beiträgen immer wieder hingewiesen: Die Bodenerosion ist ein Prozeß des Landschaftshaushaltes und somit als solcher zu erforschen, d.h. unter Einbezug zahlreicher Randbedingungen, die das Ökosystem, innerhalb dessen sich die Bodenerosion abspielt, ausmachen. – Der Verfasser ist dem Schweizerischen Verband der Ingenieur-Agronomen und der Lebensmittel-Ingenieure (SVIAL) besonders dankbar, daß es ihm möglich war, auf der SVIAL-Fortbildungsveranstaltung in der Kantonalen Landwirtschaftsschule des Aargaus am 17. Mai 1985 in Frick diese Problematik vor einem großen Kreis Praktiker darstellen zu dürfen.

2. Die vorliegende Arbeit im Rahmen des SNF-Projektes "Quantitative Bodenerosionsforschung auf schweizerischen Agrarflächen"

Die Untersuchungen werden und wurden durchgeführt in unterschiedlich geomorphologisch und geoökologisch ausgestatteten *Landschaftstypen*:

- Hochrhein ("Möhliner Feld") = H seit 1975
- Tafeljura ("Jura I" = "Rothenfluh-Anwil") = JI seit 1978
- Napf-Bergland ("Napf" = "Eriswil") = N 1980-1983
- Tafeljura ("Jura II" = "Oberlauf Ergolz") = JII seit 1983

Die Gebietslagen sind den Abbildungen 1 und 2 zu entnehmen. Einzelheiten über die geoökologische Gebietsstruktur sind in den Arbeiten R.-G.SCHMIDT (1979 a), W.SEILER (1983 a) und J.ROHRER (1985) enthalten. Eine knappe Übersicht über die Konzept- und Gebietsproblematik im Quervergleich findet sich bei H.LESER.[4)]

Das Gesamtprojekt ist, wegen seiner Witterungsabhängigkeit, längerfristig – aber nicht unendlich – konzipiert. Die *Basisuntersuchungsgebiete* bleiben vorerst erhalten. Dazu gehören das Möhliner Feld und das Gebiet Jura I. In beiden Gebieten findet sich eine gut ausgebaute technische Infrastruktur und es wird Problemen nachgegangen, die weit über die engere Frage der Bodenerosion des betreffenden Raumes hinausgehen. Das heißt, vor allem die geoökologischen Randbedingungen (JI, H), aber auch Fragen der aktuellen agrarwirtschaftlichen Nutzung (H) stehen auf dem Untersuchungsprogramm. Beide Gebiete werden am längsten bearbeitet und beide weisen zugleich umfangreiche Beziehungen zu den geoökologischen Programmen der Forschungsgruppe Physiogeographie auf.

Die *Untersuchungsschwerpunkte*, zu denen die Bodenerosion im Gebiet H und JI z.Z. in Beziehung gesetzt wird, kann man wie folgt skizzieren:

- *Möhliner Feld (H)*

  Experimentieren mit Niederschlagssimulationen auf Testparzellen und auf regulären Ackerflächen, um die Struktur der Regenereignisse und deren Auswirkungen auf den ackerbaulich genutzten Boden zu erforschen. Ziel sind u.a. Aussagen über Bekämpfungsmöglichkeiten erosiver Prozesse und deren stofflicher Folgen im Boden.
- *Jura I (JI)*

  Fortführung der Bodenerosionsuntersuchungen im Zusammenhang mit dem stofflichen Geschehen in den Geoökosystemen des Gebietes durch intensivere Erforschung der wasserhaushaltlichen Größen und des daran gebundenen Stoffeintrags und -austrags.

---

4) H.LESER: Bodenerosion – Erforschung eines geoökologischen Prozesses. – In: Hallesches Jahrbuch für Geowissenschaften, *10*, 1985, [im Druck].

Über die Arbeiten im Gebiet Jura II kann z.Z. noch keine Aussage gemacht werden. Dafür gilt aber das, was auch für den Napf galt: Es handelt sich, im Gegensatz zu den Gebieten H und JI, um zeitlich stark limitierte Untersuchungen. Sie laufen für die Dauer einer Dissertation (durchschnittliches Witterungsgeschehen vorausgesetzt) und werden dann abgeschlossen, während die Gebiete H und JI als längerfristige Bodenerosions- und Geoökologieforschungsgegenstände vorgesehen sind und noch geraume Zeit in Betrieb gehalten werden.

Die Arbeiten im Napf, die J. ROHRER (1985) in der vorliegenden Dissertation vorstellt, waren von vornherein als befristet angesehen. Es sollte der Bodenerosion und ihren stoffhaushaltlichen Konsequenzen in einem niederschlagsreichen Bergland mit einem z.T. vor- bzw. randalpinen Georelieftyp und anderen Substraten nachgegangen werden. *Grundvorstellung* war für jedes Untersuchungsgebiet — und auch somit den Napf — folgender Aspekt:

- Die eigenständigen Substratverhältnisse bilden gebietstypische Böden heraus, die auf das klimatische und nutzerische Geschehen der Landschaft eingestellt sind. Durch die ackerbauliche Bearbeitung der Böden können sich nun gewisse Konsequenzen in deren Stoffhaushalten ergeben, die in den Stoffgehalten von Böden und Wasser (Bodenwasser, Oberflächenwasser) ihren Asudruck finden müssen. Daraus resultieren Aussagen darüber, ob die ackerbauliche Nutzung des Gebietes die Böden verändert oder nicht verändert bzw. im Extremfall schädigt. Um diese Aussage zu ermöglichen, sind Erkenntnisse über den Stoffeintrag erforderlich, der bei der landwirtschaftlichen Bodennutzung erfolgt.

Es ist bei unterschiedlichen Niederschlagsregimen, Verschiedenheiten im Georelieftyp und den Böden sowie Unterschieden in der Ackernutzung zu erwarten, daß sich für die Testlandschaften des Projektes jeweils ganz unterschiedliche Bewertungen der Bodenerosion und des anthropogen bestimmten Stoffhaushaltes des Bodens und des Wassers ergeben. Daraus resultiert vor allem eine Aussage, die gewisse *geoökologische Grundtatsachen* bestätigt, daß nämlich

- Geoökosysteme relativ kleinräumig strukturiert sind und jeweils einen kleinräumigen Stoffmetabolismus aufweisen.
- In diesem Stoffmetabolismus ist das anthropogene Element mit enthalten. Es fällt, je nach Art und Weise der ackerbaulichen Nutzung, jeweils anders aus.

Eine weitere fundamentale geoökologische Erkenntnis ist:

- Geoökologische Gebietskennzeichnungen können nicht ohne weiteres auf andere geoökologische Gebietstypen übertragen werden. Die Kennzeichnungen gelten — streng genommen — nur innerhalb des eigentlichen Untersuchungsgebietes. Sie lassen sich aber auf ähnliche oder gleiche geoökologische Gebietstypen übertragen, wenn gewisse geoökologische Basisbedingungen übereinstimmen.

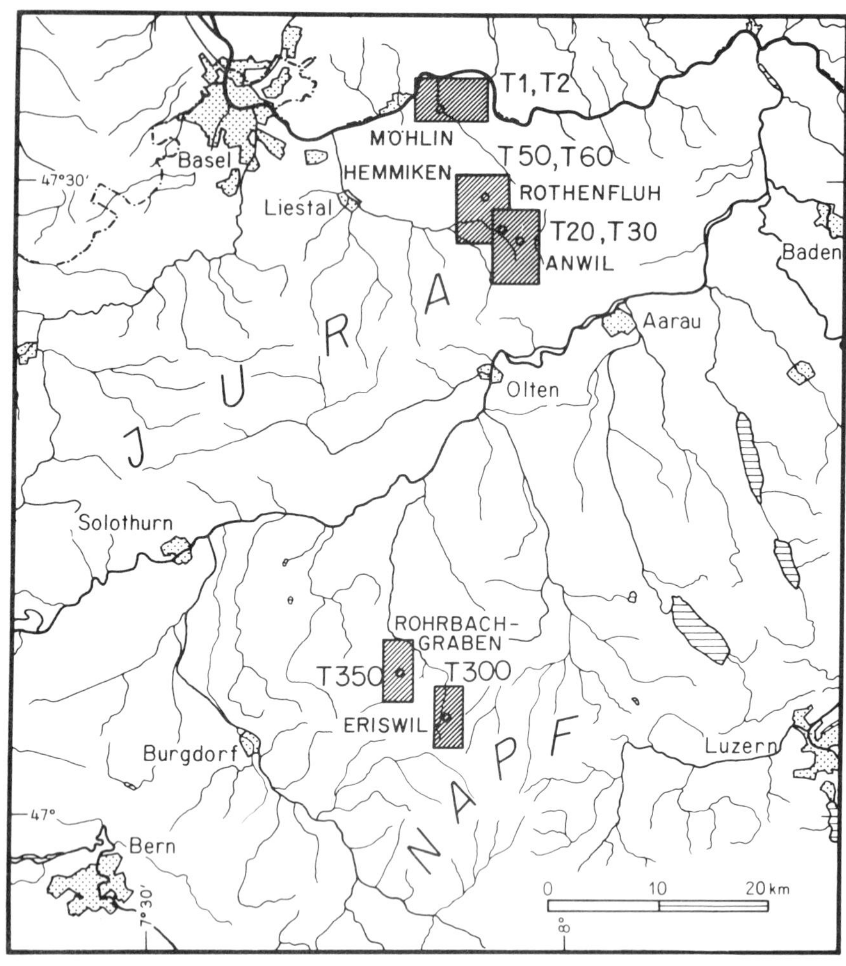

Abb. 1: Sämtliche Bodenerosionsforschungsgebiete, die ab 1975 – mit sukzessivem Nacheinandereinsetzen – von Basel aus bearbeitet wurden. – Das Arbeitsgebiet Napf mit T 300 und T 350 bestand nur zwischen 1980 und 1983, T 20 im Gebiet Jura I zwischen 1978 und 1983 und T 2 im Gebiet Hochrhein (Möhliner Feld) zwischen 1975 und 1984. Die Testflächen T 2 und T 20 wurden wegen Eigenbedarfs der Besitzer aufgegeben. Das Arbeitsgebiet Napf war von vornherein nur für die Zeit 1980 bis 1983 als begrenztes Projekt vorgesehen.

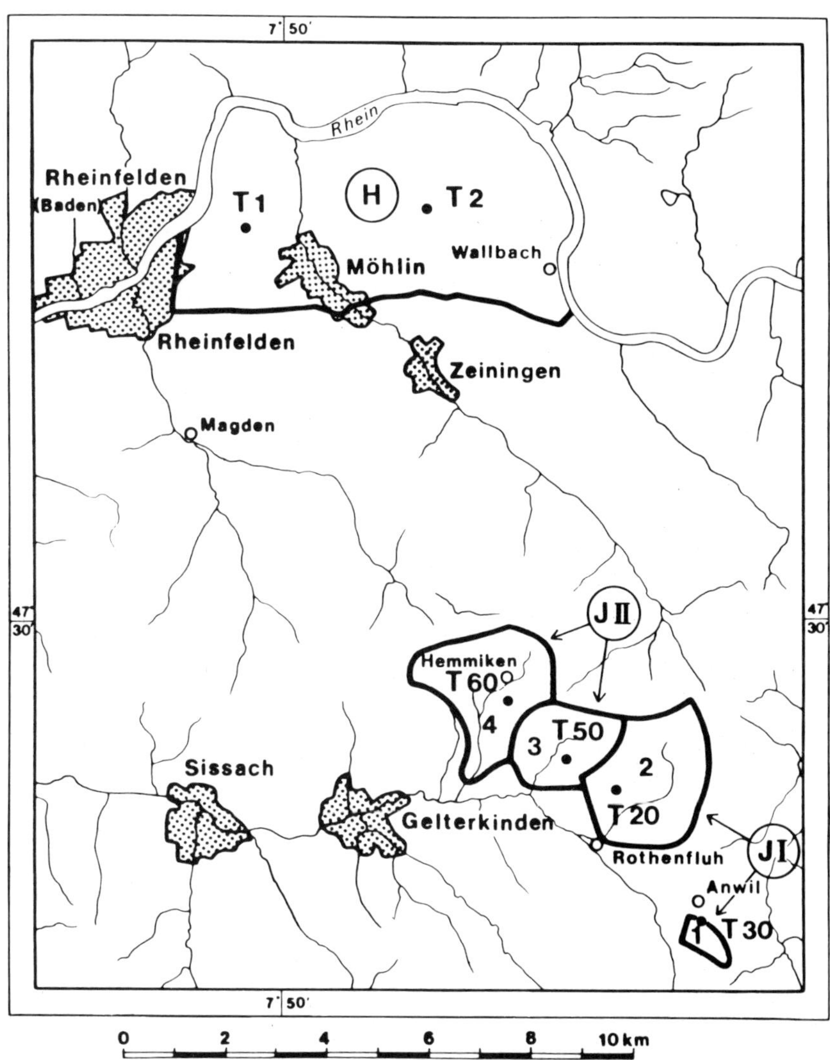

Abb. 2: Die heutigen Bodenerosionsforschungsgebiete, die von Basel aus bearbeitet werden, und in denen die landschaftshaushaltliche Komponente der Bodenerosion noch stärker als bisher berücksichtigt und erforscht wird. Dabei stellte sich beim Möhliner Feld als erschwerend heraus, daß es kein eigentliches Einzugsgebiet ist. Bei der Auswahl der Untersuchungsräume vor über zehn Jahren standen anderen Kriterien im Vordergrund. Neueinrichtungen von Bodenerosionsuntersuchungsgebieten sollten heute immer nur innerhalb von Kleineinzugsgebieten erfolgen.

Am Beispiel des Untersuchungsgebietes Napf heißt das:

- Die Datengewinnung erfolgte innerhalb zweier Einzugsgebiete, für die eine recht genaue stoffliche Charakterisierung in der topischen Dimension gegeben werden kann.
- Unter Mitberücksichtigung verschiedener Randbedingungen lassen sich die Ergebnisse aus den beiden Einzugsgebieten im Napf auf andere Teile des Napfes übertragen.

Der Napf und die innerhalb dieser Landschaft untersuchten Einzugsgebiete stellen nun einen anderen geoökologischen Gebietstyp als der Jura oder das Möhliner Feld dar. Es kann also diesen Untersuchungen nicht darum gehen, Pauschalkennwerte für große Teile der Schweiz zu erarbeiten. Hingegen geht es um gebietstypische Kennzeichnungen, die *innerhalb* der jeweiligen Großlandschaft (z.B. Möhliner Feld für Terrassenlandschaft des Hochrheintales mit und ohne Lößdecke; Jura I und II für Tonbödengebiete des Tafel- und evtl. auch des Faltenjura) gültig sind. Im Schweizerischen Mittelland oder in den verschiedenen Teilen der Alpen, wären – nicht nur nach den Regeln der Geomorphologie und Bodenerosionsforschung, sondern vor allem nach den Gesetzmäßigkeiten der Geoökologie – andere Untersuchungen anzusetzen, um dort zu einer gebietstypischen Aussage zu gelangen.

Fazit: Die Regionaluntersuchungen lassen sich aus Gründen naturwissenschaftlicher Gesetzlichkeiten nicht beliebig übertragen, sondern nur unter Berücksichtigung gewisser Maßstäblichkeiten der Ergebnisse und gewisser gebietstypischer geoökologischer Randbedingungen. Möglich ist aber, und darauf arbeitet das Gesamtprojekt "Quantitative Bodenerosionsforschung auf schweizerischen Agrarflächen" hin, die Gebiete miteinander zu vergleichen, d.h. Aussagen über die verschiedenen Erodibilitätsgrade der Landschaften zu machen. Darauf zielen z.B. Erodibilitätskarten ab, die z.Z. für die einzelnen Untersuchungsräume des Projektes erarbeitet werden. Sie könnten die Basis für eine kleinmaßstäbigere, d.h. großräumigere Bewertung der verschiedenen Gebietstypen dienen.

3. Probleme der Projektstruktur vor dem Hintergrund vorliegender Arbeit

Die von J.ROHRER (1985) vorgelegten Ergebnisse bestätigen für das voralpine regenreiche Hügelland Napf, was u.a. auch aus der Dissertation von W.SEILER (1983 a) resultierte:

- Gewisse Einzugsgebiete sind zu einem bestimmten Zeitpunkt "erforscht" und lassen guten Gewissens einen Abschluß der Untersuchungen zu – wie beim Arbeitsgebiet Napf geschehen. Die Daten reichen sowohl zu Gebietskennzeichnungen als auch für den überregionalen Vergleich (N – JI – JII – H) aus.

- Bestimmte Gebiete sind aber stoffhaushaltlich besonders differenziert und lassen weiterreichende Aussagen erwarten, die über die Bodenerosion hinausgehen und die auch für die Geoökologie wichtig sind. Dort erscheint eine Fortsetzung der Arbeiten angezeigt.
- Die Grundmethodik wird in solchen Fällen beibehalten, die Schwerpunkte der Untersuchungsthematik werden jedoch anders gesetzt.
  Damit
  - bleiben die weiterhin gewonnenen Basisdaten mit den früher ermittelten vergleichbar,
  - kommen längerfristige Meßreihen zustande, die – wegen ihrer finanziellen, personellen und infrastrukturellen (aber auch programmatischen) Konsequenzen nur von wenigen Instituten in Europa und anderen Teilen der Welt erarbeitet werden,
  - behält das Programm seine Attraktivität und Aktualität, weil neue Probleme in das auf eine holistische Betrachtung der Geoökosysteme abgestellte Konzept besser – weil sachbezogener – integrierbar sind.

Die Weiterführung oder *Nichtweiterführung gewisser Testlandschaften* ist demnach von sachlichen Erfordernissen bestimmt und stellt keinen Akt der Willkür dar. Zugleich stellen die Ergebnisse aus einer befristeten Untersuchung, wie z.B. der Arbeitsgebiete N und JII, keine Ergebnisse zweiter Klasse dar, sondern sie haben im Gesamtprojekt einen bestimmten Stellenwert und eine definierte Notwendigkeit. Daraus resultiert aber weiterhin, daß dies auch für die längerfristig laufenden Untersuchungen gilt, die dann zusätzlich noch überregional und interdisziplinär stärkere Beachtung finden.

Wegen der doppelten Zielsetzung, sowohl dem Problem Bodenerosion als auch der Geoökosystemproblematik zuzuarbeiten, bleibt der Schwerpunkt des *Arbeitsmaßstabes in topischer Größenordnung*, d.h. in der Dimension der Einzugsgebiete. Nur hier sind parzellenscharfe quantitative Aussagen zu gewinnen, denen für inländische und überseeische Arbeiten, die größerräumig angelegt sind, Basischarakter zukommt. Mit den großmaßstäbigen Daten aus Einzugsgebieten oder anderen kleineren Räumen

- können Eichdaten für Grobaussagen gewonnen werden;
- lassen sich arbeitstechnische und methodische Erfahrungen (unter experimentellen Bedingungen) gewinnen, die den Wert oder Unwert einer "Grobmethodik" bzw. "Grobtechnik" abschätzen lassen;
- sind exakte Gebietsvergleiche möglich, die wiederum die größerräumigen Arbeiten die von vornherein auf Grobaussage gerichtet sind, durch lokal und subregional gewonnene Daten absichern.

Der *Übergang in die chorologische Dimension* wird durch ein Projekt[5] außerhalb des hier dargestellten vorgenommen, das R.BONO und T.MOSIMANN in drei größerdimensionierten schweizerischen Agrarlandschaften unter dem Repräsentativitätsaspekt durchführen werden. Es hat das Ziel, den Kausalzusammenhang "Ackerstandort-Nutzungsart-Bodenverlust" quasiquantitativ für größere Teile des Mittellandes darzustellen. Das SNF-Projekt "Quantitative Bodenerosionsforschungen auf schweizerischen Agrarflächen" bildet dafür eine methodische Erfahrungsgrundlage. Sie erlaubt, sehr gezielt auf Ausschnitte aus dem Problem zuzugehen und den für die landwirtschaftliche Praxis ausschließlich wesentlichen Sachverhalt "Nutzung/Nutzungsfolge im Bereich Boden" ohne Umwege sachlich einwandfrei zu behandeln.

Damit wird im übrigen klar, daß sich das von der Forschungsgruppe Bodenerosion am Basler Geographischen Institut betriebene Projekt nicht in erster Linie zur Lösung praktischer Fragestellungen versteht (auch wenn solche Erkenntnisse zunehmend anfallen und bewußt – auch durch Öffentlichkeitsarbeit der Gebietssachbearbeiter – den Praktikern bekanntgegeben werden), sondern eben *Grundlagenforschung* darstellt. Das heißt, die Erfahrungen und Ergebnisse aus dem SNF-Projekt sind "Grundlage für etwas", z.B. die Erodibilitätsbestimmungen größerer Gebiete oder die Bodenerosionsbekämpfungsproblematik innerhalb bestimmter Agrarlandschaftstypen.

4. Literaturverzeichnis der Forschungsgruppe Bodenerosion

In verschiedenen früheren Arbeiten des Verfassers wurde das "Schriftenverzeichnis Bodenerosion" der Forschungsgruppe jeweils aktualisiert dargestellt. Das geschieht auch an dieser Stelle. In diesem Schriftenverzeichnis sind auch die im o.a. Text zitierten Arbeiten enthalten.

---

5) Es ist zu erwarten, daß die Bearbeiter R.BONO und T.MOSIMANN im Rahmen des Nationalen Forschungsprogrammes Boden (= NFP 22) die Möglichkeit haben, dieses Projekt zu realisieren. Es wurde mit dem Titel konzipiert: "Ausmaß des Bodenverlustes unter verschiedenen Nutzungsarten auf Ackerflächen der Schweiz". Projektleiter ist PD Dr. T.MOSIMANN.

Geographisches Institut Basel, Ordinariat für Physiogeographie

Forschungsgruppe Bodenerosion

– Schriftenverzeichnis –

BONO,R. & W.SEILER: The Soils of the Suke – Harerge Research Unit (Ethiopia). Classification, Morphology and Ecology. With Soil Map 1 : 10 000. – = Research Report 2, Soil Conservation Research Project, Ethiopia, P.O. Box 2597, Addis Abeba 1983, 95 S.

BONO,R. & W.SEILER: The Soils of the Andit Tid Research Unit (Ethiopia). Classification, Morphology and Ecology. With Soil Map 1 : 10 000 – = Research Report 3, Soil Conservation Research Project, Ethiopia, P.O. Box 2597, Addis Abeba 1984, 80 (a) S.

BONO,R. & W.SEILER: Suitability of the Soils in the Suke – Harerge and Andit Tid Research Units (Ethiopia) for Contour Bunding. With 2 Soil Depth Maps 1 : 10 000. – = Research Report 4, Soil Conservation Research Project, Ethiopia, P.O. Box 2597, Addis Abeba 1984, 80 (b) S.

BONO,R. & W.SEILER: Erodibility in the Suke – Harerge and Andit Tid Research Units (Ethiopia). With 2 Erodibility Maps 1 : 10 000. – = Research Report 5, Soil Conservation Research Project, Ethiopia, P.O. Box 2597, Addis Abeba 1984, 21 (c) S.

LESER,H.: Die Unwetter vom 4. und 5. Juli 1963 im Zeller Tal (Pfrimm-Gebiet, südliches Rheinhessen) und ihre Schäden. – In: Berichte zur deutschen Landeskunde, Bd. 35, 1965, S.74-90

LESER,H.: Soil erosion measurements on arable land in north-west Switzerland. – In: Geographie in Switzerland, Bern 1980, S.9-14

LESER,H., M.J.MÜLLER & G.RICHTER: Vorprüfung der in Aussicht genommenen Einzugsgebiete im Rahmen des Watershed-Managemend-Programmes in Indien, durchgeführt im Auftrag der Deutschen Gesellschaft für technische Zusammenarbeit (GTZ). – = (o.O.: Trier) 1980, 74 S. und 4+1+4+2 S. Anhang

LESER,H. & R.-G.SCHMIDT: Probleme der großmaßstäblichen Bodenerosionskartierung. – In: Ztschr. f. Kulturtechn. u. Flurbereinigung, *21*, 1980, S.357-366

LESER,H., R.-G.SCHMIDT und W.SEILER: Bodenerosionsmessungen im Hochrheintal und Jura (Schweiz). – In: Petermanns Geogr. Mitt., *125*, 1981, S.83-91

LESER,H.: Geoökologische Bodenerosionsforschung. – In: Bull. Bodenkdl. Ges. Schweiz, *6*, 1982, S.7-12

LESER,H.: Das achte "Basler Geomethodische Colloquium": Bodenerosion als methodisch-geoökologisches Problem. – In: Geomethodica, *8*, 1983, S.7-22 (a)

LESER,H.: Fazit zum 8.BGC: "Bodenerosion als methodisch-geoökologisches Problem. — In: Geomethodica, *8*, 1983, S.209-217 (b)

LESER,H.: Das Basler Bodenerosionsforschungskonzept: Stand und Perspektiven. — In: Physiogeographica, Basler Beiträge zur Physiogeographie, Bd. 5, 1983, S.I-VII (c)

ROHRER,J.: Bodenerosion auf Ackerflächen im extramoränalen Napfhügelland. — In: Materialien z. Physiogeographie, H. 4, Basel 1981, S.47-57

SCHAUB,D.: Bodenerosion auf Ackerflächen im Möhliner Feld und Tafeljura. — In: Mat. z. Physiogeographie, H. 8, Basel 1985, S.53-65

SCHMIDT,R.-G.: Beiträge zur quantitativen Erfassung der Bodenerosion. Untersuchungen und Messungen in der Rheinschlinge zwischen Rheinfelden und Wallbach (Schweiz). — In: Regio Basiliensis, *16*, 1975, S.79-85

SCHMIDT,R.-G.: Probleme der Erfassung und Quantifizierung von Ausmaß und Prozessen der aktuellen Bodenerosion (Abspülung) auf Ackerflächen. Methoden und ihre Anwendung in der Rheinschlinge zwischen Rheinfelden und Wallbach (Schweiz). — = Physiogeographica, Basler Beiträge zur Physiogeographie, Bd. 1, Basel 1979, 240 S. (a)

SCHMIDT,R.-G.: Qualitative Methoden der Bodenerosionsmessung. Eine kritische Literaturdurchsicht. — In: Regio Basiliensis, *20*, 1979, S.142-148 (b)

SCHMIDT,R.-G.: Bodenerosion auf Ackerflächen. — In: Die Grüne, Schweiz. Landwt. Ztschr., *108,* Nr. 42, 1980, S.11-20 (a)

SCHMIDT,R.-G.: Probleme der Simulation erosiver Starkregen — Versuche auf Bodenerosions-Testflächen. — In: Regio Basiliensis, *21*, 1980, S.174-185 (b)

SCHMIDT,R.-G.: Quantitative Bodenerosionsforschung im Hochrheintal — Ein Meßprogramm und seine Ziele. — In: Mitt. Dtsch. Bodenkundl. Ges., Bd. 30, 1981, S.261-270

SCHMIDT,R.-G.: Bodenerosionsversuche unter künstlicher Beregnung. — In: Ztschr. f. Geom., Suppl.-Bd. 43, 1982, S.69-79 (a)

SCHMIDT,R.-G.: Das Projekt Quantitative Bodenerosionsforschung auf Agrarflächen. — In: Regio Basiliensis, *23*, 1982, S.225-236 (b)

SCHMIDT,R.-G.: Technische und methodische Probleme von Feldmethoden der Bodenerosionsforschung. — In: Geomethodica, *8*, 1983, S.51-85 (a)

SCHMIDT,R.-G.: Ein Regensimulator für Feldversuche. — In: Wasser und Boden, *35*, 1983, S.179-182 (b)

SCHMIDT,R.-G.: Ergebnisse von Beregnungsversuchen auf Meßparzellen. — In: Deut. Bodenkdl. Ges., *39*, 1984, S.145-152

SEILER,W.: Quantitative Bestimmung des aquatischen Bodenabtrags auf Ackerflächen vom Frühjahr 1978 bis Frühjahr 1979 im Tafeljura (Oberlauf der Ergolz, südöstlich Basel). — In: Mitt. Dtsch. Bodenkundl. Ges., Bd. 29, 1979, S.937-956

SEILER,W.: Meßeinrichtungen zur quantitativen Bestimmungen des Geoökofaktors Bodenerosion in der topologischen Dimension auf Ackerflächen im Jura (südöstlich Basel). – In: Catena, *7*, 1980, S.233-250 (a)

SEILER,W.: Quantitativer Vergleich des Erosionsverhaltens eines winterlichen Dauerniederschlags und eines sommerlichen Starkregens. – In: Bull. Bodenkdl. Ges. Schweiz, *4*, 1980, S.28-35 (b)

SEILER,W.: Der Einfluss von landwirtschaftlicher Nutzung, Wirtschaftsweise und von verschiedenen Niederschlagsarten auf das Erosionsereignis bzw. das Foemungsverhalten im Oberlauf der Ergolz (BL). – In: Regio Basiliensis, *21*, 1980, S.186-197 (c)

SEILER,W.: Die Erzeugung von monatlichen Niederschlagsreihen mittels Monte-Carlo-Technik und die Vorhersage wahrscheinlicher Erosionsereignisse im Oberlauf der Ergolz (Tafeljura, südöstlich Basel). – In: Meteorolog. Rdsch., *33*, 1980, S.138-148 (d)

SEILER,W.: Die rezente Morphodynamik in einem kleinen Einzugsgebiet im semiariden Süditalien unter besonderer Berücksichtigung des Winters 1980. – In: Regio Basiliensis, *21*, 1980, S.14-29 (e)

SEILER,W.: Vergleich des Abflussverhaltens und der Erosionserscheinungen in zwei kleinen Einzugsgebieten während einer Schneeschmelze mit zusätzlichem Niederschlag bei gefrorenem Untergrund und einem spätwinterlichen Daurregen (Oberlauf der Ergolz). – In: Mitt. Dtsch. Bodenkdl. Ges., Bd. 30, 1981, S.229-246 (a)

SEILER,W.: Der Einfluss der Bodenfeuchte auf das Erosionsverhalten und den Gesamtabfluß in einem kleinen Einzugsgebiet auf der Hochfläche von Anwil (Tafeljura, südöstlich Basel). – In: Ztschr. f. Geom., Suppl.-Bd. 39, 1981, S.109-122 (b)

SEILER,W.: Erosionsanfälligkeit und -schädigung verschiedener Geländeeinheiten in Abhängigkeit von Nutzung, Niederschlagsart und Bodenfeuchte. – In: Ztschr. f. Geom., Suppl.-Bd. 43, 1982, S.81-102 (a)

SEILER,W.: Measurements of Soil Erosion on Test Plots and on Arable Land in the Swiss Jura. – In: Abstracts Latin American Regional Conference, Rio de Janeiro, 1982, S.33-34 (b)

SEILER,W.: Bodenerosion in Mitteleuropa – Messung, Kartierung und Auswertung mit Anwendungsmöglichkeiten im Schulunterricht. – In: Tagungsband zum 18. Deutsch. Schulgeographentag 1982 in Basel, Basel 1982, S.103-111 (c)

SEILER,W.: Bodenwasser- und Nährstoffhaushalt unter Einfluß der rezenten Bodenerosion am Beispiel zweier Einzugsgebiete im Basler Tafeljura bei Rothenfluh und Anwil. – = Physiogeographica, Basler Beiträge zur Physiogeographie, Bd. 5, Basel 1983, 510 S. (a)

SEILER,W.: Modellgebiete in der Geoökologie: Wasser- und Stoffbilanzen zweier kleiner Einzugsgebiete. – In: Geogr. Rundschau, *35*, 1985, S.230-237 (b)

SEILER,W.: Morphodynamische Prozesse in zwei kleinen Einzugsgebieten im Oberlauf der Ergolz – ausgelöst durch den Starkregen vom 29. Juli 1980. – In: Channel Processes. Water, Sediment, Catchment Controls, ed. by A.P.SCHICK, Catena Supplement Bd. 5, 1984, S.93-108 (a)

SEILER,W.: Aspekte zur Hydrologie im Oberlauf der Ergolz. – In: Regio Basiliensis, *XXV*, 1984, S.45-51 (b)

STAUSS,T.: Bodenerosion, Wasser – und Nährstoffhaushalt in der Bodenerosionstestlandschaft Jura I im Hydrologischen Jahr 1982. – = Diplomarbeit Geogr. Inst. Univ. Basel, Basel 1983, 270 S.

QUANTITATIVE BESTIMMUNG DER BODENEROSION UNTER BERÜCKSICHTIGUNG DES ZUSAMMENHANGES EROSION-NÄHRSTOFF-ABFLUSS IM OBEREN LANGETE-EINZUGSGEBIET

(Napfgebiet, südlich Huttwil)

von

Josef Rohrer

V o r w o r t

Die vorliegende Dissertationsschrift ist Resultat meiner Mitarbeit am Forschungsprogramm des Basler Geographischen Instituts, das der Thematik "Bodenerosion" gewidmet ist. Der Schweizerische Nationalfonds, dessen Forschungsstipendiat ich von 1980 - 82 war, unterstützt dieses Projekt mit namhaften Mitteln. Die Arbeit wurde durch Prof.Dr. H.LESER ermöglicht und begleitet, wofür ich ihm danke.

Der vielfältige Kontakt mit den Leuten der Feldarbeitsgebiete, die meiner Tätigkeit anfangs skeptisch, bald jedoch interessiert und freundlich gegenüberstanden, war für mich ein starkes Erlebnis. Besonderer Dank gebührt den Familien GRABER und IMHOF im Rohrbachgraben und den Herren SCHNEIDER in Eriswil, die das Gelände für die Testflächen zur Verfügung stellten, sowie zahlreichen Landwirten für die gute Zusammenarbeit. Nicht vergessen möchte ich meine betagte "Feldmutter", Frau HEINIGER, der ich manches "Znüni" und manches gute Gespräch verdanke.

Während der Projektarbeit war ich angewiesen auf das Verständnis, den Rat und die Hilfe meiner Kollegen R.-G.SCHMIDT, W.SEILER, T.MOSIMANN, R.BONO, H.OEGGERLI, TH.STAUSS, S.KOLLER und R.SCHENKER.

Unabdingbar für das Gelingen des Ganzen war auch der tatkräftige Einsatz der InstitutsmitarbeiterInnen. Dank deshalb an K.BARZ, A.SCHWARZENTRUBER, D.WUNDERLIN, A.BÜHLER, I.GALLERT und ihre Helfer. Dank auch an L.BAUMANN, B.LIECHTI, E.TOBLER, V.WENGER und M.-J.WULLSCHLEGER, die bei der Auswertung und Abfassung der Arbeit beteiligt waren.

Zuletzt, dafür aber um so herzlicher danke ich jenen, die mich persönlich ermuntert und mir geholfen haben, sowie meinen Eltern, die mir das Studium ermöglichten.

Inhaltsverzeichnis

Verzeichnis der Abbildungen (inkl. Karten)

Verzeichnis der Tabellen

Abkürzungen

A	Abfluss
AG	Arbeitsgebiet
Ao	oberflächlicher Abfluss
AS	Aggregatstabilität
BA	Bodenabtrag
BF	Bodenfeuchte
D	Dolomit
dL	Lagerungsdichte
Dl	Durchlässigkeit
EG	Erosionsgut
EZG	Einzugsgebiet
FK	(mit Nr.) Feldkasten
FK	Feldkapazität
GMD	gewogener mittlerer Durchmesser
HJ	hydrologisches Jahr
I30	maximale Regenintensität eines Einzelregens (Berechnungsintervall 30 Minuten (analog Ix bei Berechnungsintervall von x Minuten))
K	Kalk
LK	Luftkapazität
LP	Leitprofil
n	Anzahl Messwerte
N	Niederschlag
nFK	nutzbare Feldkapazität
OSM	Obere Süsswassermolasse
RBA	Relativer Bodenabtrag
S	Sand
SA	Standardabweichung
S.A.	Skelettanteil
SHJ	hydrologisches Sommerhalbjahr
T	Ton
TG	Testgebiet
U	Schluff
USLE	Universal Soil Loss Equation
V	Verdunstung
WHJ	hydrologisches Winterhalbjahr

1. Einleitung

1.1 Problematik

Dem Thema Bodenerosion wird neuerdings in der Schweiz auch von Seiten der Landwirtschaft vermehrte Aufmerksamkeit geschenkt. Dies hat mehrere Gründe: Die Bedeutung des Bodens als Produktions- und damit Lebensgrundlage unseres Landes wird wieder eher wahrgenommen, durch Meliorationen (Stichwort: ausgeräumte Landschaft) und veränderte Fruchtfolgen (Stichwort: Maisanbau) haben die sichtbaren Erosionsschäden zugenommen, der naturnahe (biologische) Landbau legt Wert auf eine gesunde Bodenkrume, im Gewässerschutz ist die von der Landwirtschaft verursachte Überdüngung zum Thema geworden. Diesem Problembewusstsein steht die Tatsache entgegen, dass die Bodenerosion - insbesondere im landwirtschaftlichen Produktionsgebiet - in der Schweiz quantitativ kaum erforscht ist. Deshalb wird vom Geographischen Institut der Universität Basel seit einigen Jahren ein Erosionsforschungsprojekt betrieben.[1]

1.2 Rahmen der Arbeit

Das Projekt wird vom Schweizerischen Nationalfonds unterstützt. Es ist bei R.-G.SCHMIDT (1982) ausführlich beschrieben. Bisher sind zum Thema zwei grössere (R.-G.SCHMIDT 1979, W.SEILER 1983) und zahlreiche kleinere Arbeiten erschienen. Das Projekt hat zum Ziel, in verschiedenen Typlandschaften der Schweiz (vgl.dazu Abb.1) das Erosionsgeschehen quantitativ zu erfassen. Die vorliegende Arbeit ist damit Teil eines grösseren Forschungsvorhabens und methodisch auf dieses bezogen (dazu Kapitel 3: Methodik).

----

[1]Zum Forschungskonzept des Geographischen Instituts siehe H. LESER (1978)

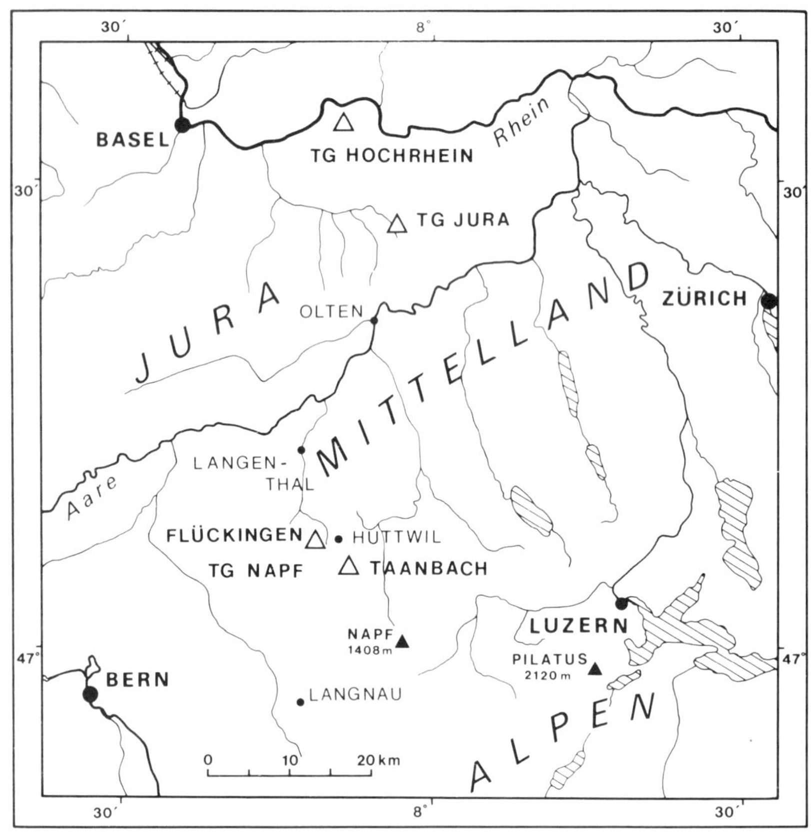

Abb. 1: Überblick über die Lage der Testgebiete des Basler Erosionsforschungsprojekts. Die Gebiete bilden repräsentative Ausschnitte von geomorphologischen Landschaftstypen. Das TG Hochrhein (= Möhliner Feld) ist eine pleistozäne Hoch- und Niederterrassenlandschaft, wobei die risszeitliche Hochterrasse lössbedeckt ist. Das TG Jura umfasst Landschaftskammern des Tafeljuras mit vielfältigen geologischen Verhältnissen. Das TG Napf liegt im Randbereich des zentralen schweizerischen Mittellandes. Es ist geprägt durch fluviatil zertalte flachliegende Molasse.

1.3 Ziel und Aufbau der Arbeit

Ziel der Arbeit ist es, anhand kleiner Beispielgebiete die Typlandschaft "Napfhügelland" bezüglich ihrer Erosionsgefährdung einzuordnen. Ausserdem soll ein Beitrag zur Bodenerosionsprozessforschung geleistet werden. Das Ganze ist eingebettet im "geoökologischen Ansatz", wie dies von H.LESER (1983) gefordert wird. Die methodischen Konsequenzen sind: Beschränkung auf die topologische Dimension (also auf kleine Gebietseinheiten), Erfassung der Prozessfaktoren am Standort (Testparzellen als "Tesserae"; Standortregelkreis als methodische Grundlage (Abb.10)), partielle Übertragung von Daten auf die Fläche, flächendisperse Probenahme und flächendeckende Kartierung und Beobachtung.

Dieser Methodeneinsatz führt zu folgenden Hauptergebnissen:

1. Die Bestandsaufnahme natur- und kulturräumlicher Merkmale (Boden, Nutzung u.a.) ermöglicht Schlüsse auf die zeitliche Entwicklung der Erosion in Vergangenheit und Zukunft.
2. Die quantitative Erfassung von Stoffflüssen (Bodenmaterial, Nährstoffe, Wasser) erlaubt die Kennzeichnung des Gebietsstoffhaushalts.
3. Die Messung der erosionswirksamen Prozessfaktoren erklärt das Erosionsgeschehen und ermöglicht die Überprüfung qualitativer und quantitativer Modelle.

Es sei nicht verschwiegen, dass - vorab quantitative - Aussagen oft unsicher sind. Zu einem erheblichen Teil ist dies eine Folge der beschränkten Messzeit (3 Jahre Feldarbeit, 2- bis 3-jährige Messreihen) und der beschränkten Arbeitskraft eines einzelnen Bearbeiters. Dennoch ist es möglich, die Grössenordnung langfristiger Erosionsverluste zumindest zu schätzen.

1.4 Untersuchungsraum und zeitlicher Rahmen

Die Wahl des Untersuchungsraums "Napfhügelland" ist darin begründet, dass hier in einem agrarökologischen Ungunstraum - historisch bedingt - intensive Landwirtschaft mit erheblicher ackerbaulicher Ausrichtung betrieben wird. Das Gebiet ist zudem auf den ersten Blick "erosionshöffig" (steile Hänge, Kartoffelanbau). Die Beantwortung der Frage, weshalb die Erosion dennoch relativ gering ist, ist damit doppelt reizvoll.

Die beiden Einzugsgebiete Flückigen und Taanbach wurden aufgrund ähnlicher Grösse, ähnlicher, relativ grosser Anteile an offener Ackerfläche und des Vorhandenseins eines freifliessenden Vorfluters gewählt. Ausserdem durften die Gebiete nicht zu weit voneinander entfernt sein. Die Gebiete unterscheiden sich v.a. in Geologie und Flureinteilung. Diese Unterschiede führen jedoch nicht zu einem wesentlich anderen Verhalten bezüglich der Bodenerosion. Im folgenden wird deshalb, wenn sich die Verhältnisse gleichen, oft nur der Datensatz eines Arbeitsgebiets vorgestellt. Dieses exemplarische Vorgehen ermöglicht sachliches Verständnis ohne Überlastung durch Zahlenmaterial.

Bedingt durch die unterschiedliche Einrichtungsdauer der Mess- und Arbeitsinstallationen differiert der Beginn der Messreihen. Die Beobachtung der Arbeitsgebiete und auch die Kartierung der Erosionsschäden wurde im Frühling 1980 aufgenommen und bis zum Frühling 1983 fortgeführt. Ebenfalls im Frühjahr 1980 wurde mit der Niederschlagsregistrierung begonnen. Im Frühsommer 1980 erfolgte der Aufbau der Testparzellen (vgl.Tab.5), deren Instrumentierung den Abb.13 und 14 zu entnehmen ist. Während der hydrologischen Jahre 1981 und 1982 (Beginn 1.Nov.1980) wurden (mit Ausnahme der "Station Bodenwasser": Abb.14) alle Geräte und Methoden eingesetzt. Die Daten dieses Kernzeitraums wurden umfassend ausgewertet. Ende Oktober 1982 wurden die Messungen grossenteils eingestellt, im Frühling 1983 die Gerätschaften und Einrichtungen demontiert.

2. Das Untersuchungsgebiet

2.1 Lage, naturräumliche und kulturräumliche Einordnung

Die beiden untersuchten Einzugsgebiete Flückigen (Gemeinde Rohrbachgraben) und Taanbach (Gemeinde Eriswil) liegen im Randbereich des zentralen schweizerischen Mittellandes, ca. 12 km südlich von Langenthal (Kanton Bern) (vgl. Abb.1).Sie werden von Tributären 1. Ordnung (Taanbach) resp. 2. Ordnung (Flückigenbach) der Langete entwässert. Diese wiederum mündet in die Aare.

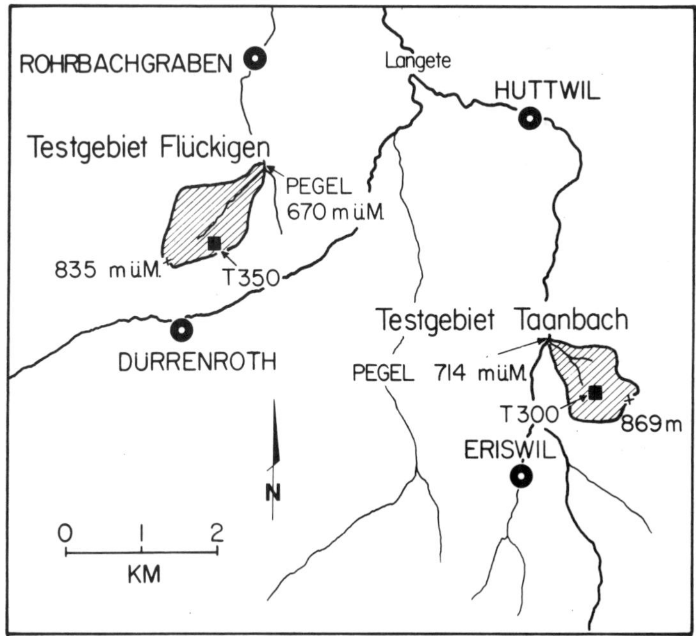

Abb. 2: Lage der Arbeitsgebiete (Testgebiete) des TG Napf. Die beiden Gebiete Flückigen und Taanbach bilden geschlossene, etwa 1 km² grosse Geländekammern im stark reliefierten extramoränischen Hügelland des höheren Mittellandes. Dessen horizontalliegende Molassestufen sind vorwiegend fluviatil überformt.

Die beiden Testgebiete bilden gut abgeschlossene Geländekammern im stark reliefierten Napfhügelland. Ihre genaue Situierung ist Abb.2 zu entnehmen.

Das Arbeitsgebiet liegt im Übergangsbereich der Naturräume Voralpen und Mittelland. Einerseits ist die Geologie des Napf-Berg- bzw. -Hügellandes mit der flachliegenden Molasse mittelländisch, andererseits sprechen die grosse Höhe der inneren Teile (Napfgipfel 1408 m) sowie die starke Reliefgliederung für eine Zuordnung zum voralpinen Raum. R. BUTZ (1968) resümiert die zahlreichen Abgrenzungsvorschläge (etwa von H. CAROL und U. SENN). Er postuliert eine "Äussere Voralpengrenze", der er physische und humane Kriterien zugrundelegt, die von Sumiswald über Dürrenroth südlich Huttwil nach Osten verläuft. Damit befände sich "Taanbach" im Voralpenbereich, "Flückigen" im Mittellandbereich. Für die vorliegende Arbeit erscheint es jedoch sinnvoller, das extramoränische Hügelland des höheren Mittellandes als eigenen Naturraumtypus zu sehen, geprägt durch horizontal liegende Molassestufen, die fluvial oder vorwiegend fluvial überformt sind. Im Bereich der Uraare umfasst dieser Typraum den eigentlichen Napfkegel, aber auch die Gebiete jenseits des risszeitlichen Urstromtals Sumiswald-Huttwil, wo im Sandstein der oberen Meeresmolasse sich ein ähnlich bewegtes Relief findet.

Das Gebiet von Eriswil ist Teil des Kulturraums "Unteres Emmental", während Rohrbachgraben bereits dem Oberaargau zugerechnet wird. Die kulturräumlichen Charakteristiken werden im Kapitel über die Nutzung eingehend zur Sprache kommen. Nur soviel sei hier erwähnt: Kaum eine schweizerische Kulturlandschaft wurde durch das hohe Arbeitsethos ihrer Bewohner so geprägt wie das Emmental. In einem agrarökologischen Ungunstraum wird intensive Landwirtschaft betrieben, der Anteil an offener Ackerfläche beträgt in Eriswil 24% (Eidg. Betriebszählung 1975), während vergleichbare Gebiete wie das Tössbergland oder das Schwarzenburgerland weniger als 10% Ackeranteil aufweisen. Geackert wird bis in Höhelagen von 1000 m ü.M. und Steillagen von 30° (55%)! Vieles spricht dafür, dass sich diese Agrarstruktur in den nächsten Jahrzehnten ändern wird, dies trotz des grossen Beharrungsvermögens von Landschaft und Leuten.

2.2. Geologische Verhältnisse

2.2.1 Allgemeines

Teile des bearbeiteten Gebietes wurden durch A. ERNI Anfang des 20. Jahrhunderts geologisch untersucht.[1] In neuerer Zeit befassten sich mehrere Autoren mit der Geologie des nördlichen Napfvorlandes. Genannt seien A. MATTER (1964; Grosses Fontannetal, Entlebuch), G.DELLA VALLE (1965; Blasenfluhgebiet), H.MAURER u.a. (1982; Langete-Einzugsgebiet)[2] sowie M.E. GERBER u. J.WANNER (1984; Erläuterungen zum Blatt Langenthal des Geologischen Atlas der Schweiz 1:25000). Die weiteren Ausführungen stützen sich auf die vorgenannten Arbeiten.

2.2.2 Tektonik und Stratigraphie

Das Napfmassiv und sein Vorland liegen im Bereich der flachliegenden, tektonisch wenig verformten mittelländischen Molasse. Die Schichten fallen leicht in SE-Richtung ein, flache Syn- und Antiklinalen bildend.

Die Molasse ist geprägt durch einen raschen horizontalen und vertikalen Fazieswechsel. Dies als Folge wechselnder terrestrischer, limnischer, marin-brackischer und mariner Ablagerungsbedingungen. Fossilien sind spärlich. Stratigraphisch liegt das Testgebiet "Taanbach" im Bereich der Oberen Süsswassermolasse (OSM), dem Torton, während "Flückigen" mit Ausnahme eines Torton-Rückens südl. der "Müliweid" der Oberen Meeresmolasse (OMM), und zwar dem Helvet, zugehört (vgl. Abb.3).

----

[1]Das unveröffentlichte Material befindet sich beim Naturhistorischen Museum in Basel

[2]Sedimentpetrographische Analysen an Lokalitäten im unmittelbaren Arbeitsbereich der vorliegenden Arbeit: 631 475/216 270; 627 880/217 360; 627 075/216 475

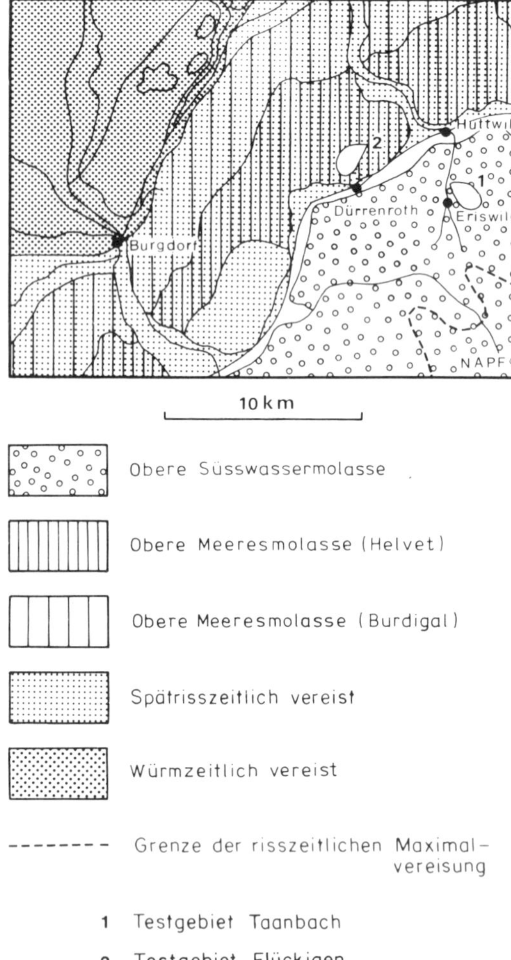

Abb. 3: Angaben zu den geologischen und glaziologischen Verhältnissen. Die Molasse ist geprägt durch rasche horizontale und vertikale Fazieswechsel. Stratigraphisch liegt "Taanbach" im Bereich der Oberen Süsswassermolasse (OSM), während "Flückigen" mit Ausnahme eines Torton-Rückens südl. der "Müliweid" der oberen Meeresmolasse (OMM) angehört. Die Gebiete liegen ausserhalb der würmzeitlichen Vereisungsgrenze.

Im Helvet dominieren Nagelfluhhorizonte mit viel sandigem Bindemittel, die mit glimmerreichen plattigen, feinkörnigen Sandsteinen wechsellagern. Überdies treten graue und schwarze Mergel sowie Siltsteine auf. Die Molasse ist grossenteils überprägt durch quartäres Material. Im Torton wechseln massige, knauerige Sandsteine mit wenig mächtigen Geröllhorizonten (H.MAURER u.a.1982). Im zentralen Bereich der Napfschüttung dominieren allerdings auch im Torton grobklastische Fazies.

Für die Arbeitsgebiete im speziellen gilt: Das Gebiet Flückigen wird dominiert von Sandsteinformationen, doch sind, v.a. im höheren Bereich, auch grosse Nagelfluhbänke vorhanden. Die Molasse steckt unter einer geringmächtigen Quartärbedeckung. In unmittelbarer Nachbarschaft des Arbeitsgebietes sind die Höhen von Grundmoränenmaterial bedeckt. Im Gebiet Taanbach prägen mächtige Nagelfluhbänke, wechsellagernd mit Sandsteinen und Mergeln, die Landschaft. Auch hier ist - wenigstens stellenweise - eine quartäre Verwitterungsdekke vorhanden.

2.2.3 **Petrographie**

Die Molasse des Napfvorlandes enthält Karbonat überwiegend in der Matrix. Sandproben im Einzugsgebiet der Langete hatten gemäss H.MAURER u.a. (1982, S. 389) einen Karbonatgehalt von weniger als 6%. Im allgemeinen sind die Gesteine des Tortons karbonatreicher (durchschnittlich 22%) als jene des Helvets (16%).

Die Nagelfluhgerölle variieren in ihrer Grösse lateral und vertikal stark. Mit abnehmendem Alter der Formation steigt der Anteil an Flyschkomponenten gegenüber den kristallinen. Helvet und Torton sind aber petrographisch nicht differenzierbar. Schwankend ist der Anteil an Kalkgeröllen. Im Aufschluss südlich Müliweid, Flückigen, ist er 12 von hundert. Im übrigen bestehen die Nagelfluhgerölle aus Gangquarzen, hellen Quarziten, feinkörnigen Flyschsandsteinen und allgemeinen Sandsteinen.

2.2.4 **Hydrogeologische** Eigenschaften

Die Hydrogeologie des Untersuchungsgebietes wird geprägt durch charakteristische Eigenschaften der Molasse: Wechsellagerung von Schichten verschiedener Durchlässigkeit bzw. Wegsamkeit, laterale Fazieswechsel, unterschiedliche Verfestigung von Sandsteinen und Konglomeraten, Klüftung durch Tektonik und Verwitterung sowie waagrechte Schichtung.
Aus dem Überwiegen von mittel- und grobklastischen Sedimenten mit grossem nutzbarem Porenraum folgt eine hohe spezifische Speicherfähigkeit der Gesteinskörper.

Das Wasserleitvermögen ist unterschiedlich, wird aber bei schwach verfestigten und/oder klüftigen Gesteinen beträchtlich sein. Gut verfestigte oder feinklastische Sedimentschichten (Mergel, Silte, Tone) wirken demgegenüber als Gering- oder Nichtleiter. Oft streichen diese Stauer innerhalb des Gesteinsverbandes aus (etwa Mergellinsen), so dass die leitenden Horizonte untereinander verbunden sind. Auf diese Tatsache weist W. BALDERER (1979) aufgrund von Forschungen an der OSM in der Ostschweiz hin. Dies erklärt, wieso die Aquifers der tieferen Horizonte mit Grundwasser gespeist werden und Quellschüttungen in tieferen Lagen zahlreich und ergiebig sind.

Die Art der Quellen ist im übrigen unterschiedlich und oft nicht eindeutig zu bestimmen. Grössere Quellen sind meist Schichtquellen, z.T. in Quellenbändern angelegt. Es ist anzunehmen, dass viele Schichtquellen im oberflächennahen Lockergestein versickern und sekundär als Schuttquellen zutage treten oder aber direkt den Vorfluter speisen.

Für die Speisung des Grundwasserkörpers wesentlich ist die Infiltrationskapazität der Bodenoberfläche respektive des oberflächennahen Untergrunds. Wie im Kapitel 6.3.3.3 gezeigt wird, ist das Vermögen, auftreffenden Niederschlag in die Lithosphäre einzuspeichern, gross.

2.3 Morphogenese und Relief

2.3.1 Morphogenese

Das Napfbergland mit seinen markanten Formen ist seit langem, besonders im Gefolge der Zyklenlehre von DAVIES, Gegenstand morphogenetischer Forschung. Genannt seien in diesem Zusammenhang etwa F. NUSSBAUM, O. FREY (1907), O. FLÜCKIGER (1919). Das Gebiet erscheint als klassischer Fall einer fluviatil zertalten Landschaft, einer "reif zerschnittenen Molasselandschaft" (O.FLÜCKIGER 1919, S.1). Die Formen sind das Produkt von Flusserosion und flächenhafter Abspülung. Als Parameter wirken im Formungsprozess die Vegetation (sie verhindert eine noch feinere Zertalung der Hänge) und das Gestein (es führt in Wechsellagerung zur Bildung von Schichtstufen). Als prägende Formen der Napflandschaft beschreibt O.FLÜCKIGER (1919) Rücken - respektive Riedel - (in der Lokalterminologie als Eggen bezeichnet), Kerbtäler (Gräben), Schichtterrassen (Gänge), Auslieger und Schichtköpfe (Knubel).

Die neuere Forschung hat die Vorstellung eines rein fluviatil zertalten Napfberglandes relativiert. Die Eintiefung vollzog sich "teilweise kaltzeitlich,subglaziär" (R.HANTKE 1978,S.44). Während der Würm-Kaltzeit war die Gipfelregion vergletschert (R. HANTKE, 1980, S. 378).

Die Morphogenese des Napfgebietes während des Pleistozäns ist zusammenfassend dargestellt in den Werken von R. HANTKE (1978 und 1980), in populärer Art auch bei H.W. ZIMMERMANN (1969). Es soll daher nur kurz darauf eingegangen werden.

Die Anlage der Täler ist prärisszeitlich. Während des Höchststandes der Risszeit waren nur die Felsgrate oberhalb 1100 m eisfrei. Die Talungen wurden vom vorstossenden Gletscher erweitert und vertieft, Grate und Sättel überschliffen. Spätrisszeitlich ist die Anlage des randglazialen Tals zwischen Sumiswald und Huttwil. Im Würm lag das Gebiet des nördlichen Napfvorlands im Periglazialbereich. Nachrisszeitlich änderte sich die Erosionsbasis des Napfmassivs mehrmals, z.B. im Gefolge des Durchbruchs der Langete zwischen Huttwil und Rohrbach im Frühwürm.

2.3.2 Morphographie

Gebiet Taanbach:
Das Einzugsgebiet liegt zwischen einer Hügelkuppe (869 m ü.M.) und der Mündung des Taanbachs in die Langete (713 m ü.M.). Es gliedert sich in 3 Tälchen. Umschlossen wird es im N und E von sanften Rücken, die im S von einem scharfen Grat gefolgt werden. Im W zieht sich die Kammlinie über einen Sattel zur Kuppe von Pt. 787 und weiter auf einem sanft abfallenden Rücken zur Bachmündung hin.

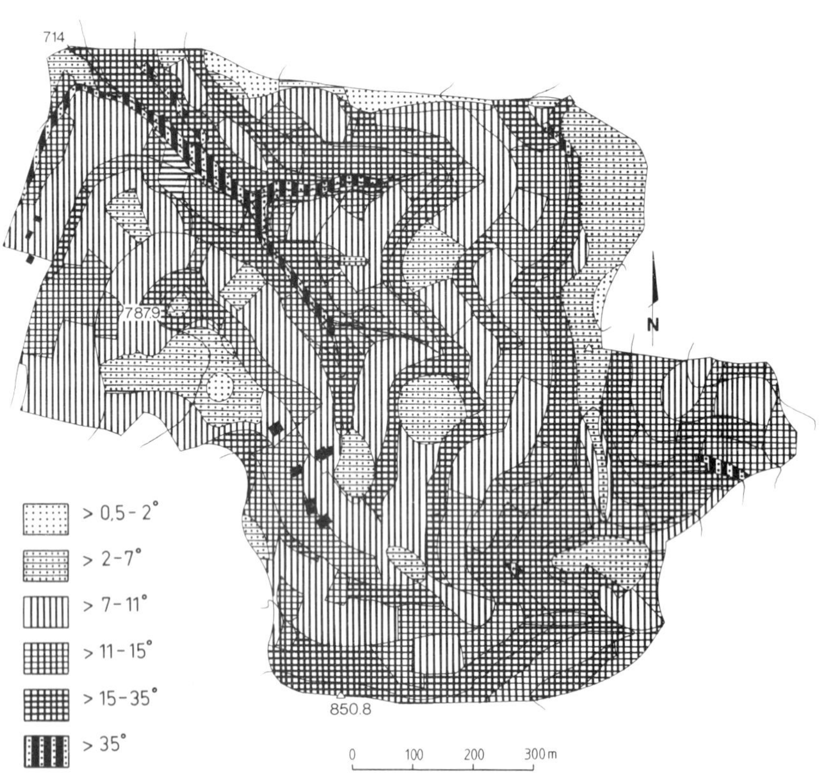

Abb. 4: Hangneigungswinkelkarte Taanbach.

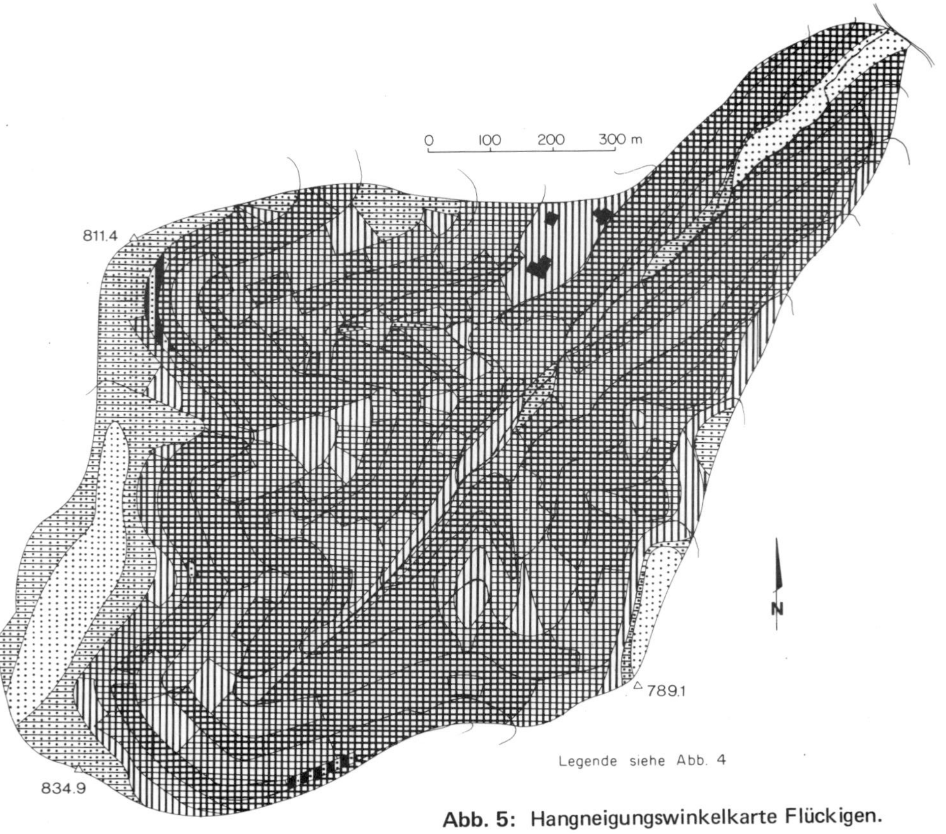

Abb. 5: Hangneigungswinkelkarte Flückigen.

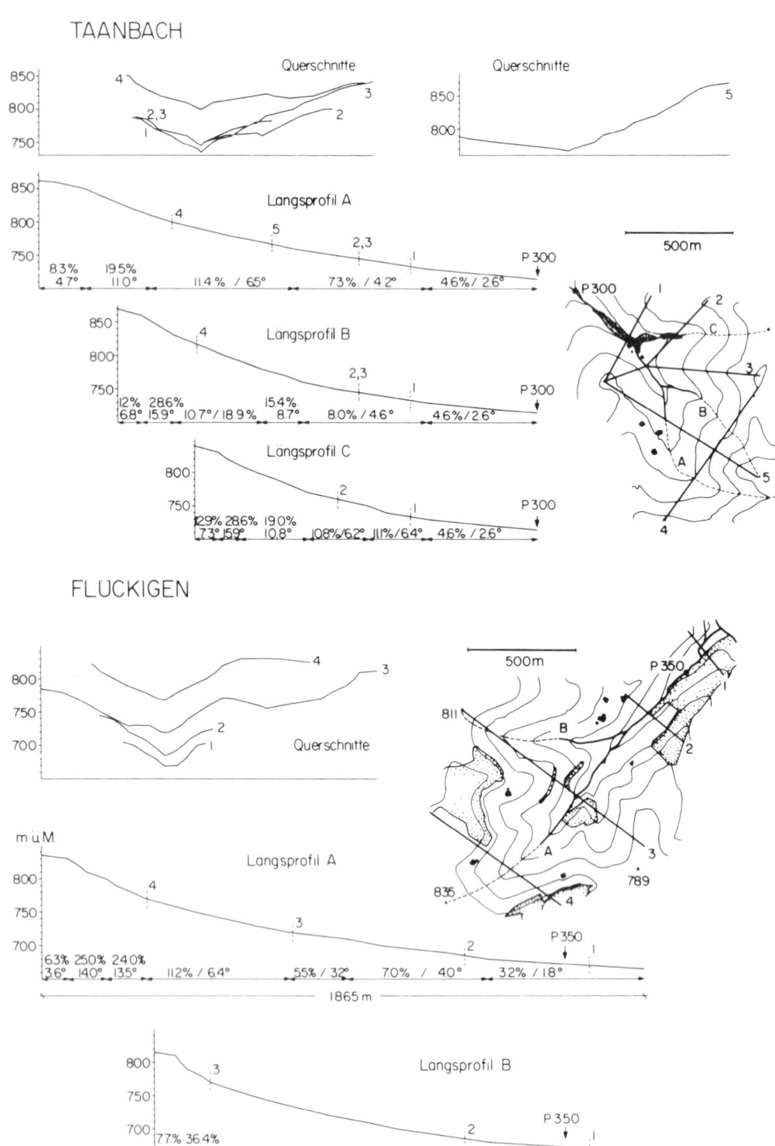

Abb. 6: Längs- und Querprofilschnitte der Einzugsgebiete (2x überhöht).

Ins Auge springt ein einigermassen regelmässiges Schichtstufenrelief, besonders ausgeprägt im mittleren Höhenbereich (gut sichtbar auf der Karte der Neigungswinkel: Abb.4). Die Schichtstufen, Nagelfluh oder gut verbackene Sandsteine, sind vorwiegend zwischen 15° und 35° geneigt, die Verwitterungsterrassen, wenig widerständige Sandsteine oder Mergel, vor allem zwischen 7° und 15°. Daneben existieren Verebnungsbereiche auf den Höhenrücken, in Sattel- und Terrassenlage. Ab einer Höhe von ungefähr 750 m ist eine markante Tieferlegung der Gerinne zu bemerken. Diese führte zur Ausbildung tobelartiger, bis 10 m tiefer Kerbtälchen. Offenbar konnte eine Tieferschaltung der Erosionsbasis der Langete noch nicht ausgeglichen werden.

Dem Schichtstufenrelief sind einfallende Wölbungen überprägt, bedingt durch ein Vor- und Zurückspringen der Terrassen. Die Fazettierung des Reliefs ist reich, die einzelnen Fazetten - nach Wölbung, Neigung und Exposition homogene Reliefeinheiten - sehr klein. Das Mikrorelief wird durch gesteinsbedingte Bodenwellen und Dellen geprägt; schliesslich sind einige Stufen und Pflugabsätze im Dezimeterbereich zu nennen.

Die rezente Morphodynamik wird später eingehend behandelt. Hier sei nur auf die Beobachtung eines Erdschlipfs hingewiesen, wenig ausserhalb des Arbeitsgebiets (Koordinaten 631 500 / 215 400) in steilem Gelände (über 30° Neigung)[1].

Gebiet Flückigen:
Das birnenförmige Gebiet reicht von 835 m bis 670 m ü.M. und hat damit etwa die gleiche Höhendifferenz wie das Gebiet Taanbach. Auf halbem Weg weitet sich das zunächst schmale Kerbtal und teilt sich in zwei von Gerinnen entwässerte Haupttälchen. Nach S zweigt zudem ein markantes Trockentälchen ab. Das Gelände ist nicht so stark terrassiert wie in Eriswil. Offenbar sind die Unterschiede in der

---

[1] Erdschlipfe treten in flachliegender Molasse nur an Steilborden auf, während sie in Gebieten mit einfallenden Schichten (Oberes Emmental) häufig sind.

Gesteinswiderständigkeit nicht sehr gross. Überdies sind die wechsellagernden Schichten mächtiger. Eine Ausnahme bildet die ausgeprägte Stufe vorwiegend aus Nagelfluh, die sich auf einer Höhe von ca. 810 m ü.M. durch das Gebiet zieht. Hier treten auch die steilsten Hänge (>35°) auf. Über der Stufe liegt ein bis 200 m breites Plateau.

Die Gefällskurve des Flückigenbachs hat einige Unregelmässigkeiten (vgl. dazu die Längsprofile Abb.6). In der Gegend der Koordinaten 627 200 / 217 100 weist der sehr unruhig reliefierte Talgrund auf eine frühere gravitative Massenbewegung. Diese führte zur Versumpfung des oberhalb liegenden Talbodens. Der Unterlauf des Bachs verläuft in einem bis 40 m breiten Alluvium. Die Erosionsbasis lag also früher mindestens 10 m tiefer.

Bezüglich des Mikroreliefs gilt ähnliches wie im Testgebiet Taanbach.

2.4 Hydrologie und hydrogeomorphologische Kennwerte

2.4.1 Hydrologie

Eine kurze Beschreibung der hydrogeologischen Situation wurde bereits im Kap. 2.2.4 gegeben. Das Abflussverhalten andererseits wird im Kap.9 beschrieben. Es bleibt an dieser Stelle der Hinweis auf die anthropogene Einflussnahme auf das hydrologische System. Die Wechsellagerung von Gesteinen verschiedener Durchlässigkeit, dazu das grosse Niederschlagseinkommen, führen zu einem reichen Vorkommen an Quellen, die teilweise zur Wasserversorgung der Einzelhöfe gefasst wurden. Stauvernässte Areale wurden grossenteils drainiert. Überdies wurden die Gerinne zum Teil eingedolt. Diese Vielzahl von Eingriffen führt mit Sicherheit zu einer Änderung des Abflussverhaltens der Vorfluter. Sie bleiben aber im Rahmen dieser Arbeit - schon aus arbeitsökonomischen Gründen - unbeachtet.

2.4.2 Hydrogeomorphologische Gebietskennwerte

Eine ausführlichere Erläuterung der Problematik sowie einschlägige Literaturzitate finden sich in W.SEILER (1983, S.46 ff) oder breiter in S.DYCK (1978). In der vorliegenden Arbeit dienen die Kennwerte (Tab.1), zusammen mit Längs- und Querprofilen (Abb.6) sowie Hangneigungskarten (Abb.4 u.5), zur quantitativen Kennzeichnung der Gebietseigenschaften.

Kennwerte der Einzugsgebiete (EZG)			
		Taanbach	Flückigenbach
L_{HQ}	(Distanz Mündung - Quelle des Hauptgerinnes)	865 m	1 460 m
L_{HW}	(Distanz Mündung - Wasserscheide)	1 290 m	2 015 m
L_W	(Länge der Wasserscheide)	3 805 m	4 630 m
B	(Maximale Breite ± senkrecht zum Vorfluter)	730 m	1 080 m
A	(Fläche)	68,3 ha	102,2 ha
R_F	(Formfaktor: $A \cdot L_{HW}^{-1}$)	529,5 m	507,2 m
R_Q	(Formquotient: $L_{HW} \cdot B^{-1}$)	1,77	1,87
R_K	(Kreisförmigkeitsverhältnis)*	0,59	0,60
R_S	(Streckungsverhältnis)**	0,72	0,57
FD	(Flussdichte)***	22,1 m/ha (2,2 km/km^2)	17,3 m/ha (1,7 km/km^2)

* Quotient aus A und einer Kreisfläche mit Umfang L_W
** Quotient aus Durchmesser eines Kreises mit Fläche (A) und L_{HW}
*** Quotient aus Länge aller Oberflächengerinne und A

Tab. 1: Hydrogeomorphologische Kennwerte der Einzugsgebiete.

Relative hypsometrische Kurve
Taanbach

H
1
0,5
53 %
F
0
0,5
1

Flächen-Abstands-Kurve
Taanbach

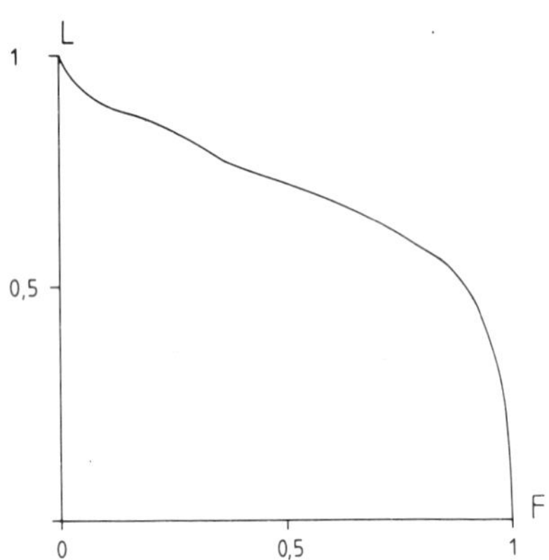

Relative hypsometrische Kurve
Flückigenbach

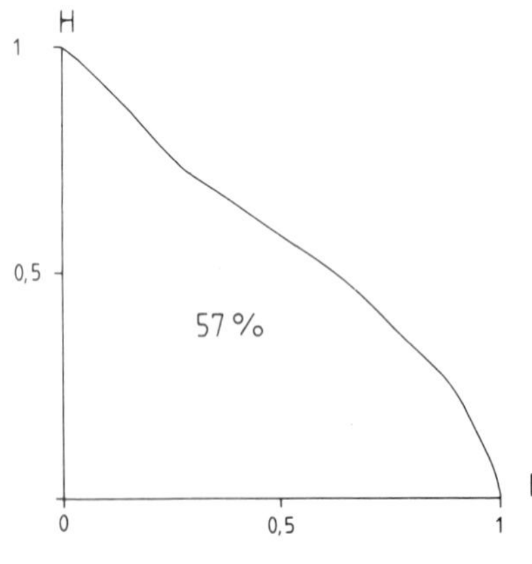

Flächen-Abstands-Kurve
Flückigenbach

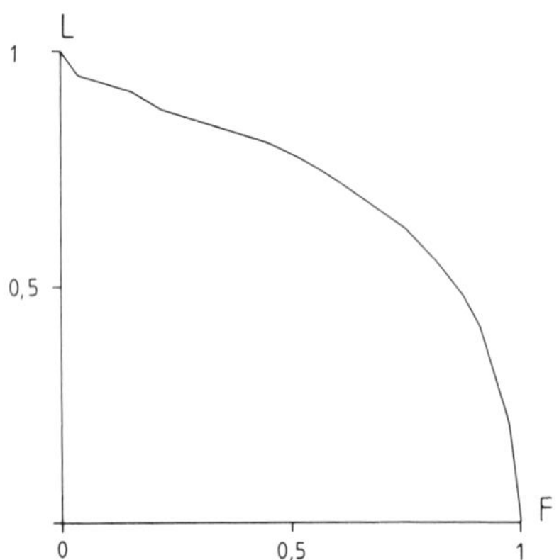

Abb. 7 und Abb. 8: Hydrogeomorphologische Kennzeichnung des Einzugsgebietes des Flückigen – und Taanbachs (vgl. Erklärungen unter Kap. 2.4.2).

Die hypsometrischen Kurven[1] (Abb.7 u.8) von Taanbach und Flückigenbach ähneln sich stark. Sie haben eine fast gleichmässige Flächenverteilung in bezug auf die Höhe. Beide Gebiete liegen nach A.N.STRAHLER (1952, zit. in W. SEILER 1983, S.52) im "equilibrium stage", also im Reifestadium. Die Regelmässigkeit der Kurven lässt sich auch mit der relativen Einheitlichkeit der Gesteinshärten (Flückige) respektive der regelhaften Abfolge von Schichten verschiedener Härte (Taanbach) erklären. Die Kurven wie auch die in Tab.1 aufgeführten Kennwerte deuten auf eine hohe Abflusskonzentration sowie auf eine kleine Verzögerungszeit TL hin, was sich in der Realität auch tatsächlich so verhält (vgl.Abb.51).

2.5. Klimatische Einordnung

2.5.1 Einleitende Bemerkungen

Das Kapitel beschränkt sich im wesentlichen auf die Diskussion der Niederschlagsverhältnisse. Die übrigen Klimafaktoren werden nur beiläufig behandelt, da sie am Erosionsgeschehen nicht direkt beteiligt sind. Temperatur und Luftfeuchtigkeit wurden als Grunddaten für die Berechnung der Verdunstung nach HAUDE zwar gemessen, sie werden jedoch nicht separat abgehandelt.

2.5.2 Die Niederschläge

2.5.2.1 Menge, Herkunft und Form der Niederschläge

Die Gegend von Huttwil empfängt im langjährigen Mittel um die 1100 mm Niederschlag und liegt damit im Bereich der Mengen des zentralen Mittellands. Im Süden steigen die Niederschläge gegen die Napferhebung stark an (in Luthern sind es bereits 1345 mm) (vgl. dazu die

---

[1] Die hypsometrische Kurve gibt die Beziehung zwischen der Fläche eines Horizontalschnitts durch das Einzugsgebiet auf einer bestimmten Höhe und dieser Höhe (z.B.: 62% der Gebietsfläche liegen höher als 750 m ü.M. (≙ 0,5 H))

Jahresniederschlag [mm]	Meteorologisches Jahr									
Station	1973	1974	1975	1976	1977	1978	1979	1980	1981	1982
Huttwil SMA (639 m)	1187	1195	1264	918	1437	1296	1475	1310	1498	1416
Eriswil SMA (765 m)	1258	1305	1322	1050	1601	1655	1611	1502	1652	1659
Eriswil T300 (783 m)									1535	1461

Tab. 2: Jahresniederschlagssummen der offiziellen Stationen Huttwil und Eriswil sowie der eigenen Messungen im Einzugsgebiet Taanbach.

Niederschlagskarte von H. UTTINGER 1949). V. BINGGELI (1974) gibt für das Einzugsgebiet der Langete detaillierte Niederschlagskarten der Jahre 1959 bis 1968. Im Talraum von Eriswil beschreibt er eine deutliche Depression. Im übrigen zeichnen die Isohyeten die Erhebungen der Molassehügel nach. Die von V. BINGGELI postulierte Trockeninsel Eriswil kann nicht bestätigt werden. Die neue SMA-Regenmessstation Eriswil erhielt während zehn Jahren durchwegs höhere Jahreswerte als Huttwil (vgl. Tab.2).

Der jahreszeitliche Gang weist das regionisch charakteristische Sommermaximum auf (58% der Niederschläge fallen im Sommerhalbjahr (vgl. Tab.3 und Abb.9)). Bemerkenswert sind die Daten von Tab.2. In den zehn Jahren von 1973 bis 1982 blieb in Huttwil nur das Trockenjahr 1976 unter dem langjährigen Durchschnittswert. Der Durchschnittsniederschlag dieser zehn Jahre beträgt 118% der Norm. Allerdings scheint diese Reihe überdurchschnittlicher Jahreswerte auf Huttwil beschränkt, treten doch bei den Stationen der Umgebung keine solchen Extreme auf.

Zur **Herkunft** der Niederschläge bemerkt V. BINGGELI (1979), dass rund 60% der Regenmenge durch W- oder SW-Winde herangeführt werden, durch E- bis NE-Winde sind es 27%, durch S-Winde (Föhn) nur 4% (Angaben für Langenthal). Die mittlere Zahl der Tage mit Niederschlägen wird für Wasen mit 138,3 angegeben, was dem Duchschnitt des zentralen Mittellandes entspricht (Tab.3).

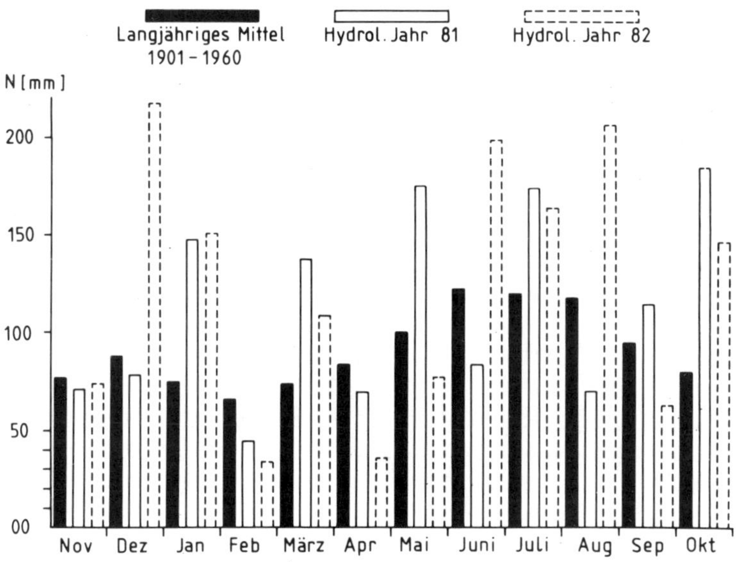

Abb. 9: Monatliche Niederschlagssummen der SMA-Station Huttwil.

Von Belang für Fragen der Bodenerosion ist im weiteren die **Form** des Niederschlags. Hier liegen Angaben für Langnau i.E. (16 km ssw Eriswil) vor (Tab.3). Da die beiden Testgebiete (Flückigen, Taanbach) ca. 100 m höher liegen, dürfte der Schneeanteil am Niederschlag etwas grösser sein (um die 17%); auch die Dauer der Schneebedeckung dürfte etwas länger sein.

Bezüglich der Hagelgefahr liegt das Gebiet zwischen erhöht hagelgefährdetem Mittelland und schwer hagelgefährdetem Alpenvorland (M. SCHÜEPP 1980).

		J	F	M	A	M	J	J	A	S	O	N	D	Jahr
1	Niederschlag [mm] (Huttwil SMA 639 m)	75	66	74	84	101	123	120	118	95	80	77	88	1101
2	Tage mit N ≥ 1,0 mm (*Wasen i.E. 755 m)	12,2	11,3	10,2	11,9	13,0	13,9	12,4	12,2	10,5	10,3	10,4	10,0	138,3
3	Temperatur [°Celsius] (Huttwil SMA 639 m)	-2,2	-0,9	3,0	6,9	11,8	15,1	16,7	15,8	12,5	7,3	2,4	-0,8	7,3
4	Tage mit Nahgewittern (Langnau 692 m)	0,1	0,0	0,3	0,7	3,2	4,8	4,7	4,2	1,5	0,3	0,0	0,0	19,8
5	Hagelfälle (Langnau 692 m)				0,1	0,2	0,5	0,2	0,2	0,0				1,2
6	Tage mit Schneefall (Langnau 692 m)	7,6	6,6	4,7	2,5	0,3					0,4	3,6	5,6	31,3
7	Tage mit Schneedecke (Langnau 692 m)	21,0	17,1	11,0	2,8	0,3					0,5	6,0	14,8	73,5
8	Anteil Schnee an N [%] (Langnau 692 m)	45	43	36	20	2	1				9	21	48	15

Messzeiträume: 1,3: 1901 - 1960; 2: 1931 - 1960; 4: 1930 - 1969; 5: 1931 - 1970; 6,7: 1959/60 - 1978/79; 8: 1958 - 1972

Quellen: 1,3: Annalen der SMA; 2: H.UTTINGER 1970; 4,5: M.SCHÜEPP 1980; 6,7: M.SCHÜEPP u.a. 1980; 8: M.SCHÜEPP 1976

*Wasen i.E.: Örtlichkeit 6 km südwestlich Eriswil

Tab. 3: Klimamittelwerte. Da für Huttwil nicht alle Daten verfügbar sind, müssen Angaben von Langnau (Situierung auf Abb. 1 ersichtlich) und Wasen herangezogen werden.

2.5.2.2 **Ergiebigkeit, Dauer und Intensität der Niederschläge**

Die Kennzeichnung der Niederschläge nach Ergiebigkeit, Dauer und Dichte ist aufgrund von Tagesmessungen schwierig oder nicht durchführbar. Deshalb wird hier auf die Arbeit von V. BINGGELI (1974, S.52 ff) gegriffen, der in Langenthal (485 m ü.M.) in den Jahren 1961 bis 1966 die Einzelniederschläge analysiert hat.

60% der Einzelereignisse liegen zwischen 1 mm und 10 mm, bloss 3,6% über 30 mm. Die jahreszeitliche Verteilung dieser ergiebigen Einzelniederschläge: 1/3 im Winterhalbjahr, 2/3 im Sommerhalbjahr, hier gehäuft im Juli und August. Die Dauer der Niederschläge ist in 96,5% der Fälle eine Stunde oder länger, in 57% der Fälle zwischen einer und acht Stunden. Die **Regenintensitäten** sind überwiegend gering. V.BINGGELI führt für 97% aller Einzelniederschläge durchschnittliche Intensitäten von weniger als 0,1 mm/min an. Er erwähnt auch, dass Regenstärken über 0,5 mm/min kaum auftreten.

Für die Beurteilung der Erosivität von Niederschlägen können durchschnittliche Intensitätswerte allerdings nicht genügen, da kurzzeitig viel grössere Regenstärken auftreten. Zieht man auch Teilniederschläge in Betracht, zeigt sich, dass Intensitäten >0,5 mm/min durchaus auftreten. Tab.4 illustriert dies für die hydrologischen Jahre 1981 und 1982 im Gebiet Taanbach. Erwartungsgemäss sind die Intensitäten im Sommerhalbjahr im Schnitt höher. Natürlich ist die Verteilung der Intensitätsanteile in diesen kurzen Messzeiträumen unregelmässig; insbesondere fallen die grossen Prozentanteile der Klassen über 0,5 mm/min im WHJ 81 auf, die auf das Grossereignis vom 15. April 1981 zurückzuführen sind (dazu Kap.6.2.2.2).

Effektive Intensität der Niederschläge								Taanbach (T 300)	
Intensität [mm · min^{-1}]		< 0,005	0,005 - < 0,015	0,015 < 0,05	0,05 - < 0,1	0,1 - < 0,5	0,5 - < 1,0	≥ 1,0	Total
WHJ	ΣN [mm]	19,6	175,4	281,4	59,8	34,9	48,3	10,2	619,5
81	ΣN [%]	3,2	27,5	44,6	9,8	5,6	7,8	1,7	100
SHJ	ΣN [mm]	30,6	154,5	283,4	149,4	98,5	47,9	17,1	781,4
81	ΣN [%]	3,8	20,0	36,3	19,1	12,6	6,0	2,2	100
WHJ	ΣN [mm]	26,3	233,5	174,4	169,6	35,4	5,7	-	644,9
82	ΣN [%]	4,0	36,2	27,1	26,3	5,5	0,9	-	100
SHJ	ΣN [mm]	23,1	134,4	320,1	216,1	136,5	28,8	4,1	863,1
82	ΣN [%]	2,7	15,6	37,2	25,0	15,7	3,3	0,5	100

Tab. 4: Regenmengen am Standort T300 während der hydrologischen Jahre 1981 und 1982, aufgeteilt in Intensitätsklassen. Die Digitalisierung der Regenschreibstreifen macht eine Zuordnung von Menge zu Intensität in kleinen Zeitintervallen möglich, was den relativ grossen Niederschlagsanteil mit hohen Intensitäten erklärt.

Für die Oertlichkeiten Wasen i.E. (802 m ü.M./1270 mm Jahresniederschlag; 6 km sw Eriswil) und Luthern (762 m/1345 mm N; 5 km E Eriswil) existieren Daten über mittlere Niederschlagsintensitäten in Abhängigkeit von Niederschlagsdauer und Wiederkehrperiode (J. ZELLER u.a. 1978 und 1979). Die dort publizierten Diagramme (Frequenzdiagramme und Niederschlags-Intensitäts-Diagramme) basieren allerdings auf Tageswerten. Die für die Erosionsforschung wichtigen kurzen Intensitätsintervalle können daher nur durch Extrapolation erfasst werden.

2.5.3 **Die Temperatur**

Die langjährigen Monatstemperaturen für Huttwil sind der Tabelle 3 zu entnehmen. Bei einer Temperaturabnahme von 0,65^{o} auf 100 Höhenmeter ergibt sich für die beiden Testgebiete (durchschnittliche Höhenlage ca. 800 m ü.M.) eine Jahresdurchschnittstemperatur von 6,3^{o} Celsius.

3. Methodik

3.1 Konzept

Die klassische Bodenerosionsforschung hat eine Vielzahl von Methoden und Methodiken entwickelt. Eine Anzahl davon sind bei T.DUNNE (1977) und bei R.-G.SCHMIDT (1979) beschrieben.

Die vorliegende Arbeit lehnt sich konzeptuell und methodisch an die anderen Teilprojekte des Gesamtprojekts "Bodenerosionsforschung" an (vgl.Kap.1). Es sei deshalb auf einige Texte, die dieses Projekt methodisch umreissen, hingewiesen: H.LESER u.a. (1981), H.LESER (1982), W.SEILER (1980), R.-G.SCHMIDT (1981). Überdies ist der methodische Rahmen dieser Arbeit bei J.ROHRER (1981) dargelegt worden.

Im wesentlichen wird das von R.-G. SCHMIDT (1979) eingeführte und von W.SEILER (1980) erweiterte Messkonzept benützt, wonach Daten in drei Dimensionen erfasst werden: punktuell, quasiflächenhaft und flächenhaft. Diese arbeitsmethodisch begründete Gliederung wird überlagert von der formalen Unterscheidung der beiden Hauptfragestellungen:

a) Erfassung von Umfang und Form der Verluste an Bodensubstanz und Nährstoffen (extensive Erosionsforschung)
b) Untersuchung der Prozessparameter der Bodenerosion (intensive Erosionsforschung)

Als gedankliche Grundlage der Prozessforschung dient das in Abb.10 dargestellte deskriptive Modell des Prozess-Reaktionssystems "Bodenerosion". Die dargestellten Grössen sind unterschiedlicher Art und erfordern unterschiedliche methodische Ansätze. Die Arbeit beschränkt sich dabei auf eine qualitative oder quantitative Beschreibung der Prozessparameter sowie die Herausarbeitung einiger Beziehungen. Diesem Fragenkreis sind die Kapitel 6 und 7 gewidmet, wo auch die entsprechenden Methoden beschrieben werden.

Die Erfassung des Stofftransfers, also die extensive Seite der Erosionsforschung, lässt sich in die lateralen und vertikalen Verluste und Gewinne am Standort (Standorthaushalt) resp. in der Fläche (Flächenhaushalt) und in die Bilanzierung der Gebietsverluste und -gewinne (Gebietshaushalt) gliedern. Diese beiden Ansätze sind in

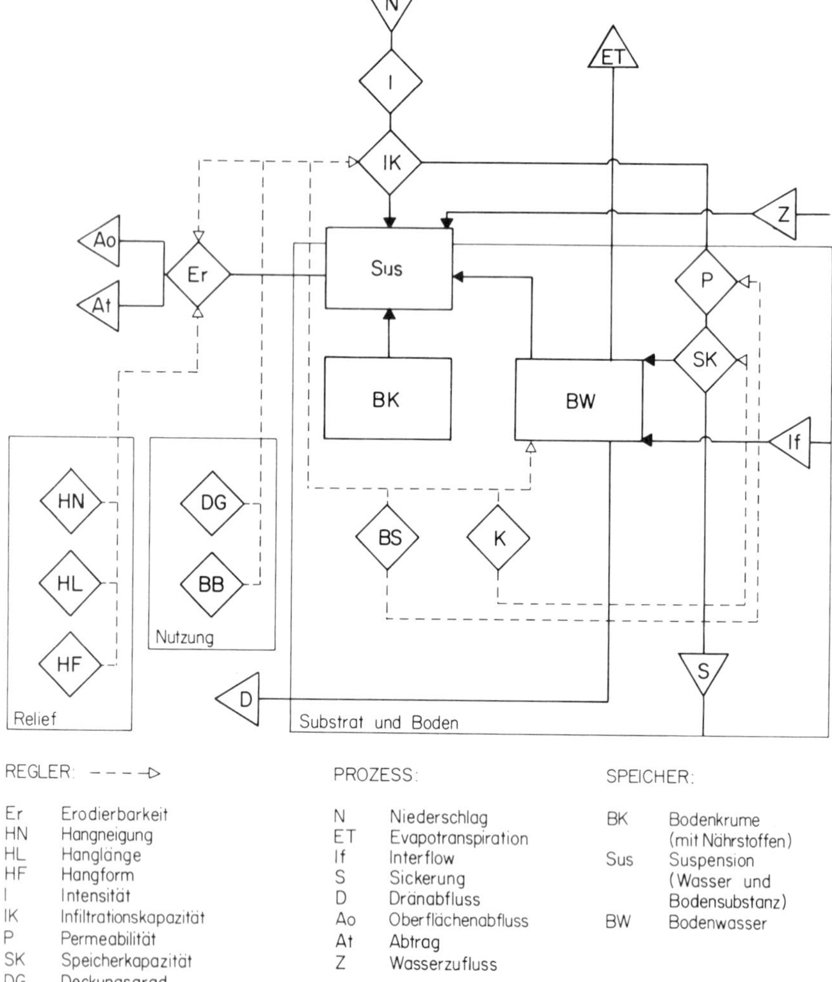

Abb. 10: Deskriptives Modell des Prozess-Reaktionssystems "Bodenerosion". Dem Fragenkreis von Prozessparametern und Beziehungen sind die Kapitel 6 und 7 gewidmet.

den Abbildungen 11 und 12 veranschaulicht. Allerdings wird in der vorliegenden Arbeit der Fragenkreis der vertikalen Stoffverlagerung vorerst ausgeklammert. Er soll in einer späteren Publikation behandelt werden. Die Thematik der Stofftransporte wird v.a. in den Kapiteln 8 und 9 diskutiert.

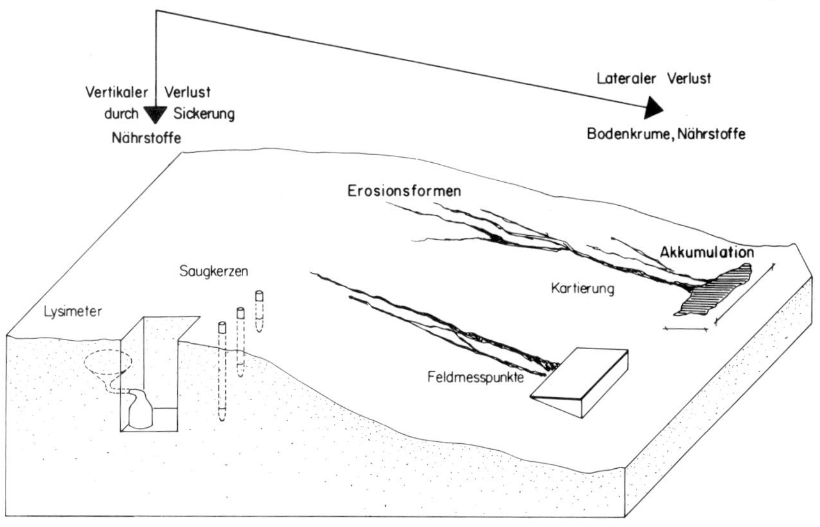

Abb. 11: Konzept der Erfassung vertikaler und lateraler Verluste. Das Hauptaugenmerk der vorliegenden Arbeit ist auf die laterale Verluste (Kap. 8) gerichtet. Die Nährstoff-Sickerverluste werden bilanzmässig durch den Vorfluteraustrag (Kap. 9) erfasst.

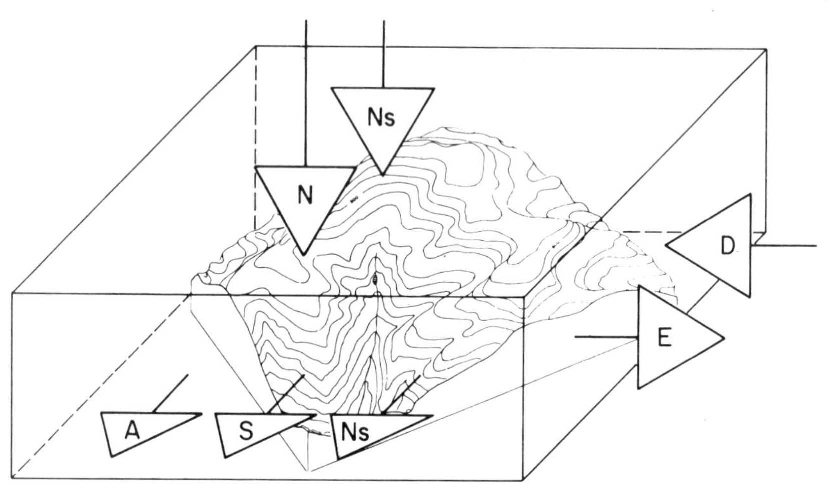

N = Niederschlag
Ns = Nährstoffe
D = Düngung

A = Abfluss
S = Schwebstoff
E = Ernteoutput - Futterinput

Bilanzgrössen

Abb. 12: Die Gebietsbilanzgrössen werden in den Kapiteln 9 und 10 eingehend behandelt.

3.2 Instrumentarium

Erosionsforschung im geoökologischen Sinn arbeitet mit Messungen, Kartierung und Beobachtung. Beobachtet wurde das AG über eine Spanne von drei Jahren. Zur Beobachtung wird hier auch die Befragung gerechnet, die einerseits den allgemeinen Erfahrungsschatz der Einwohner nützt, andererseits (etwa bei der Düngebefragung) gezielt Daten beschafft.

Kartiert wurden zur Hauptsache die Nutzung, der Boden und die Erosionsschäden. Mit Methodik und Problematik der Erosionskartierung befassen sich R.-G.SCHMIDT (1979) und H.LESER u. R.-G.SCHMIDT (1980). Die Methoden der Bodenaufnahme werden in Kap.5 beschrieben. Bei den Messungen lassen sich Feld- und Labormessung unterscheiden. Die Labormessungen hatten die physikalische und chemische Kennzeichnung von Boden- und Wasserproben zum Ziel. Die Methoden sind in den Kapiteln 5, 8 und 9 erwähnt.

<table>
<tr><th colspan="2"></th><th colspan="4">T300</th><th colspan="4">T350</th></tr>
<tr><td colspan="2">Höhe über Meer
Exposition
Hangneigung
Bodenform</td><td colspan="4">780 m
NNW
17°
Sand-Braunerde</td><td colspan="4">800 m
NW
16°
Sand-Braunerde</td></tr>
<tr><td colspan="2" rowspan="3">Bodenart des A-Horizonts</td><td>Skelett</td><td colspan="3">Feinmaterial = 100%</td><td>Skelett</td><td colspan="3">Feinmaterial = 100%</td></tr>
<tr><td rowspan="2">21,6%</td><td>55,5%S</td><td>29,3%U</td><td>15,2%T</td><td rowspan="2">10,5%</td><td>46,1%S</td><td>41,3%U</td><td>12,6%T</td></tr>
<tr><td colspan="3">l̄S</td><td colspan="3">ulS</td></tr>
<tr><td rowspan="2">Boden-bearbeitung</td><td>Parzellen</td><td>T300/1</td><td colspan="2">T300/2</td><td>T300/3</td><td colspan="2">T350/1</td><td colspan="2">T350/2</td></tr>
<tr><td>Herbst 80
Frühling 81
Herbst 81
Frühling 82</td><td>a/dl
↓
a/e
e</td><td colspan="2">a/e
e
a
dl</td><td>a
dq
a/dq
↓</td><td colspan="2">a
dq
a/e
e</td><td colspan="2">a/e
e
a
dq</td></tr>
</table>

Bearbeitungssymbole: a = umgegraben; e = richtungslos verfeinert; dq = querlaufende Drillreihen; dl = längslaufende Drillreihen; ↓ = keine Neubearbeitung

Tab. 5: Testflächendaten.

Feldmessungen sind zum einen für die Erfassung des Materialtransfers da. Diesem Ziel dienten v.a. Testparzellen (vgl. Tab.5 sowie Abb. 13 und 14) und Feldkästen (in Abb.13 u.14 als F mit Nummer bezeichnet). Ein Beschrieb dieser Bauten und Geräte findet sich in mehreren Publikationen, z.B. in W.SEILER (1980) und R.-G.SCHMIDT (1981). Mit Testparzellen und Feldkästen wurden aber auch Boden- und Wasserproben gewonnen. Ebenfalls der Probenahme von Bodenwasser dienten Trichterlysimeter und Saugkerzen.

Die Testflächen T300 und T350 waren überdies mit einer Anzahl von Messinstrumenten zur Gewinnung von Daten wie Niederschlag, Temperatur, Bodenfeuchte ausgerüstet (Abb. 13/14).

Der Bestimmung des Gebietshaushalts dienten Abflussmessstellen mit Limnigraphen, welche - zusammen mit Wasserproben - die Bestimmung des Gebietsoutputs erlaubten. Zur Erfassung des Gebietsinputs wurde auf der Testflächenstation T350 ein Regen- und Schneesammler aufgestellt (nähere methodische Angaben in Kapitel 9).

Die Datenverarbeitung wurde z.T. mit EDV vorgenommen, insbesondere die Auswertung von Niederschlags- und Abflussdaten. Dabei konnten Programme von W.SEILER und S.KOLLER benützt werden. Näheres zum Einsatz der Datenverarbeitung im Erosionsforschungsprogramm findet sich in W.SEILER (1983,S.32 ff).

Zusammenfassend sei nochmals betont, dass die Methodik nur dann ausführlich - in den entsprechenden Kapiteln - behandelt wird, wenn die Methoden von den im Hause (Geogr. Institut Basel) üblichen abweichen.

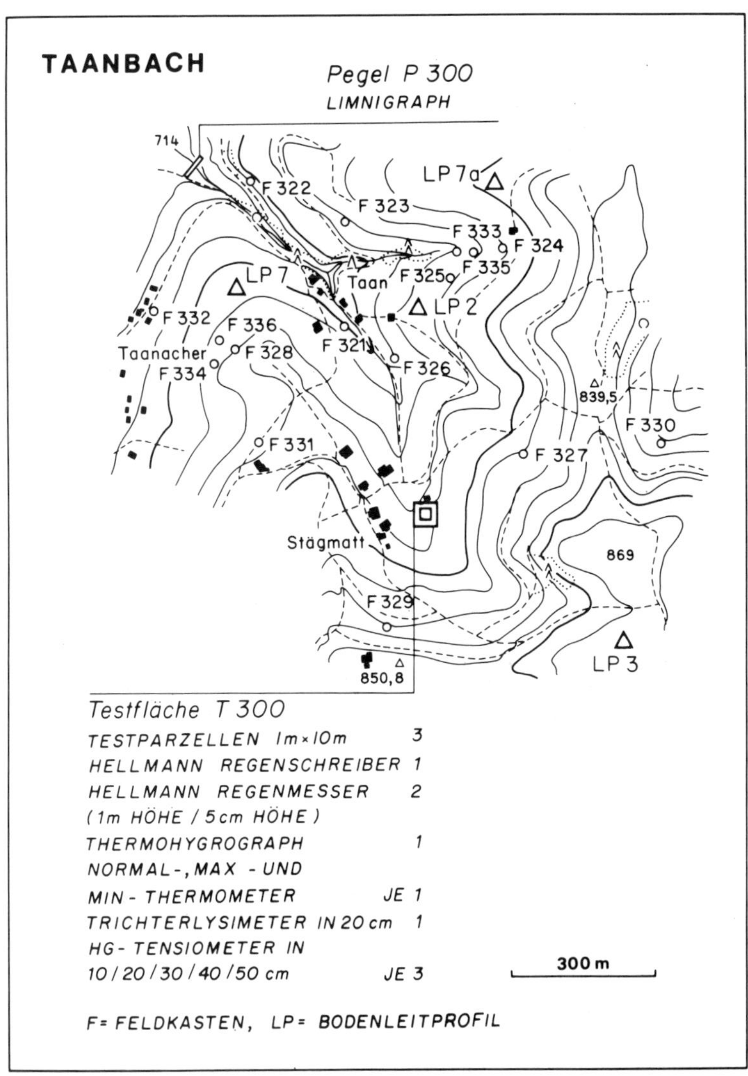

Abb. 13: Die Instrumentierung des Testgebiets "Taanbach" umfasst die klimatologischen Instrumente der Testfläche, die Pegelausrüstung des Vorfluters sowie die Materialfangkästen, die variabel auf dem Feld eingesetzt werden. Überdies sind die Leitprofile der Bodenkartierung (Kap. 5) eingetragen.

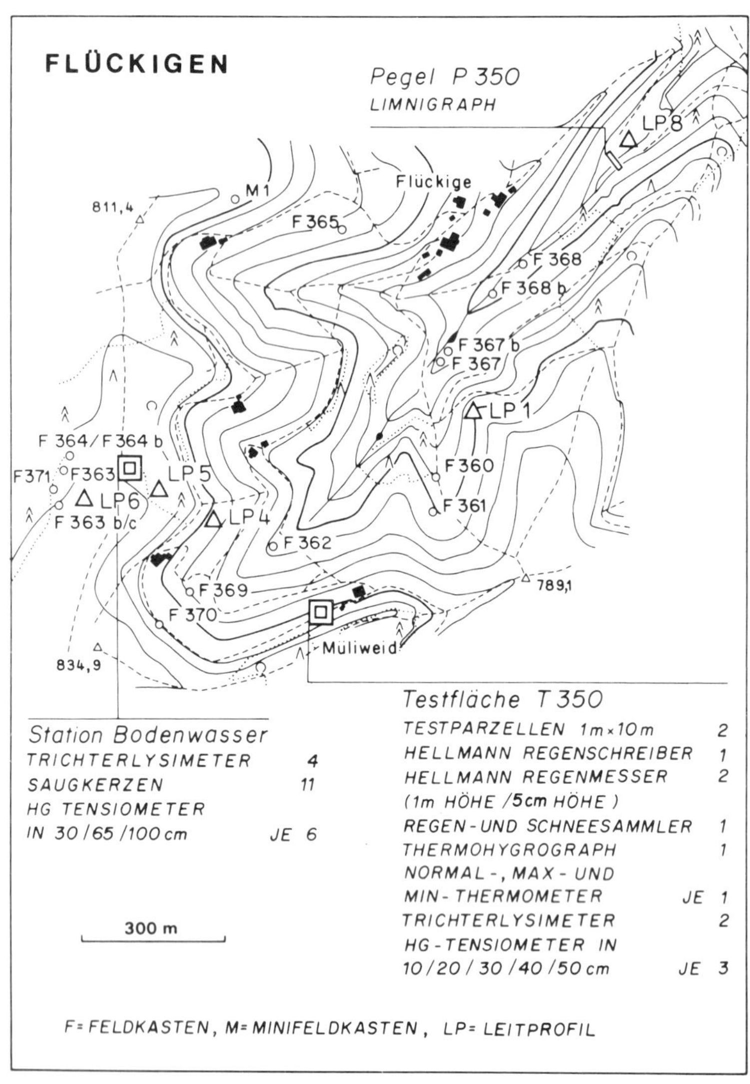

Abb. 14: Das Testgebiet "Flückigen" ist gleich ausgerüstet wie das Gebiet "Taanbach". Ausserdem dient die "Station Bodenwasser" speziell Fragen des vertikalen Stofftransports am Standort.

4. Die Nutzung

4.1 Vorbemerkungen

Die Nutzung, von der ja Bodenbedeckung und Bodenbearbeitung abhängen, ist das entscheidende Kriterium, ob und in welchem Umfang erodiert wird. Dauergrünland beispielsweise bietet auch in extremen Steillagen Schutz, während ein frisch bearbeitetes Saatbett dem Bodenabtrag schutzlos ausgesetzt ist. Eine sorgfältige Analyse der aktuellen und historischen Nutzungsverhältnisse ist deshalb unabdingbar für die Beurteilung der Erosionsdispositon eines Landwirtschaftsgebietes.

Da die Bodenerosion v.a. langfristige Folgen zeitigt, wird im folgenden einiges Gewicht auf die Agrargeschichte des weiteren Arbeitsgebietes gelegt. Überdies kann durch eine Skizzierung der Geschichte gezeigt werden, dass die Landnutzung nicht etwas statisches ist, sondern sich im Lauf von Jahrzehnten und Jahrhunderten grundlegend wandelt. Schliesslich werden auf dem Hintergrund agrargeschichtlicher Fakten die Resultate der Bodenkartierung besser interpretierbar (vgl. Kapitel 5.6). Es sei hier auf einige Arbeiten hingewiesen, die sich - methodisch im Grenzbereich von Agrargeschichte und Geomorphologie - mit Bodenerosion in historischer Zeit beschäftigen: L. HEMPEL (1976), G. HARD (1976), H.R. BORK (1983).

Die Wahl eines bestimmten Nutzungssystems wird nicht nur von der naturräumlichen Eignung des Landes bestimmt, sondern auch durch betriebswirtschaftliche, mentalitätsmässige und politische Gesichtspunkte. Gerade der Ackerbau wird wesentlich beeinflusst von politischen Zielen. Die schweizerische Landwirtschaftspolitik will einen gesunden Bauernstand erhalten und die Landesversorgung in Krisenzeiten sichern (Landwirtschaftsgesetz vom 3.10.1951). Dies soll mit gesamtwirtschaftlichen Vorgaben (Ausweitung der Ackerfläche) und einzelbetrieblichen Massnahmen (Flächenbeiträge, Subventionen) erreicht werden. Die Produktionslenkung geschieht mit finanziellen Anreizen, etwa mit Prämien für den Getreide- und Kartoffelanbau. Diese Prämien werden flächenbezogen entrichtet. Berggebiete (über 800 m ü.M.) und Hanglagen ausserhalb der Berggebiete werden finanziell bevorzugt (A. GASSER 1978).

Abschliessend sei die Notwendigkeit betont, den einzelnen Acker - besonders bei emmentalischen Grössenverhältnissen - in der Erosionsforschung nicht isoliert zu sehen, sondern in einem räumlichen und zeitlichen Bezug. Den zeitlichen Rahmen bildet die Fruchtfolge oder allgemein das Bodennutzungssystem, das im folgenden erläutert werden soll. Den räumlichen Rahmen bildet das Parzellenmuster (Abb.15 bis 20) in Abhängigkeit zu den Reliefeigenheiten (vgl. Kap. 6.3.4).

4.2 Bodennutzung

4.2.1 Landwirtschaftliche Eignung

Im Zuge der Produktionsplanung wurden verschiedene landwirtschaftliche Eignungskarten erstellt, insbesondere die "Landwirtschaftliche Eignungskarte des Kantons Bern" (1971) und die "Bodeneignungskarte der Schweiz" (1980). Beide unterlegen der Bonitierung ähnliche Kriterien (Relief, Klima, Bodeneigenschaften). Die Aussagen bezüglich der Untersuchungsgebiete in Rohrbachgraben und Eriswil: Die Böden sind gut geeignet für den Futterbau, beim Ackerbau wird die Eignung durch die Hangneigung eingeschränkt. Hingewiesen sei auch auf F.JEANNERET und P. VAUTIER (1977), die eine Kartierung der Klimaeignung für die Landwirtschaft durchführten. Hier erscheint unser Gebiet als gut geeignet für Kunstfutterbau und Ackerbau.

4.2.2 Bodennutzungssystem

Das Bodennutzungssystem ist durch die Art des Pflanzenbaus bestimmt, insbesondere die Fruchtfolge (Art und Abfolge der Kulturen). In weiten Teilen des schweizerischen Mittellandes herrscht Kleegraswirtschaft vor. Im bernischen Napfhügelland im speziellen ist es die "bernische Kleegraswirtschaft". Typisch daran ist der Wechsel zwischen Getreide, Hackfrüchten und Kunstfutterbau. Im Gebiet des höheren Mittellands liegt das Schwergewicht beim Futterbau. Die Betriebe sind vorwiegend auf Milch- und Fleischproduktion eingestellt.

Als übliche Fruchtfolge dieses Futterbautyps nennt H. STÄHLI (1944, S. 66):

1. Jahr : Getreide
2. Jahr : Hackfrüchte (vorzugsweise Kartoffeln)
3. Jahr : Getreide mit Kleegraseinsaat

4./5./6. Jahr: Kleegras (Kunstwiese)

Dazwischengeschaltet wird oft eine Zwischenfutterkultur (v.a. Winterrüpse oder Grünroggen).

Beim beschriebenen Bodennutzungssystem bleibt ein Acker i.a. drei Jahre lang offen. Hinterher dient er mindestens drei Jahre, meist aber erheblich länger, als Kunstwiese. In neuerer Zeit wird die geregelte Fruchtfolge oft durchbrochen. An ihre Stelle tritt eine freie Folge von Kulturen, z.B. ein mehrjähriger Anbau von Mais. Häufig wird die Kartoffel als erste Frucht in der Folge angebaut (vgl. Tab.8 und 9).

4.2.3 Zeitliche Entwicklung der Flächenanteile von Kulturen

Die schweizerische Ackerfläche ist in der Nachkriegszeit zurückgegangen. In neuester Zeit wächst sie wieder, v.a. dank der enormen Zunahme des Maisanbaus (E.R. KELLER 1979). Zum Teil anders ist die Entwicklung in der Gegend unserer Arbeitsgebiete. Im Amtsbezirk Trachselwald (mit Eriswil), also im eigentlichen Napfbergland, wurden 1975 bloss noch 77% der Fläche von 1919 beackert.[1] 1945, während der "Anbauschlacht", waren es 128%, 1965 noch 101%. Der Rückgang hat sich also zwischen 1965 und 1975 beschleunigt. Folgende Gründe können genannt werden: Hangackerbau ist arbeitsintensiv, Arbeitskräfte fehlen aber und eine Mechanisierung ist nur beschränkt möglich. Betriebswirtschaftlich ist der Hangackerbau trotz der Anbauprämien nur selten gerechtfertigt. Schliesslich hat die junge Generation ein anderes - emotionsloseres - Verhältnis zum Ackerbau (vgl. F. GERBER 1974). Anders liegen die Verhältnisse im Bezirk Aarwangen (mit Rohrbachgraben), wo günstigere topographische Ver-

[1] Eidgenössische Betriebszählung

hältnisse herrschen. Die Entwicklung hier: 1919: 100%; 1945: 135%; 1950: 108%; 1965: 106%; 1975: 101%. Die während des Krieges unter den Pflug genommenen Flächen wurden bald wieder zu Grünland, später blieb die Ackerfläche weitgehend konstant (vgl. Kap. 4.3). Der Rückgang im Bezirk Trachselwald betrifft Getreide und Kartoffeln etwa im gleichen Mass, während im Bezirk Aarwangen v.a. die Kartoffelpflanzungen schwinden.

Für die Gemeinden Rohrbachgraben und Eriswil wird die Entwicklung der Landwirtschaftlichen Nutzfläche (LN) in Tabelle 6 gegeben.

Rohrbachgraben hatte 1980 21% der LN unter dem Pflug, Eriswil 22%. Doch während in Rohrbachgraben der Ackeranteil stabil bleibt, schrumpft er in Eriswil weiterhin beträchtlich. Dies ist offenbar in der ungünstigeren Betriebsstruktur begründet (viele Kleinbetriebe, z.T. zerstückelte Fluren).

Landnutzung [ha]								Gemeinde Rohrbachgraben
	LN	OA	Getreide	Kartoffeln	Futterrüben	Gemüse	Mais	Kunstwiesen
1917	*	133	84	47	*	*	*	*
1942	485	177	120	48	*	2	*	*
1955	503	160	107	44	6	2	-	*
1975	472	102	63	37	1,0	0,8	-	146
1980	474	100	60	35	0,5	1,0	1,6	204
								Gemeinde Eriswil
1917	*	247	149	93	*	*	*	*
1942	774	248	159	76	*	5	*	*
1955	745	244	162	68	10	4	-	*
1975	748	180	131	39	5,3	2,4	-	227
1980	759	166	120	39	4,6	1,9	0,3	297

LN: Landwirtschaftliche Nutzfläche/OA: offene Ackerfläche
* : ohne Angaben
Quellen: Eidg. Betriebszählung/Eidg. Arealstatistik
Bemerkungen: Bei "LN" und "Kunstwiesen" Erhebungsänderungen wahrscheinlich.

Tab. 6: Zeitliche Entwicklung der Flächenanteile der Kulturen in den beiden politischen Gemeinden Rohrbachgraben (Örtlichkeit des Testgebiets "Flückigen") und Eriswil (Testgebiet "Taanbach).

Testgebiet **Flückigen**	*Nutzungsanteile*

(1) Einzugsgebiet des Flückigenbachs		102,2 ha
(2) Untersuchungsgebiet		109,5
(3) Wald		15,6
(4) Infrastrukturfläche (geschätzt)		3,0
(5) Landwirtschaftliche Nutzfläche		90,9
(6) Weide, Hostatt	ca.	19,4
(7) Ackerfähige Fläche		71,5

Sommer	1980			1981			1982		
	ha	%v.(7)	%v.(8)	ha	%v.(7)	%v.(8)	ha	%v.(7)	%v.(8)
(8) Umgebrochene Fläche Frühjahr	21,9	30,6	100,0	23,7	33,1	100,0	24,9	34,8	100,0
(9) Wintergetreide	13,2	18,5	60,5	14,1	19,8	59,6	10,0	14,0	40,3
(10) Sommergetreide	0,8	1,1	3,6	1,5	2,1	6,4	6,2	8,7	25,0
(11) Kartoffeln	6,3	8,8	28,7	6,2	8,6	26,0	7,7	10,8	31,0
(12) Mais	1,5	2,1	6,7	1,4	1,9	5,8	0,2	0,3	1,0
(13) Kunstfutter	0,1	0,1	0,5	0,5	0,7	2,1	0,7	1,0	2,7

Winter	1980/1981			1981/1982		
	ha	%v.(7)	%v.(14)	ha	%v.(7)	%v.(14)
(14) Ackerfläche Winter	21,6	30,2	100,0	20,4	28,6	100,0
(15) Wintergetreide/Kunstfutter	14,6	20,4	67,6	10,2	14,3	50,1
(16) gepflügt	5,2	7,2	23,8	3,9	5,5	19,2
(17) Getreidebrache	-	-	-	1,2	1,7	5,9
(18) Maisbrache	0,7	0,9	3,0	-	-	-
(19) Rübse	1,2	1,7	5,6	5,1	7,1	24,8

Testgebiet **Taanbach**	*Nutzungsanteile*

(1) Einzugsgebiet Taanbach		68,3 ha
(2) Untersuchungsgebiet		90,2
(3) Wald		1,6
(4) Infrastrukturfläche (geschätzt)		4,0
(5) Landwirtschaftliche Nutzfläche		84,5
(6) Weide, Hostatt	ca.	7,2
(7) Ackerfähige Fläche		77,3

Sommer	1980			1981			1982		
	ha	%v.(7)	%v.(8)	ha	%v.(7)	%v.(8)	ha	%v.(7)	%v.(8)
(8) Umgebrochene Fläche Frühjahr	21,0	27,1	100,0	20,1	26,0	100,0	20,1	26,0	100,0
(9) Wintergetreide	12,9	16,6	61,4	13,2	17,0	65,4	9,4	12,1	46,8
(10) Sommergetreide	3,0	3,9	14,2	2,3	3,0	11,6	5,2	6,7	25,7
(11) Kartoffeln	5,1	6,6	24,4	3,7	4,8	18,4	4,8	6,2	23,8
(12) Runkelrüben	-	-	-	0,3	0,4	1,5	0,5	0,7	2,7
(13) Kunstfutter	-	-	-	0,6	0,8	3,1	0,2	0,3	1,0

Winter	1980/1981			1981/1982		
	ha	%v.(7)	%v.(14)	ha	%v.(7)	%v.(14)
(14) Ackerfläche Winter	17,6	22,7	100,0	18,2	23,6	100,0
(15) Wintergetreide	13,2	17,0	74,9	9,4	12,2	51,6
(16) gepflügt	2,5	3,2	14,2	6,2	8,0	33,9
(17) Getreidebrache	1,2	1,6	6,9	1,4	1,8	7,6
(18) Kartoffelbrache	0,1	0,2	0,7	0,2	0,3	1,0
(19) Rübse	0,6	0,7	3,2	1,1	1,4	5,8

Tab. 7: Nutzungsanteile der Kulturen in den beiden Testgebieten.

Interessant ist die Entwicklung der Futterpflanzen Rüben und Mais. Futterrüben werden in Rohrbachgraben nur noch vereinzelt angebaut, während die konservativeren Eriswiler Bauern eher daran festhalten. Mais hält nur verzögert Einzug in die Anbaupläne, da das Gebiet wegen der Käseherstellung in der Siloverbotszone liegt. Die beträchtliche Zunahme des Kunstwiesenanteils dürfte - mindestens teilweise - in der Änderung der Erhebungskriterien begründet sein.

4.2.4 Bodennutzung in den Testgebieten Flückigen und Taanbach

Die Nutzungsanteile der verschiedenen Kulturen sind in Tabelle 7 verzeichnet, wobei unter dem Begriff "Kunstfutter" Äcker verstanden werden, die nach dem Umbruch mit Ackerfutterpflanzen bestellt wurden, nicht aber Kunstwiesen, die durch Einsaat von Kleegras in Getreideäckern entstanden sind.

Die Lage der Ackerschläge und ihre Nutzung sind in den Abb. 15 bis 20 dargestellt. Die Tabellen 8 und 9 geben Angaben zur Fruchtfolge jeder einzelnen Parzelle. Beschrieben wird auch der Feldzustand während des Winters. Vor und nach der Zeit der Ackernutzung werden die Parzellen als Kunstwiesen genutzt.

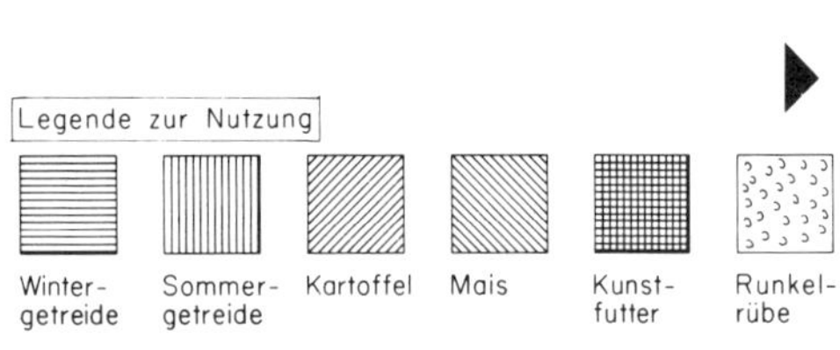

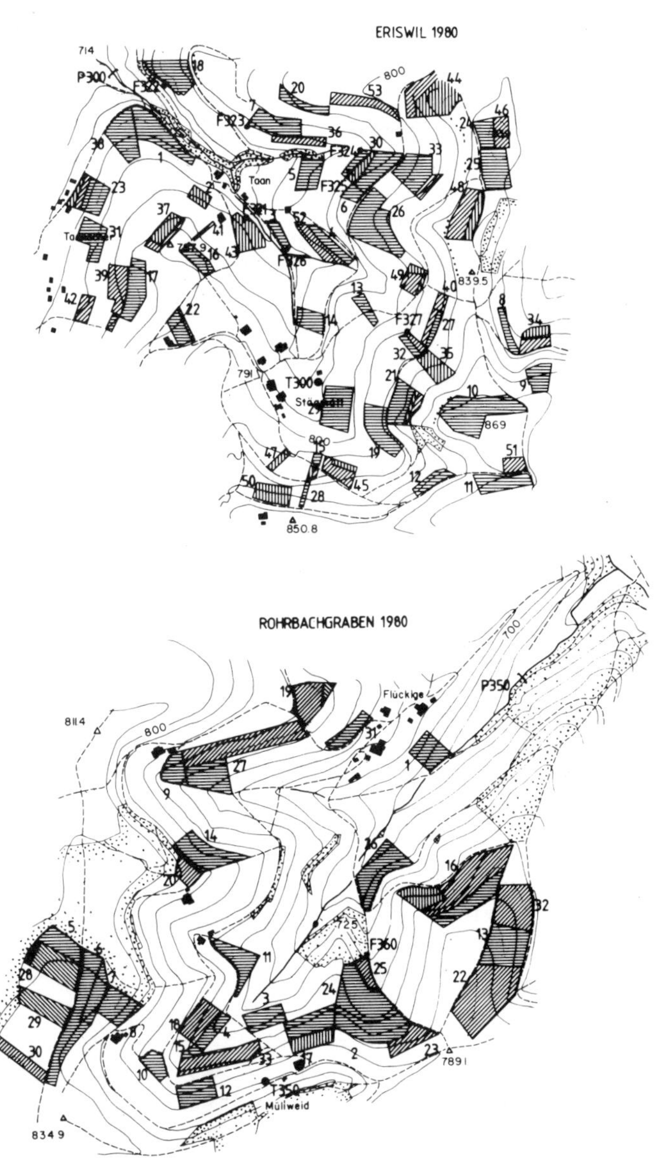

Abb. 15 und 16: Landnutzung in den Testgebieten Taanbach (oben) und Flückigen (unten) im Jahr 1980. Legende zur Nutzung nebenstehend.

Die Tabellen verdeutlichen das bereits erwähnte Faktum, dass die Fruchtfolge frei variiert wird. Oft wird der Ackerschlag nur während zweier Jahre offengehalten, Kartoffeln werden zu Beginn des Zyklus angebaut, Getreide wird zweimal hintereinander kultiviert. Schwankend ist der Anteil von Sommergetreide, da bei schlechter Witterung im Herbst die Ackerbestellung häufig auf das Frühjahr verschoben wird.

4.3 Techniken der Feldbestellung

Das Napfhügelland ist bekannt für seinen traditionellen Hangackerbau. Dieser findet sich bis in Höhelagen von über 1000 m ü.M. und bei Gefällen von 30° (55%). Äcker in diesen Steilstlagen können nicht in üblicher Weise bestellt werden. Sie werden mit Hilfe mechanischer Seilwinden gepflügt. Die Einsaat geschieht in Handarbeit. Im mittleren Gefällsbereich (bis ca. 20° oder 36%) dominierte bis vor wenigen Jahren der Einsatz von Pferden. Sie erledigten sowohl das Pflügen wie auch die Saatbettbereitung. Zur Ernte wurden selbstfahrende Kleinmaschinen, wie Bindemäher oder Kartoffelgraber, eingesetzt. Kein Problem für die Vollmechanisierung boten schwach geneigte Lagen bis ca. 10° (18%). In neuester Zeit ist es möglich geworden, den Getreideanbau bis 20° vollständig zu mechanisieren, dies durch leistungsfähige Traktoren mit tiefem Schwerpunkt und durch Hangmähdrescher. Einzig die Kartoffel-Vollerntemaschine kann in dieser Gefällslage nicht eingesetzt werden.

Langfristige Folge dieser technischen Entwicklung ist wohl, dass Hänge mit über 20° Neigung nicht mehr beackert werden. Unterhalb dieser Grenze ist vollmechanisierter Ackerbau (mit Ausnahme der Kartoffelernte) möglich, doch müssen die Schläge den grossen Maschinen angepasst werden. Ist dies aus topographischen oder betrieblichen Gründen nicht möglich, wird es auch bei Neigungen unter 20° zur Aufgabe des Ackerbaus kommen. So sind im Gebiet Taanbach etliche Kleinäcker der Vollmechanisierung hinderlich (vgl. Kap. 6.3.4), während im Gebiet Flückigen diese Vollmechanisierung bereits weit fortgeschritten ist.

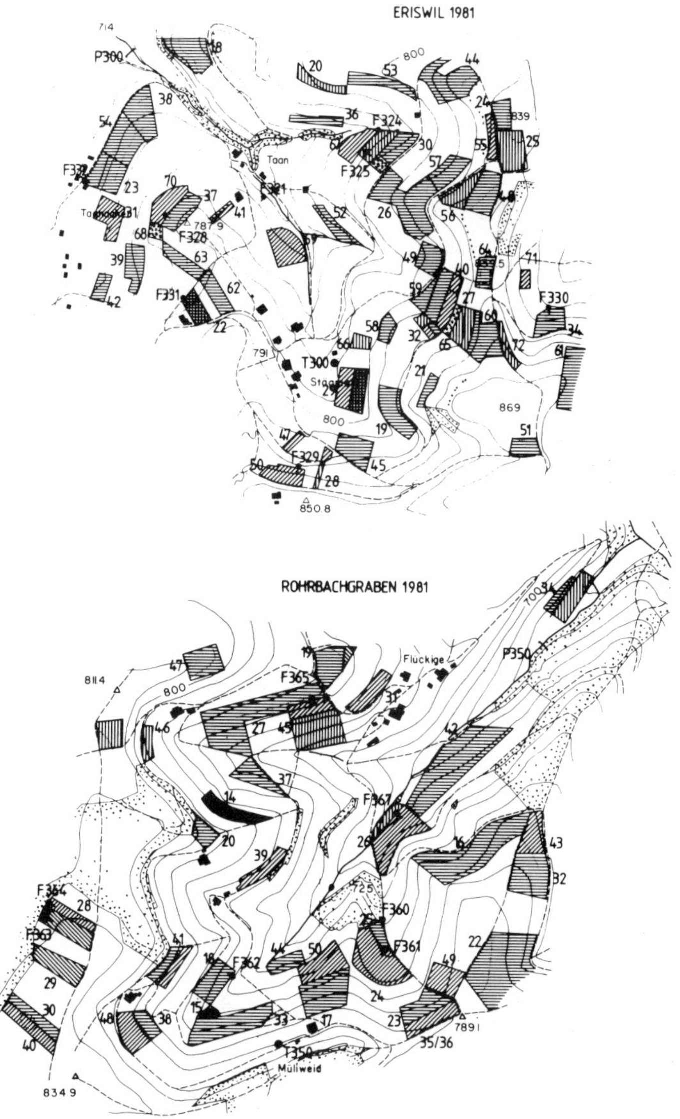

Abb. 17 und 18: Landnutzung in den Testgebieten Taanbach (oben) und Flückigen (unten) im Jahr 1981. Legende siehe Abb. 15/16.

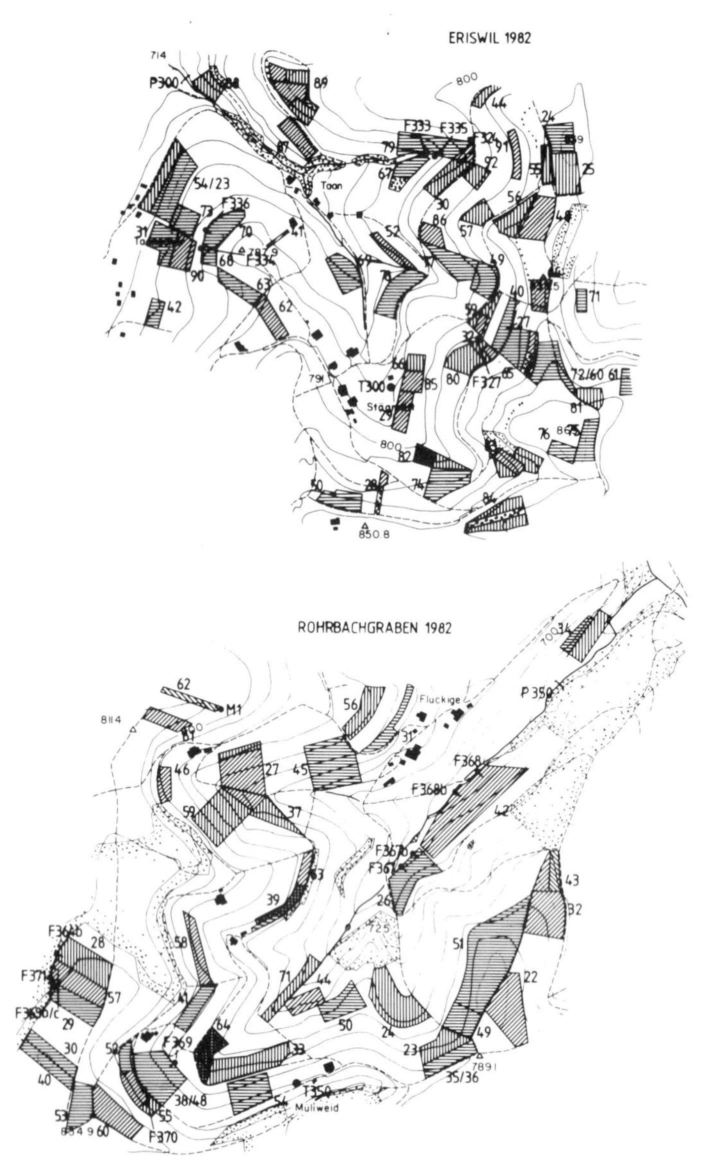

Abb. 19 und 20: Landnutzung in den Testgebieten Taanbach (oben) und Flückigen (unten) im Jahr 1982. Legende siehe Abb. 15/16.

Gegenwärtig gibt es, aus den obgenannten Gründen, aber auch durch unterschiedliche Auffassungen der Betriebsleiter begründet, ein Nebeneinander von konservativer Feldbearbeitung ohne grossen Maschineneinsatz und moderner vollmechanisierter Bestellungstechnik.

Abschliessend sei erwähnt, dass im Kapitel 6.3.5 die Konsequenzen der Bodenbearbeitung für die Erosion diskutiert werden.

4.4 Agrargeschichtliche Aspekte

4.4.1 Vorbemerkungen

Im folgenden soll die agrarische Entwicklung der Gegend des Emmentals geschildert werden. Dies mit Blick auf ihre Bedeutung für die Bodenerosion. Die nachstehenden Erläuterungen stützen sich hauptsächlich auf E.E. PULVER (1956), F. HÄUSLER (1958 und 1968) sowie auf mündliche Auskünfte des letzteren.

Vorerst seien einige Bemerkungen zur Siedlungsgeschichte gemacht. Das Emmental wird zwischen dem 5. und 12. Jahrhundert gerodet. Eine vormittelalterliche Besiedlung fällt flächenmässig nicht ins Gewicht. Ende des 13. Jahrhunderts ist die Besiedlung im grossen abgeschlossen. Nach einer Phase der Stabilisierung respektive Regression erlebt die Wirtschaft im 16. Jahrhundert einen Neuaufschwung, begleitet von zusätzlichen Rodungen und einer Intensivierung der Landwirtschaft. Im 18. Jahrhundert wird ein Minimum an Waldfläche erreicht, Wald ist weitgehend zu Weide geworden. Seither nimmt der Waldanteil wieder zu (F. HÄUSLER 1958). Die Siedlung erfolgt im Dorfverband (v.a. am Rande des Napfhügellands: z.B. Eriswil), in Weiler-Flurgenossenschaften (als Gruppe von Einzelhöfen mit gemeinsamer Allmend) und, im Hügelland vorherrschend, in arrondierten Einzelhöfen (F. HÄUSLER 1968).

Nr.	Wi 79/80	So 80	Wi 80/81	So 81	Wi 81/82	So 82	Wi 82/83
1	WG	WG					WG
2	p	SG					
3	WG	WG					
4	WG	WG					
5	WG	WG					
6	WG	WG					
7	WG	WG					
8	WG	WG					
9	WG	WG					
10	WG	WG					
11	WG	WG					
12	WG	WG					
13	WG	WG					
14	WG	WG					
15	WG	WG					
16	WG	WG					
17	WG	WG					
18	WG	WG	WG	WG			
19	WG	WG	WG	WG			
20	WG	WG	p-	SG			
21	WG/p	WG/SG/K	WG	WG			
22	WG	WG	p’/GB	KF			
23	WG/p	WG/K	WG	WG	WG/p’	WG/SG	
24	WG	WG	WG	WG	WG	WG	Rü
25	WG	WG	Rü	SG	GB	SG	
26	WG	WG	WG	WG	GB	SG	
27	WG	WG	GB	K	WG	WG	
28	WG/p	WG/K	p’	SG/KB	p’	K/RR	p’
29	WG	WG	p-	K/KF	p-	K	
30	WG/p	WG/K	WG/p’	WG/SG/RR	p’	SG	
31	WG	WG	p-/GB	K	WG	WG	
32	WG/p	WG/K	WG/p-	WG/SG/K	p-	SG/K	WG/p’
33	B	SG/K					
34	B	SG/K	WG	WG			
35	B	SG					
36	p	K	WG	WG			
37	p	SG/K	WG	WG			
38	WG	WG	WG	WG			
39	p	K	WG	WG			
40	p	K	KB	K	WG	WG	
41	p	K	WG	WG	p’	K	
42	p	K	WG	WG	WG	WG	
43	p	SG					
44		SG/K	WG	WG	p-	SG	
45		K	WG	WG			
46		K					
47		SG	GB	K			
48		SG/K	WG	WG	Rü	K	
49		SG/K	WG	WG	WG	WG	
50		SG	GB	K	WG	WG	
51		K	WG	WG			
52		K	WG	WG	GB	K	
53	Rü	K	WG	WG			
54			WG	WG	WG/p-	WG/SG	WG

56	p-	SG	p-	[illegible]	
57	WG	WG			
58	WG	WG			
59	WG	WG	p-	SG/K	WG
60	WG	WG	WG/p-	WG/K/RR	
61	WG	WG	WG	WG	
62	WG	WG	Rü	K	
63	WG	WG	WG	WG	
64	WG	WG	GB	K	
65	p-′	SG/RR	WG	WG	
66		SG	p-	SG	
67		K	WG/p-	WG/RR	
68		RR	WG	WG	
69		K	WG	WG	
70		K	WG	WG	
71		K	WG	WG	
72		SG	WG	WG	
73			WG	WG	WG
74			WG	WG	
75			WG	WG	
76			WG	WG	
77			WG	WG	
78			WG	WG	
79			WG/p′	WG/K	p′-
80			p-	SG	
81			p-	SG	
82			p′-	SG/KF	
83			p′-	SG/K	WG
84			p-	SG/RR	WG/p-
85			p-	K	
86			p-	K	
87			p-	K	
88				SG	
89				SG/K/RR	p′/GB/Rü
90				K	
91				K	WG
92				K	
93					WG
94					WG
95					WG
96					WG
97					WG
98					p-

Tab. 8: Nutzung der Ackerparzellen (die Nummern beziehen sich auf die Abb. 15/17/19) im Gebiet "Taanbach". Die Legende der Abkürzungen findet sich bei Tab. 9. Wo nichts verzeichnet ist, werden die Parzellen als Grünland genutzt (dazu Kap. 4.2.2 und 4.2.4).

Nr.	Wi 79/80	So 80	Wi 80/81	So 81	Wi 81/82	So 82	Wi 82/83
1		WG					
2		WG					
3		WG					
4		WG					
5		WG					
6		WG					
7		WG					
8		WG					
9		WG					
10		WG					
11		WG					
12		WG					
13		WG					
14		WG	KF				
15		WG	KF				
16		SG/K	WG	WG			
17		SG/WG	WG	WG			
18		K	WG	WG			
19		K/M	WG/p-	WG/M			
20		K	WG	WG			
21		SG	WG	WG			
22		WG/K	WG	WG	Rü	K	
23		K	WG	WG	Rü	SG	
24		WG	Rü	K	p-	SG	
25		K	WG	WG	p’	SG	
26		WG	p-	K	WG	WG	
27		WG/K	WG	WG	Rü	SG/K	
28		M	p’	K/M	p’	SG	
29		M	MB	M	WG	WG	
30		K	WG	WG	WG	WG	
31		WG	p-	K	WG	WG	
32		K	WG	WG	Rü	K	WG
33		K	WG	WG	GB	SG	WG
34			p-	SG	WG	WG/SG	
35			p-	K	WG	WG	
36			Rü	K	WG	WG	
37			WG	WG	p-	SG	
38			WG	WG	WG	WG	
39			p’	K	KF		
40			p’	K	WG	WG	
41			WG	WG/K	WG	WG	
42			WG	WG	p’/Rü	K	KB
43			p’	K	p’/Rü	K/M	p’
44			WG	WG	GB	K	WG
45			p-	SG/K	WG	WG	p-
46			p-	SG	p-	K	p-

47	WG	WG	WG	WG	Rü
48		K	WG	WG	
49		K	WG	WG	Rü
50		K	WG	WG	WG
51			WG	WG	p-/Rü
52			WG	WG	p′
53			WG	WG	Rü
54			WG	WG	
55			p′	SG/K	p′
56			p-	SG	Rü
57				K	WG
58				K	WG
59				SG/K	KB/Rü
60				K	WG
61				K	WG
62				M	p′
63				K	KB
64				KF	
65					WG
66					WG
67					WG
68					WG
69					WG
70					WG
71			p-	SG	WG

Abkürzungen:

WG	Wintergetreide	M	Mais
SG	Sommergetreide	GB	Getreidebrache
K	Kartoffel	KB	Kartoffelbrache
KF	Kunstfutter	MB	Maisbrache
RR	Runkelrüben	p-	gepflügt, horizontal
Rü	Rübse	p′	gepflügt, vertikal
B	Brache		

Tab. 9: Nutzung der Ackerparzellen (die Nummern beziehen sich auf die Abb. 16/18/20) im Gebiet "Flückigen". Wo nichts verzeichnet ist, werden die Parzellen als Grünland genutzt.

4.4.2 **Wirtschaftsweisen**

4.4.2.1 **Drei-Zelgen-Wirtschaft des Dorfes**

Diese Wirtschaftsform umfasst 3 Bereiche: Dorf, Feldflur (mit Ackerzelgen und Wiesenbau) und Gemeinland (Weide, Wald). Die Ackerzelgen unterliegen einer immer gleichen, starren Nutzungsrotation. Entscheidend für die relativ hohe Erosionsgefährdung der Ackerzelgen ist, dass sie jedes Jahr gepflügt werden, auch im Brachjahr. Die Brachzelge wird nämlich im Sommer mindestens zweimal gepflügt (ein erstes Mal Ende Juni), ein weiteres Mal im Herbst vor der Wintergetreidebestellung. Die Ackerkrume ist damit mitten in der Zeit der hocherosiven Sommerniederschläge schutzlos. F. HÄUSLER (1968, S. 44) referiert denn auch ein Gutachten von ca. 1765 über Brachfelder: "Verarmung des Bodens an Nährstoffen und Abschwemmung der Akkererde steiler Brachfelder waren üble Folgen der stets gleichbleibenden Anbauweise".

Flächenverhältnisse der Kulturen: Im System der Dreifelderwirtschaft hat das Ackerland Priorität (auch wegen des Getreidezehnten), Wiesland und Allmendweide dienen v.a. den Zugtieren. Von der Feldflur entfallen ca. 2/3 auf Ackerland und 1/3 auf Wiesland, dazu kommt Allmendland wechselnder Grösse. Letzteres wird später z.T. aufgeteilt ("eingeschlagen") und ebenfalls beackert. F. HÄUSLER (1968, S. 39) nennt für 1547 das Beispiel eines Hofes , wo die Landwirtschaftliche Nutzfläche in 34 Jucharten[1] Acker, 11 Jucharten Wiese und 3 Jucharten Weide aufgeteilt ist.

Grösse der Ackerschläge: Die Ackergrösse beträgt in früherer Zeit höchstens die Pflugleistung eines Tages (1-2 Jucharten), später gibt es infolge von Arrondierungen Parzellen bis 20 Jucharten.

Die Abschaffung des Flurzwangs, die Einführung von Kunstfutterbau und Stallfütterung sowie das Ausbringen von Stalldünger auf die Ackerflächen erlauben v.a. seit dem 18. Jahrhundert eine deutliche Einschränkung der offenen Ackerfläche, die Viehzucht wird wichtiger (Herstellung von Emmentaler-Käse im Tal seit 1850).

[1] 1 Jucharte = 36 Aren

4.4.2.2 **Einzelhofwirtschaft**

Der Einzelhof umfasst Wald, Weide, Wiesen und Äcker. Es besteht Nutzungsfreiheit. Gleichwohl wird die Hofgemarkung nach einem bestimmten Schema genutzt (Ägertenwirtschaft). Das Nutzungsverhältnis Acker: Wiesland beträgt in älterer Zeit (1600) etwa 3:1, im 18. Jahrhundert setzt auch hier eine Vergrünlandung ein (Acker: Grünland = 1:2). Bedeutsam ist, dass auch Weidegrund von Zeit zu Zeit umgebrochen wird. Niederwaldparzellen werden in 20- bis 30-jährigem Umtrieb mit mehrjährigen Getreidepflanzungen belegt (Reuthölzer). Wie in den Wäldern der Dorfgemarkungen spielt die Waldweide auch hier eine grosse Rolle.

4.4.2.3 **Weiler-Flurgenossenschaft**

Diese Mittelform verbindet Elemente des Agrarverbandes (Drei-Zelgen-Wirtschaft) mit solchen des autarken Einzelhofs. Die Aufteilung der Allmend beginnt schon im 16. Jahrhundert, die Wirtschaftsweise nähert sich immer mehr derjenigen des Einzelhofs (sekundäre Einzelhöfe).

4.4.3 **Angebaute Nutzpflanzen**

Neben dem dominierenden Getreideanbau (Dinkel als Wintergetreide, Hafer und Gerste als Sommergetreide) wird auf Pflanzland Hanf und Flachs gezogen. Im 18. Jahrhundert tritt als Ersatz für die Alltagsspeise Brot die Kartoffel auf. Anfänglich wird ihr Anbau nur in kleinen Schlägen in Weide und Allmend geduldet. In neuerer und neuester Zeit werden auch Runkelrüben, Raps und Mais angebaut.

4.4.4 **Entwicklung der Erosionsgefährdung**

Bei der starken Reliefierung des Arbeitsgebietes findet auch unter Waldbedeckung Erosion statt. Die Erodibilität von Waldboden ist grösser als die von Dauergrünland-Boden. Dies bemerkte schon O.FLÜCKIGER (1919, S.6): "Noch weniger als der Rasenfilz vermag das Waldkleid die Erosion lahmzulegen".

Die Erschliessungsphase im Früh- und Hochmittelalter bewirkte sicherlich eine verstärkte Gebietserosion. Auch die mittelalterliche und frühneuzeitliche Wirtschaftsweise wirkte, wie oben beschrieben, erosionsfördernd (Waldweide, Brache, Ägertenwirtschaft). Allerdings war das Gebiet bis ins 16.Jahrhundert dünn besiedelt. Vom 16. bis 18. Jahrhundert herrschten dann - mit Rodung und Intensivierung der Landwirtschaft - Verhältnisse, die die Erosion begünstigten. Im 16. Jahrhundert wurde denn auch die "Wassernot im Emmental" lebhaft beklagt (O. FLÜCKIGER 1919).

Die im 18. Jahrhundert einsetzende Vergrünlandung, die Abschaffung der Brache und die Zunahme der Waldfläche bannten die Erosionsgefahr weitgehend. Die traditionelle Kleegraswirtschaft mit ihren bodenverbessernden Wirkungen (vgl. Kapitel 6.3.3.2) bot und bietet einen Schutz, der angesichts der Geländeverhältnisse verblüfft. Neue Tendenzen der Bewirtschaftung, so die Vergrösserung der Ackerschläge, der vermehrte Anbau von Mais und die drohende Bodenverdichtung durch schwere Maschinen, können in Zukunft zu einem erneuten Anwachsen der Erosionsgefahr führen.

Schätzt man die historischen Erosionsleistungen ab, darf man aber auch die Entwicklung der Niederschlagserosivität nicht ausser acht lassen. Hier liegen selbstredend keine eigenen Beobachtungen vor, doch nimmt H.R. BORK (1983) für das Untereichsfeld in Deutschland vom Frühmittelalter bis zur Jetztzeit Phasen unterschiedlicher Erosivitäten an.[1] Als Epochen mit stark erosiven Ereignissen nennt er das Spätmittelalter und das 18. Jahrhundert. Diese Zeiträume stimmen mit den bereits erwähnten Zeiten von "Wassernöten" überein, die im 16. Jahrhundert (O.FLÜCKIGER 1919) und im 18. Jahrhundert (R.HANTKE, 1980, S.383) verbürgt sind.

---

[1]Diese These wird von G. HARD (1976) bestritten. Er schreibt die Schwankungen der Erosionsleistungen allein der veränderten Nutzungsweise zu.

4.4.5 Agrargeschichtliche Fakten zu den Arbeitsgebieten

Gebiet Taanbach:
Das Arbeitsbebiet war früher Allmendland ("Gemeine Weiden") (G.GROSJEAN 1973, S. 275). Grosse Flächen dieser Allmend waren mit "Miesch" (Moos) und "Brüsch" (Heidekraut) überwachsen (aus "Akten betreffend die Teilung der Gemeinen Weiden des Vorderdorfes Eriswil") (vgl.auch Bodenkarte Taanbach). Von 800 Jucharten Allmend (im Jahre 1787) wurden jedes Jahr 60 Jucharten geackert. 1801 wurde der grösste Teil der Allmend unter die Landbesitzer aufgeteilt. Ein kleinerer Teil, der u.a. den südöstlichen Teil des Gebiets Taanbach umfasste, verblieb als Allmende und konnte von den Taglöhnern in Parzellen von einer halben Jucharte als Pflanzland genutzt werden (F. HÄUSLER 1968, S. 269 ff). Heute wird das Allmendland in gleicher Weise (Parzellengrössen, Fruchtfolgen) genutzt wie das übrige Gebiet. Eine Ausnahme bilden einige Kleinäcker, die von Arbeiterbauern bewirtschaftet und jedes Jahr geackert werden. Zusammenfassend kann gesagt werden, dass die heutige Nutzungsweise im Testgebiet Taanbach neuen Datums ist und früher eine extensive Weidenutzung vorherrschte.

Gebiet Flückigen:
Das Gebiet ist wohl mit Einzelhöfen erschlossen worden. Entsprechend herrschte hier Ägertenwirtschaft (siehe Kap. 4.4.2.2). Die Hofnamen Müliweid, Gruebeweid usw. lassen auf eine Intensivierung der Nutzung infolge Hofteilungen im Verlauf der Neuzeit schliessen.

5. Der Boden

5.1 Ziele der Bodenaufnahme

Der Boden, ein Hauptgegenstand der Erosionsforschung, ist gleichzeitig Subjekt und Objekt des Erosionsgeschehens. Als Subjekt steuert er wesentlich den Bodenabtrag durch seine Beschaffenheit (etwa Durchlässigkeit,Strukturstabilität der Bodenkrume usw.). Diese Eigenschaften werden als kybernetische Regler im Ablaufschema der Bodenerosion gedacht (vgl. Kapitel 3) und als Prozessparameter gesondert beschrieben (Kapitel 6).

Als Objekt unterliegt der Boden einem lateralen und vertikalen Stofftransfer, der in den Kapiteln 7 und 8 quantitativ oder qualitativ beschrieben wird.

Das vorliegende Kapitel dient einerseits als Grundlage für die folgenden Kapitel, andererseits bietet es selber Fakten zur Fragestellung "Bodenerosion". Insbesondere drei Ziele werden angestrebt:

- Der Boden als Integral des Haushaltsgeschehens und Partialkomplex im Geoökosystem dient der Gebietsgliederung (dazu zusammenfassend H. LESER 1976). Seine detaillierte Beschreibung ist Ausfluss des geoökologischen Ansatzes der Bodenerosionsforschung (H.LESER 1982).

- Der Boden wird als Resultat einer Erosionsentwicklung interpretiert. Während die Schadenskartierung die kurzfristige Disposition des Gebietes zur Bodenerosion aufzeigt, kann die Analyse des Bodens langfristige Abläufe kenntlich machen (dazu v.a. die Arbeiten von L.JUNG).

- Es wird versucht, Merkmalstypen (insbesondere Bodentypen) bestimmte Erosionsdispositonen zuzuweisen. Dies würde bedeuten, dass solche synthetische Merkmalstypen als Indikatoren der Erodierbarkeit dienen könnten (dazu D.WERNER 1962, 1968).

5.2 Methodik der Bodenaufnahme

5.2.1 Grundsätzliches

Die geoökologische Bodenaufnahme wird in H. LESER (1976, S.105 ff) beschrieben. Allerdings erfordern das Arbeitsgebiet und die oben skizzierten Fragestellungen einige Abweichungen.

Das Gebiet ist in zweifacher Weise differenziert: durch ein reiches Mikrorelief einerseits, durch kleinflächige Faziesmuster des oberflächennahen Untergrunds andererseits. Damit wird die Forderung homogener Pedotope, also geschlossener Gebiete mit gleicher Bodenform, schon für Flächen im Hektarbereich fraglich. Gerade kleinere Flächen von einigen Aren sind aber für Fragen der Bodenerosion im Arbeitsgebiet interessant. Daher wurde die Bodenkarte so detailreich wie möglich gehalten, d.h. ihr Detaillierungsgrad richtet sich nach der Dichte der Bohrstockeinschläge und nach der kartographischen Darstellbarkeit, nicht nach Homogenitätskriterien. Dies führt zu einer Uneinheitlichkeit der Areale (einige, vor allem kleine Areale sind homogen, andere nicht) und zu einer unvollkommenen Gliederung (bei Kleinstarealen, wie sie insbesondere bei Rankern auftreten, ist es oft Zufall, ob sie aufgefunden werden oder nicht).

Bei der Definition der Bodenformen stellt v.a. das Substrat Schwierigkeiten. Substratschichtung und Skelettgehalt schwanken auf kleinem Raum und sind oft nicht bestimmbar. Aus diesen Gründen werden die Bodenformen zwar prinzipiell nach I. LIEBEROTH (1969) definiert, aber ohne die Kriterien der Schichtung (bei uneinheitlichen Substraten) und des Skelettgehalts.

5.2.2 Feldmethoden

Die Feldarbeiten der Bodenaufnahme zerfallen in die Beschreibung typischer Profile am Standort (Leitprofile für die Bodenareale) und in die flächenhafte Kartierung. Die Methoden sind verschiedenen Orts, so etwa bei F. KOHL (1971), beschrieben. Kartierung: Mit dem Pürckhauer-Bohrstock wurde 1 m tief gebohrt. Auf 2 m tiefe Bohrungen musste verzichtet werden. Das Bohrnetz wurde den Geländeeigenschaften angepasst (z.T. Catenen, z.T. Raster). Im Durchschnitt wurden je ha 5 Einschläge niedergebracht (insgesamt ca. 1000). Im Bohrkern wurden angesprochen: Horizont, Horizontmächtigkeit, Bodenart und pH, wenn nötig oder möglich auch Kalkgehalt, Skelettgehalt und besondere Merkmale.

Profilaufnahme: Insgesamt 16 Bodenprofile wurden aufgegraben und beschrieben. Besonderer Wert wurde auf Gefüge und wasserhaushaltliche Kennzeichen gelegt. Zugleich wurden Proben für die Laboruntersuchung entnommen: Gewichtsproben als Horizontmischproben, Volumenproben mit je 3 Stechzylindern pro Entnahmebereich.

5.2.3 Labormethoden

Die gängigen Laborarbeiten erfolgten nach den Methoden, die T.MOSIMANN (1980,S.40 ff) beschrieben hat. Abweichend davon wurden die pflanzenverfügbaren Nährstoffe Mg, K, PO_4 im Gleichgewicht mit NH_4 ausgetauscht (Ammoniumlaktat-Methode, bei E.SCHLICHTING u. H.P.BLUME 1966, S.87) und flammenphotometrisch beschrieben. Kationenaustauschkapazität und Basensättigung (STV-Werte) wurden gemäss R.THUN u.a. (1955, S.149) ermittelt. Die Ungenauigkeiten der Porengrössenverteilungsbestimmung mittels Nomogrammen aus den Daten der Korngrössenanalyse (nach K.H.HARTGE 1971) werden bei W.SEILER (1983, S. 81 ff) diskutiert. Die Wasserleitfähigkeit (Durchlässigkeit) wurde weder durch die Bestimmung des Kf-Werts an Stechzylinderproben noch durch Infiltrationsmessungen im Feld bestimmt. Ersteres aufgrund der Fakten, die E.KOPP (1965) nennt, letzteres wegen methodischer Probleme (Hangneigung) und hoher Messwertstreuung (W.SEILER 1983, S. 84). Die Kennzeichnung der Durchlässigkeit der Profile erfolgt deshalb nach der Methode von M.THOMAS (1975) via Korngrössenzusammensetzung und Lagerungsdichte (Durchlässigkeitskennziffer).

5.2.4 Benennungen und Klassifizierungen

Ist nichts weiteres erwähnt, so erfolgen Benennung und Klassifizierung eines Merkmals nach der Kartieranleitung von F. KOHL (1971). Dies gilt u.a. bei Bodenart, Korngrössenfraktionen, Gefüge, Karbonatgehalt, Humusgehalt, nutzbarer Feldkapazität und Horizontsymbolen. Das Bodenskelett wird ebenfalls nach KOHL benannt und ist als

Gewichtsprozentanteil zu lesen. Zur Farbbestimmung wurde eine MUNSELL-Tafel verwendet. Die Beurteilung der Nährstoffversorgung geschieht nach E.SCHLICHTING und H.P.BLUME (1966, S. 171 ff).

Die Durchlässigkeitskennzeichnung nach M.THOMAS (1975) umfasst 6 Kennziffern, die durchlässige (I) bis sehr stark stauende (VI) Schichten bezeichnen. Durch Kombination der Kennziffern kommt M.THOMAS (1973, zitiert in W. SEILER 1983, S. 86) zu 11 Versickerungsklassen (von 1 ≙ "sehr gute Durchlässigkeit in allen Horizonten" bis 11 ≙ "stark bis sehr stark stauende Horizonte im Unterboden").

5.3 Die Substrate

5.3.1 Substrate im Gebiet Flückigen

5.3.1.1 Untergrund

Der Untergrund (vgl. dazu Kap. 2.2) wird durch die obere Meeresmolasse (Helvet) in ursprünglicher Schichtlage gebildet.[1] Risszeitliches Grundmoränenmaterial ist nicht mehr nennenswert vorhanden. Für diese Annahme jedenfalls sprechen die niederen Tongehalte und das Fehlen von Tongehaltssprüngen (vgl. H.W. ZIMMERMANN 1961, S. 68 ff). Als Fazies dominieren die Sande, wobei Mittel- und Feinsande stark überwiegen. Häufig sind auch Silte (bes. im SE-Bereich des Arbeitsgebiets). Konglomerate (polygene Nagelfluh) treten vor allem im Westteil des Gebiets auf, wo sie als Stufenbildner wirken. Kleinräumig jedoch treten grobklastische Fazies im ganzen Gebiet auf. Charakteristisch ist überhaupt der häufige Fazieswechsel. Mergelfazies tritt in tiefster Lage im Vorfluterbereich auf.

Etwa auf 720 m ü.M. streicht eine wasserstauende Schicht aus, was zu einem Quellenband von Schichtquellen führt (vgl.dazu Bodenkarte "Flückigen" Abb.24). Im übrigen wird das Gebiet jedoch von durchlässigem Gesteinsuntergrund geprägt.

---

[1]Einzig der Rücken s des Gehöfts Müliweid gehört dem Torton an. (Der Aufschluss wurde sedimentpetrographisch untersucht von H.MAURER u.a. (1982): Probennummer 122, Koordinaten 627 075/216 475)

Charakteristisch für die Molasse allgemein ist der extrem schwankende Kalk- und Dolomitanteil (J.GEERING 1935, S.5; H.MAURER u.a.1982). Oberflächennah ist das Arbeitsgebiet weitgehend entkalkt (Karbonatgehalte um 1%), die Entkalkungstiefe erreicht mindestens 15 dm.

5.3.1.2 **Substratbeschreibung**

Vorgängig sind zwei Begriffe zu definieren. Als Substrat wird in Anlehnung an T. MOSIMANN (1980, S.57) das aktuell anstehende Material der Lithosphäre verstanden. Als Decke wird in Abweichung zu I.LIEBEROTH (1969, S.115) aus Praktikabilitätsgründen die ganze verwitterte Auflage über dem anstehenden Gestein bezeichnet, ohne Rücksicht auf Mächtigkeit, Schichtung und Genese (vgl. Kap.5.2.1, 3. Abschnitt).

Der oberflächennahe Untergrund, auf dem die rezenten Böden entwikkelt sind, umfasst ein Spektrum von Bodenarten mit den Extremen Schluff (U), Sand (S) und tonigem Lehm (tL). Die hauptsächlichen Bodenarten sind l'S, lS, ulS, $\bar{l}$S, sL, suL, slU. Der Skelettgehalt ist wechselnd und kann bis 80% reichen.

Abb. 21 zeigt eine repräsentative Anzahl von Korngrössenproben aus dem A-Horizont. Die Werte des Testgebiets Flückigen werden durch Punkte bezeichnet. Auffallend ist die Konzentration der Analysenwerte. Entgegen dem Untergrund, wo vor allem reine Sande und Schluffe zu finden sind, dominiert im oberflächennahen Untergrund, speziell aber in den obersten Dezimetern, eine Mischung dieser Korngrössen. Überdies sind hier die Substrate verlehmt. Der Tonanteil in der Substratdecke schwankt zwischen 2% und 20%.

Die Mächtigkeit der verwitterten Decksubstrate, die dem Untergrund aufliegen, schwankt zwischen 0,4 m und mehr als 2 m (grössere Tiefen als 2 m wurden nicht aufgegraben). Verbreitet sind Mächtigkeiten zwischen 1 und 1,5 m.

Tonhaltigere Substrate finden sich eher an Hängen, in Dellen und Talbereichen, leichtere Substrate auf Plateaus und Rücken (vgl. Kap. 5.3.1.3 und Bodenkarte Flückigen). Lehmige Decken sind meist mächtiger als 1 m, während leichte Decken oft weniger als 1 m messen.

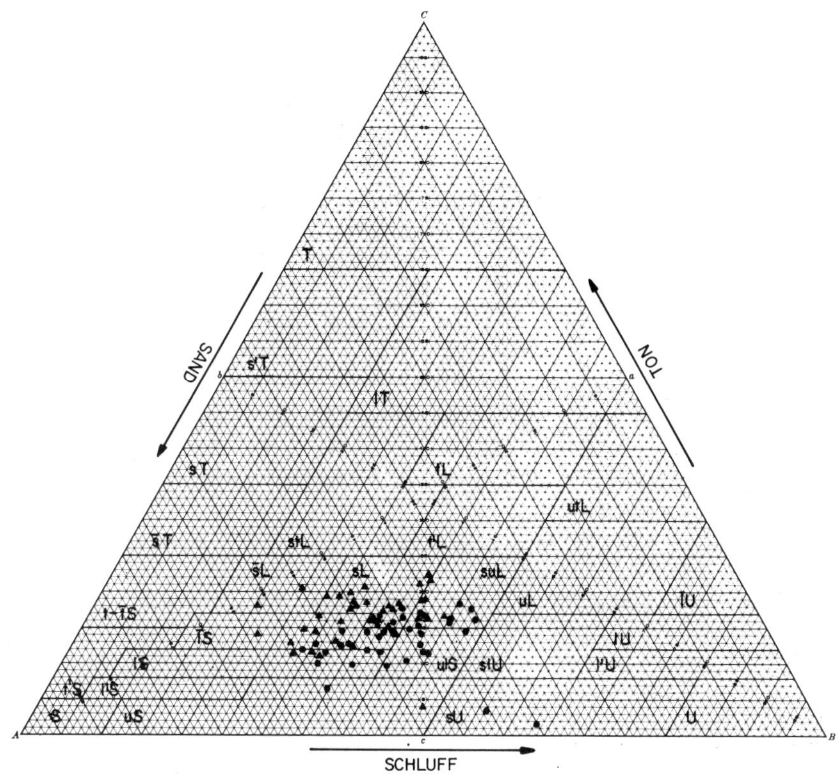

Abb. 21: Die Bodenart von Oberböden an repräsentativen Orten der beiden Testgebiete. Punkte bezeichnen Orte/Proben des Gebiets "Flückigen", Dreiecke solche des Gebiets "Taanbach" (dazu Kap. 5.3).

5.3.1.3 Genese

Das Gebiet Flückigen lag während der Würmeiszeit im Periglazialbereich. Die Aufbereitung der heute existierenden Substratdecke hatte bereits im Riss-Würm-Interglazial begonnen, wahrscheinlich mit

Einschluss von Riss-Grundmoränenmaterial. Das Würmglazial brachte Umlagerungs- und Erosionsprozesse, dazu äolische Einwehungen, das Postglazial schliesslich die rezente Bodenbildung.

Das Resultat dieser Genese ist ein vielfältiges Muster nahe verwandter Substrattypen. Mindestens der Substrattyp Lehm (sL) ist als periglazial gebildete resp. umgelagerte Verwitterungsdecke anzusprechen, z.T. in situ gebildet, z.T. durch verlagertes Material entstanden. Darauf weist auch das überall vorhandene Skelett. Den Gegensatz bilden die Substrattypen Sand und Schluff, die nur wenig verlehmt und i.a. weniger mächtig sind. Hier setzte offensichtlich die Bodenbildung im Postglazial auf dem anstehenden Untergrund ein. Bei den A-C-Profilen endlich verhinderte eine hohe Erosionsrate die Ausbildung einer grösseren Substratdecke. Ein grosser Anteil der Flächen kommt dem Substrattyp Salm (v.a. lS) zu, der eine Zwischenstellung einnimmt. Im einzelnen ist hier die Genese nicht klar.

Häufig sind auch uneinheitliche (geschichtete) Substrate, sei es, dass verschiedenartige Fazies ausstreichen, oder dass die Bodenbildung über die Mächtigkeit der eigentlichen Verwitterungsdecke hinausgegangen ist. In diesen Bereichen wird das dominierende Substrat zur Kennzeichnung des Typs verwendet.

5.3.2 Substrate im Gebiet Taanbach

5.3.2.1 Untergrund

Der Untergrund des Testgebiets besteht aus oberer Süsswassermolasse (Torton). Das Torton ist geprägt durch Wechsellagerung von bunter Nagelfluh einerseits und weicheren Sandsteinen mit Mergellinsen andererseits (G. DELLA VALLE 1965). Die Nagelfluh ist durchsetzt mit Sandsteinlinsen verschiedener Härte. Auch hier schwankt der Kalkgehalt. Überwiegend ist der oberflächennahe Untergrund entkalkt, doch einzelne Mergel- und Nagelfluhfazies erreichen so grosse Karbonatanteile (Matrix), dass sich auf ihnen Rendzinen entwickelt haben. Sandsteine sind überwiegend feinsandig, Silte treten stark zurück.

5.3.2.2 Substratbeschreibung

Der oberflächennahe Untergrund umfasst ein ähnliches Set an Bodenarten wie das Gebiet Flückigen, hauptsächlich lS, sL, l̃S, suL, vereinzelt auch S, lU, uS, uL, ulS, lT. Der Skelettgehalt ist variabel, i.a. aber sind die Substrate mittel bis stark skeletthaltig, entsprechend dem hohen Anteil an grobklastischem Gestein. Abb.21, wo die Proben des Gebiets Taanbach als Dreiecke dargestellt sind, zeigt, dass die Substrate im Schnitt gegenüber denjenigen des Gebiets Flückigen weniger Schluff, dafür aber mehr Ton enthalten. Auch ausserhalb der Mergelstandorte kann der Tonanteil bis 30% reichen.

Die Mächtigkeit der Substratdecken lässt sich mit den Verhältnissen im Gebiet Flückigen vergleichen. Auffallend sind die grösseren Mächtigkeiten im Südteil des Arbeitsgebietes, wo die Substrate im Schnitt auch tonhaltiger sind (vgl. Bodenkarte Taanbach, Abb.23).

5.3.2.3 Genese

Im wesentlichen ist die Substratgenese ähnlich wie im Gebiet Flückigen. Auffallend ist ein höherer Tongehalt des Deckmaterials (Abb. 21). Ob dieser Sachverhalt durch eine längere Entwicklungsdauer der Decken oder durch die Mineralogie verursacht wurde, bleibt unklar.

5.4 Bodentypen

Die Bodentypenareale sind in den beiden Bodenkarten (Abb.23 und Abb.24) dargestellt. Ausführlich werden die Charakteristiken der einzelnen Typen im Kap. 5.5.2 geschildert.

Als zonalen Boden der unteren montanen Stufe des nördlichen Alpenvorlands nennen E. FREI und P. JUHASZ (1967) die s a u r e B r a u n e r d e. Sie zeichnet sich als Klimaxboden aus durch das Fehlen von Kalk, eine schwache Versauerung und die Koagulierung von Eisen- und Aluminiumoxiden in situ. Die saure Braunerde ist denn auch der herrschende Bodentyp in den Testgebieten. Vielgestaltige Gesteins-, Substrat- und Reliefeinflüsse führen aber zu verschiedenen intrazonalen und azonalen Bodenbildungen.

Im Testgebiet Taanbach bildeten sich auf stark karbonathaltigem Untergrund R e n d z i n e n . Aufgrund der hohen Jahresniederschläge und der beträchtlichen Schneemengen treten Staugleymerkmale bereits bei schwach gehemmter Sickerung auf. B r a u n e r d e - S t a u g l e y e finden sich deshalb in beiden Testgebieten, wobei sie mindestens teilweise als reliktisch gelten können (vgl. Leitprofil Kap. 5.5.2.4). Bei stark gehemmter Sickerung im Bereich tonreicher oder geschichteter Substrate entstanden S t a u g l e y e . Dies bei primär tonreichen Substraten (Mergel), ausgedehnter aber in Verwitterungsdecken. Staugleye werden in Flückigen auch in Bereichen mit Hangwasser ausgeschieden (Schichtquellenbänder!). Diesen genetischen Typus nennt W. BOSSHARD (1978) Hanggley. G l e y e kommen besonders entlang des Flückigenbachs vor, im Gebiet Taanbach gibt es davon nur ein kleines Areal.

Für die Fragestellung der Arbeit von besonderem Interesse sind die durch Materialverfrachtung entstandenen Bodentypen. Wegen der Kleinheit der Areale und der meist nicht sehr mächtigen Akkumulationsauflage wird darauf verzichtet, Kolluvialböden auszuscheiden. Akkumulationsbereiche werden kartographisch aber trotzdem dargestellt. Grössere Flächen nehmen die Erosionsbodentypen ein. Sie werden als R a n k e r oder B r a u n e r d e - R a n k e r angesprochen. Ihr Vorkommen beschränkt sich, mit Ausnahme einiger übersteiler Hänge im Gebiet Taanbach, auf Rücken, Kuppen und Sporne.

5.5 Bodenformen

5.5.1 Grundsätzliches

Die Schwierigkeit, Bodenformenareale mit zugehörigen Leitprofilen im Sinn von I. LIEBEROTH ([2]1969) auszuscheiden, wurde bereits in Kap. 5.2.1 angetönt. Zwar kann für den Standort mittels der dortigen Merkmalskombination eine Bodenform einwandfrei definiert werden, doch fehlen bei der gewählten Kartiermethode die Mittel, die selben Merkmale auch im räumlichen Kontinuum sicher anzusprechen. Beispielsweise kann der Skelettgehalt nicht oder nur ungenau festgestellt werden. Auf eine konsequente Durchführung der Typisierung LIEBEROTHscher Bodenformen wird deshalb verzichtet.

Im folgenden werden einige typische Bodenprofile beschrieben. Jeder Beschreibung ist eine Tafel zugeordnet. Die Benennung von Substrattyp und Bodentyp erfolgt nach I. LIEBEROTH (^{2}1969). Die Bodentypologie folgt damit der Systematik von E. MÜCKENHAUSEN, wie sie auch F. KOHL (1971) verwendet. Die meisten Punkte der Beschreibung gelten für alle Standorte mit gleicher oder ähnlicher Bodenform. Einige Angaben, etwa zum Wasserhaushalt (FK, nFK), gelten für das konkret beschriebene Bodenprofil und haben nur exemplarischen Wert. Die einzelnen Bodenformen werden nach ihrer generellen Erosionsanfälligkeit beurteilt. Eine Diskussion der Beurteilungsproblematik findet in Kap. 5.6 statt.

Die nicht beschriebenen Bodenformen ähneln in ihren Eigenschaften den aufgeführten. Ihr Vorkommen kann den Bodenkarten entnommen werden. Dort sind Bodentypareale und Substrattypareale kartographisch dargestellt. Bei den Substraten wird allerdings i.a. von Skelettgehalt und Schichtungsvarianten abstrahiert.

5.5.2 Charakteristische Bodenprofile[1]

5.5.2.1 Salm-Braunerde (Abb.26/LP4)

Allgemeines:
Saure Salm-Braunerden haben in beiden Arbeitsgebieten den grössten Flächenanteil. Sie besitzen i.a. ein einheitliches Substrat, das periglazial umgelagert worden ist (vgl.Kap.5.3). Kennzeichnend ist ein kontinuierlich abnehmender Tongehalt (im dargestellten Profil von sL im A_h zu lS im B_v/C_v). Sand- und Schluffanteile variieren stärker, auch der Skelettanteil wechselt innerhalb des Profils. Die häufigsten Mächtigkeiten liegen zwischen 80 cm und 110 cm. Gute biologische Aktivität verwischt oft die Horizontgrenzen. Die A_h-Mächtigkeiten erreichen im Schnitt etwa 30 cm, können aber auch 40 cm messen. Die Profile sind tiefgründig.

---

[1]Profilstandorte sind auf den Abb.13 und 14 sowie 23 und 24 verzeichnet

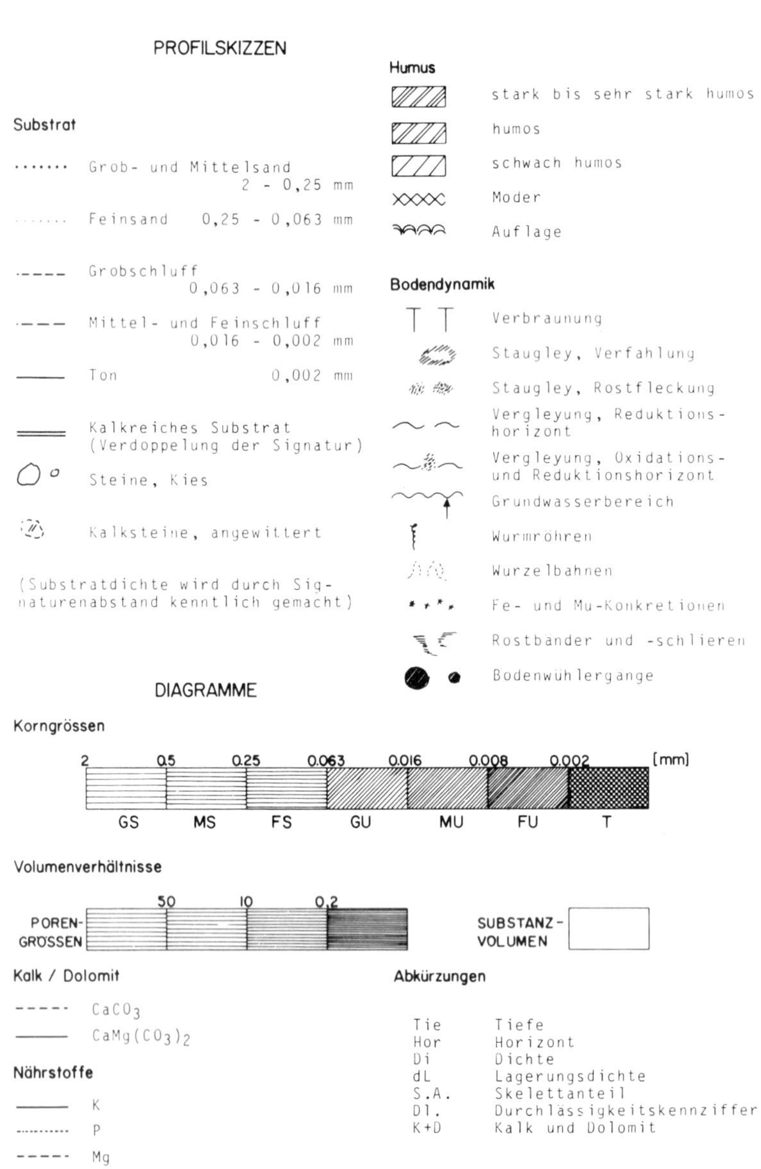

Abb. 25: Legende zu den Bodenprofil-Formularen (Abb. 26 - 33).

Salm-Braunerde

Abb. 26

LP 4

Lage: 626 676/216 676
Höhe / Neigung 798m/13°
Müliweid

STANDORT

OBERFLÄCHENFORM: GESTRECKTER HANG

AUSGANGSMATERIAL: UMGELAGERTER SANDSTEIN

NUTZUNG: KUNSTWIESE NACH WINTERGERSTE (FRUCHTFOLGE)

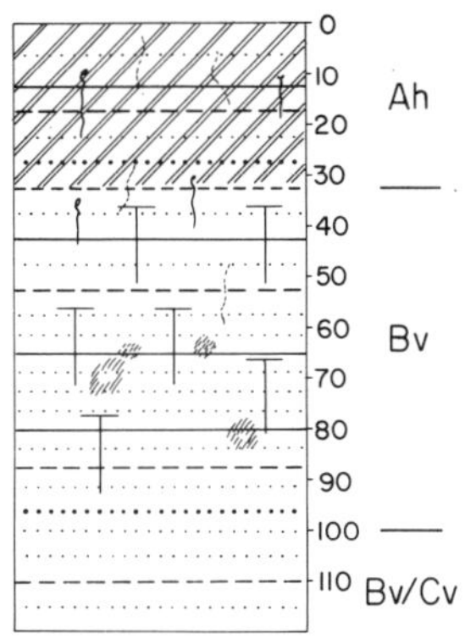

PROFILBESCHREIBUNG

Ah: Dunkelgelblichbraun (10 YR 4/4), sL, bröckelig, gut porös, gut durchwurzelt, humos.

Bv: Gelblichbraun (10 YR 5/6 bis 5/8), $\bar{l}$S, subpolyedrisch, mittel porös, z.T. mässig porös, durchwurzelt bis 60 cm, taschenförmiges Einspringen von Ah bis in 45 cm Tiefe (Bodenwühler), einzelne Verfahlungen und Rostflecken durch Staunässe.

Bv/Cv: Gelblichbraun (10 YR 5/6), lS, subpolyedrisch, mittel porös, carbonathaltig.

PHYSIKALISCHE UND CHEMISCHE BODENKENNWERTE

Korngrössen % des Feinboden | Volumenverhältnisse Vol % | Skelettanteil % | $CaCO_3$ % $CaMg(CO_3)_2$ | Nährstoffe ppm

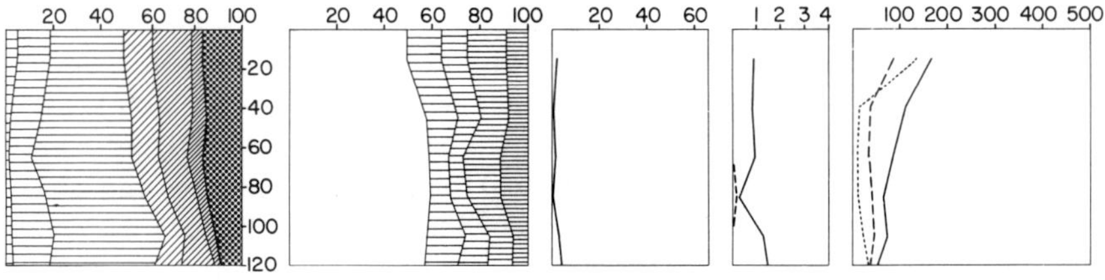

Tie cm	Hor	Di dL	S.A. %	Korngrössen % des Feinbodens GS	MS	FS	GU	MU	FU	T	Dl.	K+D %	pH H_2O	Humus %C	%N	C/N	Nährstoffe ppm Mg	P	K	mval S	T	% V
15	Ah	1,31	2,4	5,4	13,6	30,5	12,4	16,2	5,2	16,5	I	0,9	5,5	1,4	0,16	8,9	84	131	169	7,0	8,9	78,8
45	Bv	1,55	0,8	2,3	13,0	37,8	11,7	14,4	6,0	14,2	III	0,9	5,4	0,2	0,03	6,7	37	15	113	5,2	6,8	76,5
65	Bv	1,57	1,4	1,6	9,6	41,5	11,4	12,5	7,1	15,5	IV	0,9	5,3				33	8	86	6,0	7,4	80,6
85	Bv	1,59	0	2,3	14,7	42,4	9,5	12,0	4,6	14,2	IV	0,5	5,7				39	10	66	5,2	6,6	79,3
105	Bv/Cv	1,55	3,3	2,5	17,9	47,0	8,4	9,8	4,7	10,4	III	1,3	5,4				44	21	72			
120	Bv/Cv	1,50	4,5	3,6	15,7	43,7	12,2	13,8	2,5	8,8	II	1,4	5,6				38	28	54			

Wasser- und Lufthaushalt:
Die ausgeglichene Körnung bedeutet eine ausgeglichene Porengrössenverteilung, diese wiederum führt zu guter Dränung und Belüftung. Der Boden weist eine günstige Aggregierung und ein gut ausgebildetes Sekundärporensystem auf. Der Unterboden kann jedoch verdichtet sein, was zu einer schwachen Hemmung der Sickerung und dadurch zu Staunässemerkmalen führt, bedingt vor allem durch die Aufsättigung der Böden während der Schneeschmelze. Die Feldkapazität (FK) ist im untersuchten Profil mit 235 mm gering, die nutzbare Feldkapazität (nFK) mit 140 mm mittel.

Erosionsanfälligkeit:
Die Körnung des A-Horizonts verbunden mit dem hohen Humusgehalt ist ideal für die Bildung stabiler Aggregate (vgl. Kap. 6.3.3.2). Zusammen mit den allgemein guten bis zufriedenstellenden Sickereigenschaften des Unterbodens führt dies unter normalen Bedingungen zu Erosionsresistenz. Allerdings können extreme Starkregen zu Schädigungen führen (vgl. Kap.8).

5.5.2.2 **Sand-Braunerde** (Abb.27/LP3)

Allgemeines:
Sand-Braunerden finden sich in beiden Arbeitsgebieten vorab in Plateaulage oder auf Vollformen, oft verschwistert mit Rankern. Die Bodenart ist deutlich weniger bindig als bei der Salm-Braunerde (vorherrschend lS oder l'S). Das Substrat kann uneinheitlich sein wie beim vorliegenden Profil, wo der Tongehalt im A-Horizont deutlich höher ist. Eine Erklärung dafür liegt in der Annahme von pleistozänen Deckenresten. Die häufigsten Mächtigkeiten liegen zwischen 70 cm und 90 cm. Die A-Horizontmächtigkeiten sind schwankend, im Schnitt aber weniger gross als bei Salm-Braunerden. Die Profile sind mittel- bis tiefgründig durchwurzelbar.

Aus den anstehenden Silten entwickelten sich entsprechend Schluff-Braunerden.

Sand-Braunerde

Abb. 27

LP 3

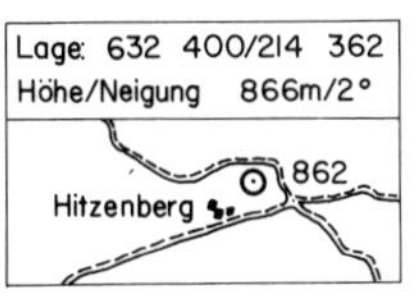

STANDORT

OBERFLÄCHENFORM: RÜCKEN, PLATEAUARTIG

AUSGANGSMATERIAL: SANDSTEIN

NUTZUNG: FETTWIESE (FRUCHTFOLGE)

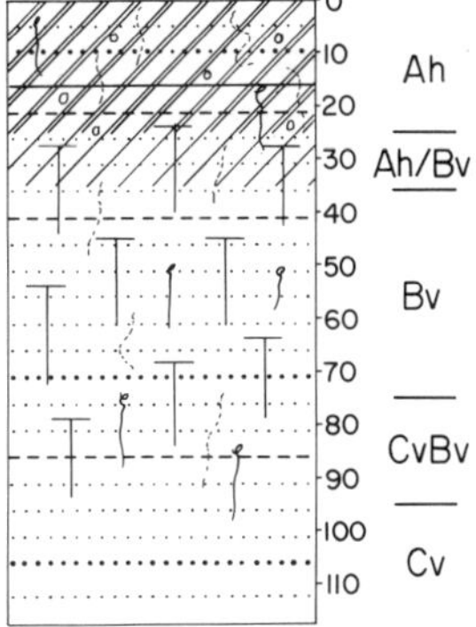

PROFILBESCHREIBUNG

Ah: Braun (10 YR 4/3), schwach kiesig, sL, bröckelig, gut porös, gut durchwurzelt, carbonathaltig, humos.

Ah/Bv: Dunkelgelblichbraun (10 YR 4/4), schwach kiesig, lS, bröckelig/subpolyedrisch, gut porös, gut durchwurzelt, carbonathaltig, schwach humos, unscharfe Begrenzung zu Bv.

Bv: Gelblichbraun (10 YR 4/6 bis 5/6), lS (z.T. l'S), subpolyedrisch, mittel porös, carbonathaltig.

CvBv: Gelblichbraun (10 YR 5/6), lS, subpolyedrisch, mittel porös, carbonatarm, einzelne Knollen lehmigeren Materials (Farbe: 2,5 Y 6/4), Knollen mit leichter Pseudovergleyung.

Cv: Gelblichbraun (10 YR 5/6), uS, kohärent, mittel porös, carbonathaltig.

PHYSIKALISCHE UND CHEMISCHE BODENKENNWERTE

Korngrössen % des Feinbodens | Volumenverhältnisse Vol % | Skelettanteil % | $CaCO_3$ % $CaMg(CO_3)_2$ | Nährstoffe ppm

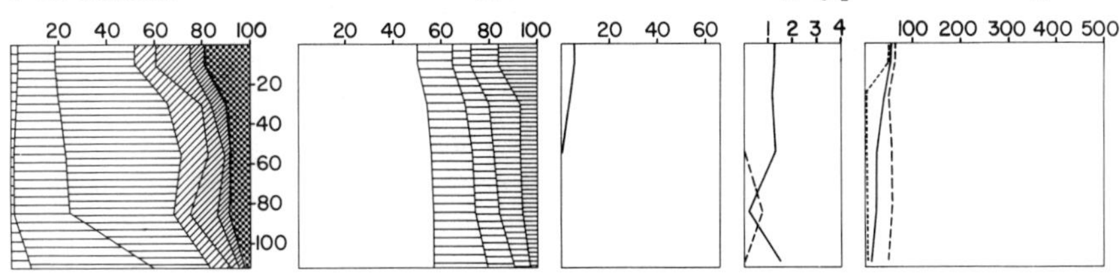

Tie cm	Hor	Di dL	S.A. %	Korngrössen % des Feinbodens GS	MS	FS	GU	MU	FU	T	Dl.	K+D %	pH H_2O	Humus %C	%N	C/N	Nährstoffe ppm Mg	P	K	mval S	T	% V
10	Ah	1,32	4,3	2,9	16,0	31,8	8,4	15,0	7,3	19,2	I	1,3	6,5	1,2	0,17	7,1	66	51	56	8,4	10,0	85,0
30	Ah/Bv	1,42	3,6	2,1	17,9	45,9	13,8	4,1	6,0	10,4	II	1,2	6,4				49	6	40	5,8	7,1	81,9
55	Bv	1,49	0	1,6	21,8	47,2	11,8	7,0	3,5	8,0	II	1,3	6,3				57	6	23	5,6	6,4	87,0
85	CvBv	1,50	0	2,0	23,5	42,9	7,0	10,9	4,3	9,1	II	1,0	6,4				57	6	23	10,6	11,6	91,4
110	Cv	1,50	0	8,3	48,8	26,0	7,6	4,5	2,5	2,7	II	1,5	6,3				49	8	17			

Wasser- und Lufthaushalt:
Der grosse Anteil an Grobporen hat eine ausgezeichnete Dränung und Belüftung zur Konsequenz (Versickerungsklasse 1). Staunässemerkmale sind nicht vorhanden. Die FK ist hier mit 200 mm gering, die nFK mit 110 mm mittel, die LK (Luftkapazität) dagegen sehr hoch.

Erosionsanfälligkeit:
Sand-Braunerden finden sich häufig in erosionsgefährdeten (Kuppen-) Lagen. Der gegenüber der Salm-Braunerde höheren Sickerkapazität steht aufgrund der schwächeren Bindigkeit häufig eine schlechtere Aggregierung entgegen. Da aber Gefügemerkmale, Sekundärporen und Lage im Relief unterschiedlich sind, kann eine generelle Einschätzung in bezug auf die Erosionsanfälligkeit nicht gemacht werden.

5.5.2.3 **Skelettreiche Salm-Braunerde** (Abb.28/LP5)

Allgemeines:
Das Profil soll stellvertretend für skelettreiche Varianten der übrigen Bodenformen sein. Die skelettreiche Salm-Braunerde ist die verbreitetste Bodenform auf Nagelfluhuntergrund. Da sich ihre Areale, wie mehrfach betont, nicht sicher abgrenzen lassen, wird sie in der Bodenkarte unter die gewöhnliche Salm-Braunerde gerechnet. Vielfach kommt auch eine skelettreiche Sand-Braunerde vor. Da die Nagelfluhschichten häufig stufenbildend wirken, finden sich skelettreiche Profile sehr oft in steilen Lagen. Dort erreichen sie erstaunliche Mächtigkeiten, die oftmals über einem Meter liegen. Der Skelettanteil nimmt zum anstehenden Gestein hin stetig zu. Die Profile sind tiefgründig durchwurzelbar.

Wasser- und Lufthaushalt:
Der hohe Skelettanteil und die Lockerheit des Profils bewirken eine hohe Durchlässigkeit (Versickerungsklasse 1). FK und nFK sind wegen des Skelettgehalts gering bis sehr gering.

Erosionsanfälligkeit:
Die grossen Profilmächtigkeiten in steilen Hanglagen deuten auf eine sehr hohe Erosionsresistenz. Diese Qualität wurde auch bei verschiedenen Ereignissen im Feld direkt beobachtet. Einige der Gründe wurden bereits genannt: Lockerer, skelettreicher Unterboden, gut

Skelettreiche Salm-Braunerde

Abb. 28

LP 5

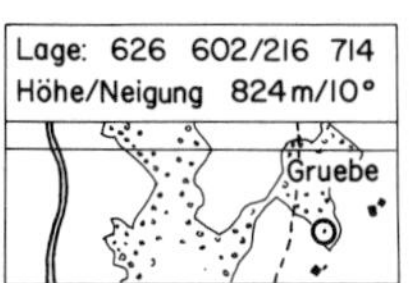

STANDORT

OBERFLÄCHENFORM: HANGOBERKANTE VON STEILHANG

AUSGANGSMATERIAL: UMGELAGERTE NAGELFLUH

VEGETATION: MISCHWALD (ABIES ALBA, PICEA ABIES V.A.)

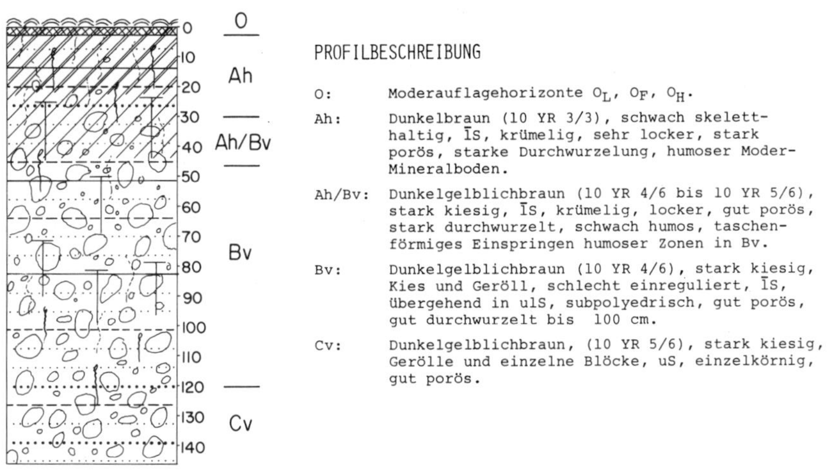

PROFILBESCHREIBUNG

O: Moderauflagehorizonte O_L, O_F, O_H.

Ah: Dunkelbraun (10 YR 3/3), schwach skeletthaltig, l̄S, krümelig, sehr locker, stark porös, starke Durchwurzelung, humoser Moder-Mineralboden.

Ah/Bv: Dunkelgelblichbraun (10 YR 4/6 bis 10 YR 5/6), stark kiesig, l̄S, krümelig, locker, gut porös, stark durchwurzelt, schwach humos, taschenförmiges Einspringen humoser Zonen in Bv.

Bv: Dunkelgelblichbraun (10 YR 4/6), stark kiesig, Kies und Geröll, schlecht einreguliert, l̄S, übergehend in ulS, subpolyedrisch, gut porös, gut durchwurzelt bis 100 cm.

Cv: Dunkelgelblichbraun, (10 YR 5/6), stark kiesig, Gerölle und einzelne Blöcke, uS, einzelkörnig, gut porös.

PHYSIKALISCHE UND CHEMISCHE BODENKENNWERTE

Korngrössen % des Feinbodens — Volumenverhältnisse Vol % — Skelettanteil % — $CaCO_3$ % $CaMg(CO_3)_2$ — Nährstoffe ppm

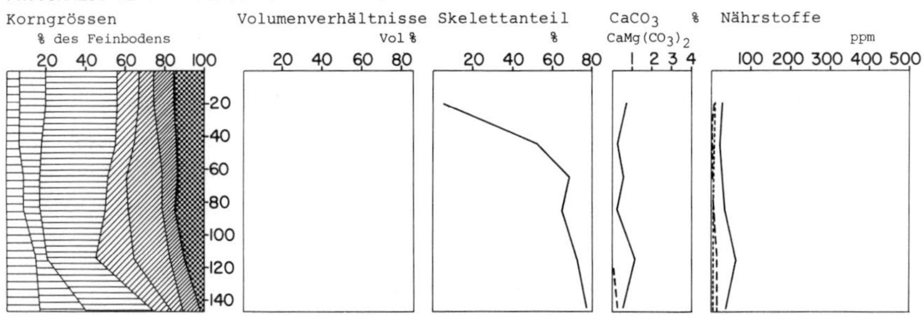

Tie cm	Hor	Di dL	S.A. %	Korngrössen % des Feinbodens GS	MS	FS	GU	MU	FU	T	Dl.	K+D %	pH H_2O	Humus %C	%N	C/N	Nährstoffe ppm Mg	P	K	mval S	T	% V
20	Ah		4,6	6,8	13,3	35,6	12,3	7,5	9,8	15,7		0,8	4,3	1,7	0,14	12,1	11	11	25	3,8	8,6	44,4
45	Ah/Bv		53,5	7,4	10,3	37,2	10,0	12,6	8,6	14,1		0,3	4,5	1,0	0,07	13,9	3	9	20			
65	Bv		69,2	8,8	7,7	33,9	11,1	17,8	8,0	13,4		0,6	4,4	0,4	0,05	8,0	5	7	26			
85	Bv		64,9	8,8	8,4	32,3	13,0	16,8	6,3	15,2		0,2	4,3				8	3	31			
115	Bv		73,4	14,7	6,3	24,4	20,5	17,4	6,9	10,5		1,1	4,2				14	5	50			
145	Cv		76,8	17,2	22,4	33,6	9,8	5,9	8,4	3,2		0,8	4,6				14	5	35			

ausgebildetes Sekundärporensytem, keine stauenden Schichten, Krümel- oder Bröckelgefüge mit stabilen Aggregaten, so dass die Bodenoberfläche nicht verspült wird. Ausserdem wird die Splashwirkung durch das aufliegende Grobmaterial erheblich vermindert.

5.5.2.4 **Salm-Braunerde-Staugley** (Abb.29/LP6)

Allgemeines:
Diese Bodenform steht als Beispiel für die stark stauvergleyten Braunerden, die auch auf Lehm- oder Schluffsubstraten, in kleinen Arealen sogar auf Sand vorkommen.

Stauvergleyung tritt oft auf, obwohl eine eigentliche stauende Schicht fehlt und keine Verdichtung festgestellt wird. Da beim aufgenommenen Profil bereits einige Wochen nach der Schneeschmelze keine Vernässung mehr festgestellt wurde, liegt der Schluss nahe, dass die Staugleymerkmale reliktischer Natur sind (vgl. Hinweis von E. MÜCKENHAUSEN 1982, S.459). Hierauf deutet auch die gute biologische Aktivität.

Wasser- und Lufthaushalt:
Wie bereits oben erwähnt, kann nicht direkt von Staugleymerkmalen auf den jetzigen Wasserhaushalt geschlossen werden. Es ist anhand der Bohrstockaufnahme nicht zu beurteilen, ob die Staunässe reliktisch oder rezent ist. Im vorliegenden Profil ist der Oberboden sehr durchlässig, der Unterboden schwach stauend (Versickerungsklasse 4). Die FK beträgt 200 mm (gering), die nFK 120 mm (mittel), die Luftkapazität ist sehr hoch.

Erosionsanfälligkeit:
Braunerde-Staugleye sind nicht wesentlich anders zu beurteilen als Braunerden, da das für die Infiltrationskapazität wesentliche Makroporensystem bei gleicher Nutzung, gleicher biologischer Aktivität und gleichen Gefügeeigenschaften - was die Regel ist - ebenso leistungsfähig ist. In der Beschaffenheit der Bodenkrume sind sich Braunerde-Staugleye und Braunerden sowieso gleich.

Salm-Braunerde-Staugley

Abb. 29
LP 6

Lage: 626 428/216 665
Höhe/Neigung 832m/1°

Müliweid
834.8

STANDORT

OBERFLÄCHENFORM: PLATEAU
AUSGANGSSUBSTRAT: UMGELAGERTER SANDSTEIN
NUTZUNG: MAISBRACHE (FRUCHTFOLGE)

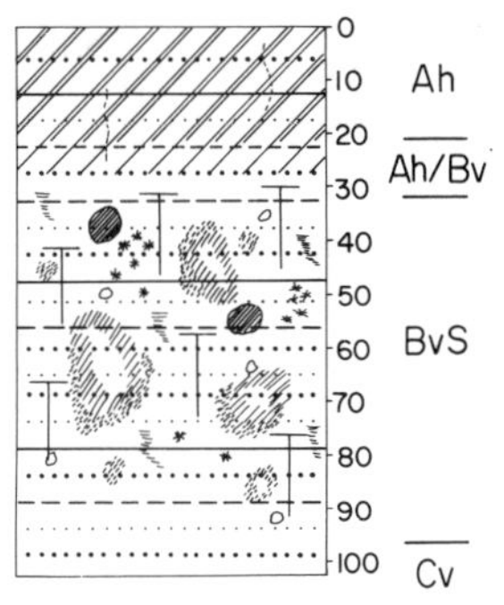

PROFILBESCHREIBUNG

Ah: Dunkelbraun (10 YR 3/4), l̄S, bröckelig, gut porös, schlecht durchwurzelt, carbonatarm, humos.

Ah/Bv: Dunkelbraun (10 YR 4/4) bis gelblichbraun (10 YR 5/6), lS, bröckelig, gut porös, carbonatarm, humose Taschen und Verschleppungen durch Bodenwühler.

BvS: Gelblichbraun (10 YR 5/6), schwach braune Verfahlungen (10 YR 7/4), schwach kiesig, lS, subpolyedrisch, mittel porös, carbonatarm, ausgedehnte Verfahlungszonen (bis 20 cm Ø), begrenzt durch Rostbänder (bis 2 cm breit), begleitet durch Mangankonkretionen, Rostflecken, unterhalb 70 cm Staugleymerkmale abnehmend.

Cv: Vereinzelte Staugleymerkmale, Uebergang zu streifigem Habitus des Sediments in 110 cm Tiefe.

PHYSIKALISCHE UND CHEMISCHE BODENKENNWERTE

Korngrössen — % des Feinbodens: 20 40 60 80 100; Tiefe 20 40 60 80

Volumenverhältnisse — Vol %: 20 40 60 80 100

Skelettanteil — %: 20 40 60

$CaCO_3$ % $CaMg(CO_3)_2$: 1 2 3 4

Nährstoffe — ppm: 100 200 300 400 500

Tie cm	Hor	Di dL	S.A. %	Korngrössen % des Feinbodens GS	MS	FS	GU	MU	FU	T	Dl.	K+D %	pH H_2O	Humus %C	%N	C/N	Nährstoffe ppm Mg	P	K	mval S	T	% V
10	Ah	1,36	0,9	6,1	23,2	23,6	8,7	16,5	7,3	14,6	I	0,6	5,9	1,4	0,21	6,6	53	131	295	6,9	8,8	77,6
30	Ah/Bv	1,44	1,2	5,6	25,6	26,0	12,2	13,8	6,9	9,9	III	0,4	6,2	0,6	0,06	10	15	14	115	4,4	5,6	79,1
50	BvS	1,54	2,8	5,2	27,7	25,8	10,3	14,2	7,3	9,5	III	0,8	6,2				11	17	140	5,8	7,0	83,8
90	BvS	1,52	0,8	2,0	34,3	33,9	9,6	7,4	1,6	11,2	III	0,6	5,8				51	10	250	5,4	6,6	82,3

5.5.2.5 **Lehm-Staugley** (Abb.30/LP7)

Allgemeines:
Das vorliegende Leitprofil steht für Staugleye auf Salm-, Schluff-, Lehm- und Tonsubstraten. Im Gebiet Taanbach gibt es nicht weniger als 17 Kleinareale mit Staugley-Böden. Die weitaus meisten sind auf geschichteten Substratdecken entwickelt, wobei mehrere stauende und leitende Schichten übereinander gelagert sein können. Überdies gibt es Standorte auf anstehenden Mergeltonen. Die Areale befinden sich regelhaft auf den Hangverflachungen des treppenartigen Reliefs.

Eine z.T. andere Genese weisen die Staugleye im Gebiet Flückigen auf. Hier wird der hydromorphe Charakter durch Hangwasser geschaffen. Wie T. MOSIMANN (1980, S.89) anhand der einschlägigen Literatur zeigt, können Hangwasserböden ebenfalls den Staugleyen zugeordnet werden.

Wasser und Lufthaushalt:
Der Oberboden ist durchlässig und von guter Gefügestruktur. Er unterscheidet sich bei gleicher Nutzung nur wenig von Braunerde-Oberböden[1]. Der Unterboden wirkt stauend (dargestelltes Profil: Versickerungsklasse 8), sei es durch Verdichtung oder durch Porungsänderung infolge Körnungsänderung. Der Untergrund (etwa ab 1,5 m bis 2,0 m) ist meist (bei Decksubstraten) wieder gut durchlässig. Die Profile sind offenbar nicht das ganze Jahr über vernässt, die Durchwurzelung ist für landwirtschaftlich genutzte Böden normal und Regenwurmaktivität kann bis in grössere Tiefen festgestellt werden. Die FK ist im vorliegenden Profil gering (u.a. durch hohen Skelettanteil bedingt), die nutzbare FK (nFK) mittel (125 mm) bis hoch (200 mm). Die Luftkapazität ist in trockenem Zustand mittel.

Hangwasserböden haben üblicherweise eine höhere Durchlässigkeit und damit eine höhere Versickerungskapazität. Dies zeigt sich bei Starkregenfällen auf trockene Böden, wo diese wie Braunerden reagieren.

---

[1]Bis Anfang des 19. Jh. wurden grosse Teile des Gebiets Taanbach als gemeine Weide (vgl. Kapitel 4) genutzt. Staugleystandorte waren damals "Miesch" (Moos). Die bodenverbessernde Wirkung der physiokratischen und modernen Landwirtschaft ist offensichtlich.

Lehm-Staugley

Abb. 30

LP 7

Lage: 631 582/215 100
Höhe/Neigung 753m/7°

787.9×

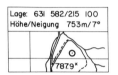

STANDORT

OBERFLÄCHENFORM: VERFLACHUNG IN STUFIG ABFALLENDEM RÜCKEN

AUSGANGSMATERIAL: HETEROGENES UMLAGERUNGSPRODUKT

NUTZUNG: FETTWIESE (FRUCHTFOLGE)

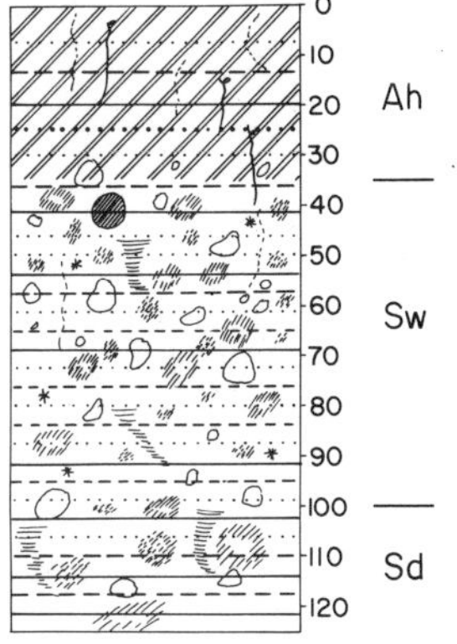

PROFILBESCHREIBUNG

Ah: Dunkelgraubraun (10 YR 4/2), schwach kiesig, sL, bröckelig mit Tendenz zu Polyedern, gut aggregiert, stark porös, gut durchwurzelt, carbonathaltig, humos, starke Wurmtätigkeit.

Sw: Olivbraun dominant (5 Y 5/3 bis 2,5 Y 5/4), fleckig hellbraun (10 YR 6/3) und rostrot (7,5 YR 5/6), ganzer Horizont intensiv marmoriert (Fleckengrössen: ca. 1 bis 10 cm), einzelne Rostschlieren v.a. im untern Bereich, schwach bis mittel kiesig, sL, in 90 cm ulS, polyedrisch, mittel bis mässig porös, carbonathaltig, Aggregate von Tonhäutchen umgeben, leicht trennbare Makroaggregate.

Sd: Farblich wie Sw, aber Marmorierung grösserflächig, Rostschlieren, uL, polyedrisch, mässig porös, Aggregate weniger gut ausgebildet, etwas weniger durchlässig als Sw.

PHYSIKALISCHE UND CHEMISCHE BODENKENNWERTE

Korngrössen % des Feinbodens — Volumenverhältnisse Vol % — Skelettanteil % — $CaCO_3$ % $CaMg(CO_3)_2$ — Nährstoffe ppm

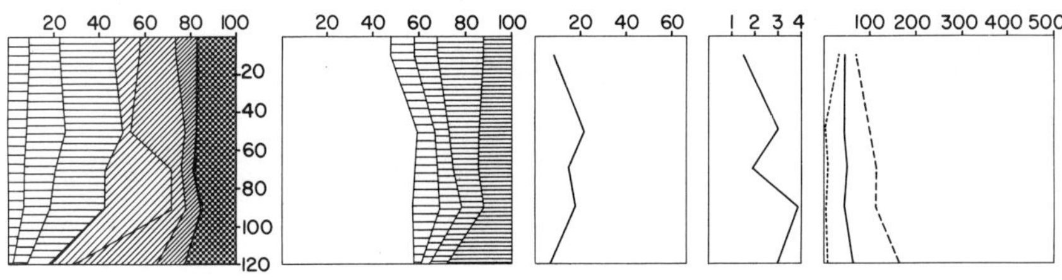

Tie	Hor	Di	S.A.	Korngrössen % des Feinbodens							Dl.	K+D	pH	Humus			Nährstoffe ppm			mval		%
cm		dL	%	GS	MS	FS	GU	MU	FU	T		%	H_2O	%C	%N	C/N	Mg	P	K	S	T	V
10	Ah	1,26	8,7	9,3	13,0	24,2	10,5	16,9	8,7	17,2	I	1,5	5,9	1,7	0,21	8,4	70	31	47	10,2	12,1	84,2
50	Sw	1,56	21,8	7,8	17,3	25,8	3,0	24,0	6,3	17,0	IV	3,0	6,3				101	2	44	4,7	8,4	87,7
70	Sw	1,53	14,7	7,2	14,0	22,1	28,5	4,3	5,1	18,4	IV	1,9	6,4				114	6	49	8,8	9,7	90,5
90	Sw	1,51	17,7	7,1	11,0	25,4	28,5	6,4	6,7	14,8	IV	3,8	6,5				113	5	42			
120	Sd	1,53	6,9	2,6	4,9	10,6	9,9	37,4	10,9	23,4	IV	3,0	6,5				164	6	62			

Erosionsanfälligkeit:
Hangwasserprofile sind hauptsächlich durch Hangwasseraustritte gefährdet. Diese treten bei gefüllten Grund- und Bodenwasserspeichern auf. Ihr Erosionsverhalten wird in Kapitel 5.6 beschrieben.

Staugleye produzieren aufgrund geringerer Infiltrationsraten schneller Oberflächenabfluss. Dieser hat jedoch wegen der geringen Hangneigung dieser Böden weniger schädigende Wirkung als dies bei Hangwasserböden der Fall ist.

5.5.2.6 **Klock-Gley** (Abb.31/LP8)

Grundwasserbeeinflusste Profile (Gleye resp. Nassgleye) finden sich in der Aue des Flückigenbachs. Ein Teil dieser Aue wurde früher künstlich bewässert (Wässermatten). Die Bereiche werden vorwiegend für Weidewirtschaft und Futterbau verwendet.

Die Böden sind sehr durchlässig, doch oft vernässt und episodisch überschwemmt. Für die Bodenerosion stellen die Gleye kein Problem dar, da sie selten offengelegt werden und eben sind. Ufernahe Bereiche können überschwemmt werden, wobei besonders Grobmaterial liegenbleibt.

5.5.2.7 **Nagelfluh-Rendzina** (Abb. 32/LP2)

Allgemeines:
Rendzinen sind auf das Arbeitsgebiet Taanbach beschränkt. Ihr Ausgangsmaterial ist hauptsächlich kalkreiche Nagelfluh, aber auch Mergel (allerdings weniger als 1 ha). Die Rendzinen nehmen mit einigen Ausnahmen eher schwach geneigte Areale ein. Ihre Mächtigkeiten sind unterschiedlich. Der Pflug scheint für einen gewissen Ausgleich im Mikrorelief gesorgt zu haben.

Das Feinmaterial des A-Horizonts ist bei Nagelfluh-Rendzinen sL, bei Mergeln tL. Der Humusgehalt ist deutlich höher als bei anderen Bodentypen. Zusammen mit der günstigen Bodenart ergibt sich ein ausserordentlich stabiles Krümelgefüge (vgl.Abb.39). Die Profile sind flach- bis mittelgründig.

Klock-Gley

Abb. 31
LP 8

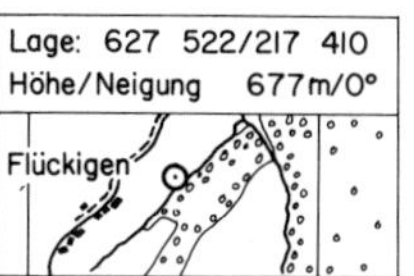

STANDORT

OBERFLÄCHENFORM: KASTENTAL
AUSGANGSMATERIAL: AUESEDIMENTE
NUTZUNG: VERNÄSSTE WIESE

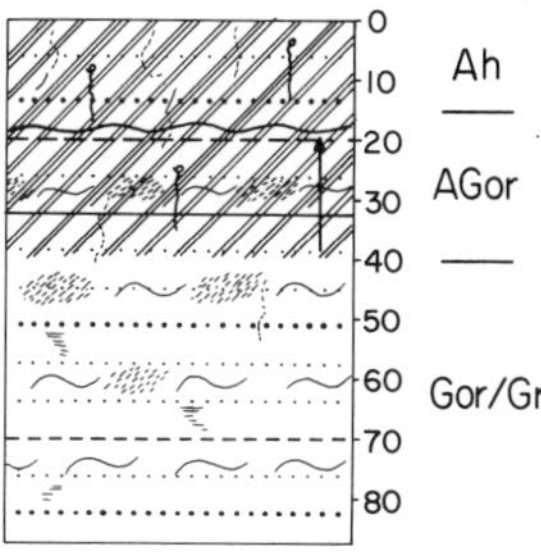

PROFILBESCHREIBUNG

Ah: Dunkelgraubraun (10 YR 3/2), lS, bröckelig, locker, stark porös, gut durchwurzelt, carbonathaltig, stark humos.

AGor: Dunkelgraubraun (10 YR 3/2), schwach kiesig, lS, locker brechende Bröckel, stark porös, gut durchwurzelt, carbonatarm, humos, im oberen Teil stark humos, Rostflecken.

Gor/Gr: Dunkelgraugrün (5 Y 4/1) mit Roststriemen, kiesig, l'S, gefügelos, locker, stark porös, carbonatarm, Rostflecken gegen unten (ca. 70 cm) verschwindend.

PHYSIKALISCHE UND CHEMISCHE BODENKENNWERTE

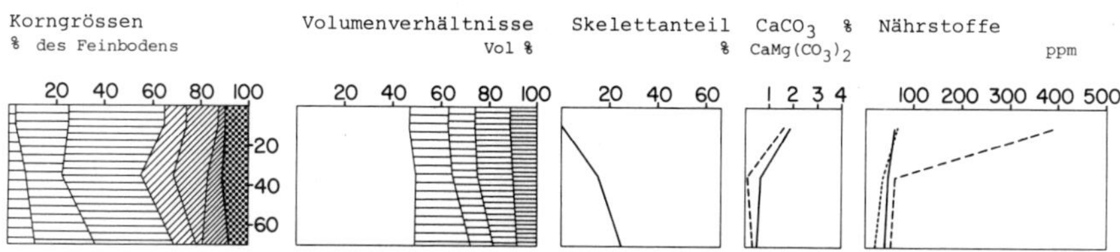

Tie cm	Hor	Di dL	S.A. %	Korngrössen % des Feinbodens GS	MS	FS	GU	MU	FU	T	Dl.	K+D %	pH H_2O	Humus %C	%N	C/N	Nährstoffe ppm Mg	P	K	mval S	T	% V
10	Ah	1,22	0,2	2,7	22,7	38,5	9,3	13,2	2,9	9,9	I	3,4	7,7	3,0	0,27	11,1	390	67	60			
35	AGor	1,27	15,5	7,4	14,8	32,2	13,8	14,0	6,8	10,7	II	0,7	6,1	1,1	0,15	7,3	61	37	45	7,8	9,4	82,6
70	Gor/Gr	1,27	25,0	11,7	25,0	32,5	8,9	2,0	11,5	7,9	II	0,7	6,0				52	18	39	8,0	9,5	84,4

Nagelfluh-Rendzina

Abb. 32

LP 2

Lage: 631 952/215 020
Höhe/Neigung 774m/5°

STANDORT

OBERFLÄCHENFORM: FLACHHANG UNTERHALB STUFE

AUSGANGSMATERIAL: KARBONATREICHER NAGELFLUHSCHUTT

NUTZUNG: FETTWIESE (FRUCHTFOLGE)

PROFILBESCHREIBUNG

Ah_1: Schwarzbraun (10 YR 3/2), kiesig, sL, krümelig, locker, gut porös, starke Durchwurzelung, carbonathaltiges Feinmaterial, sehr stark humos.

Ah_2: Schwarzbraun (10 YR 3/2), stark kiesig, $\bar{l}S$ bis lS, krümelig, gut porös, gut durchwurzelt, carbonatreiches Feinmaterial, humos.

Cv: Oliv (5 Y 5/2), stark kiesig, Kalkmaterial mehlig verwittert, lS, bis 40 cm durchwurzelt, carbonatreich, Verschleppungen humosen Materials, einzelne Eisen-Mangan-Konkretionen.

PHYSIKALISCHE UND CHEMISCHE BODENKENNWERTE

Korngrössen % des Feinbodens — Volumenverhältnisse Vol % — Skelettanteil % — $CaCO_3$ % $CaMg(CO_3)_2$ — Nährstoffe ppm

20 40 60 80 100 — 20 — 40

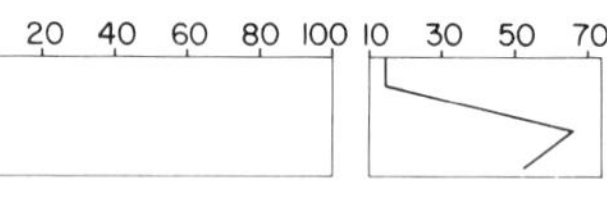

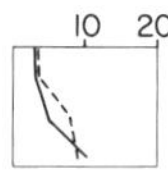

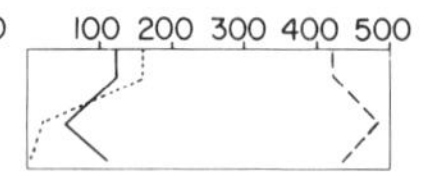

Tie	Hor	Di	S.A.	Korngrössen % des Feinbodens							Dl.	K+D	pH	Humus			Nährstoffe ppm			mval		%
cm		dL	%	GS	MS	FS	GU	MU	FU	T		%	H_2O	%C	%N	C/N	Mg	P	K	S	T	V
10	Ah_1		15,0	8,3	14,8	26,3	24,5	3,9	4,7	18,2		6,6	7,2	4,9	0,45	10,8	421	163	119			
22	Ah_2		66,4	14,1	12,7	29,4	11,6	14,2	6,5	12,0		12,9	7,7	1,3	0,13	10,0	481	19	48			
35	Cv		53,2	12,6	20,1	31,0	16,3	7,1	4,8	8,9		19,4	8,5				433	2	111			

Wasser- und Lufthaushalt:
Der grosse Skelettgehalt, die guten Gefügeeigenschaften und der klüftige Untergrund bewirken eine Versickerungskapazität, die offenbar mit jeder Schneeschmelze und jedem Starkniederschlag fertig wird. Die genannten Eigenschaften sorgen auch für eine gute Belüftung. Umgekehrt ist der Vorrat an speicherbarem Wasser gering. Sowohl FK wie nFK werden als gering bis sehr gering eingeschätzt. In normalen Jahren reicht dies aber für die Versorgung der Feldfrüchte.

Die Mergelstandorte weichen selbstredend von obiger Charakterisierung ab. Ihre schlechtere Durchlässigkeit ist mit derjenigen der Staugleye vergleichbar, ihre Kapazitäten mit denjenigen der Lehm-Substrate.

Erosionsanfälligkeit:
Die dreijährige Beobachtungsdauer lässt den Schluss zu, dass Rendzinen auf Nagelfluh praktisch nicht erodiert werden. Hier gelten alle die Gründe, die bereits bei der skelettreichen Braunerde genannt wurden. Überdies sind die Aggregate der Bodenkrume ausserordentlich stabil (vgl. Kapitel 6.3.3.2.5). Erosionsspuren zeigen sich nur, wenn fremdes Wasser mit genügender Energie in ein Rendzina-Ackerareal eindringt und die Aggregate als ganzes wegerodiert werden.

5.5.2.8 **Schluff-Braunerde-Ranker** (Abb. 33/LP1)

Allgemeines:
Das hier beschriebene Profil vertritt eine Vielzahl von z.T. kleinsten Arealen, bei denen aufgrund hoher Erosionsleistung kein vollständiges A-B-C-Profil vorhanden ist. Das Ausgangsmaterial der Bodenbildung ist grösstenteils der anstehende Gesteinsuntergrund. Dies führt zu wenig bindigen sand- oder schluffreichen Substraten mit verschiedenem Skelettanteil. Offenbar können auch Reste von tonreicheren Decken vorhanden sein wie im vorliegenden Fall.

Die Lage der Areale umfasst im Gebiet Flückigen v.a. Vollformen (Kuppen, Grate), daneben einige steile, mit Wald bestockte Hänge. Im Gebiet Taanbach ist das flächengrösste Rankerareal die Uferböschung des Bachs. Dieses ist ebenso wie das zweitgrösste Areal bewaldet. Landwirtschaftlich genutzte Rankerstandorte sind auch hier Vollfor-

Schluff-Braunerde-Ranker

Abb. 33
LP 1

Lage: 627 220/216 894
Höhe/Neigung 745m/
Gruebe
762.6

STANDORT

OBERFLÄCHENFORM: ABFALLENDER RÜCKEN
AUSGANGSSUBSTRAT: SANDSTEIN
NUTZUNG: FETTWIESE (FRUCHTFOLGE)

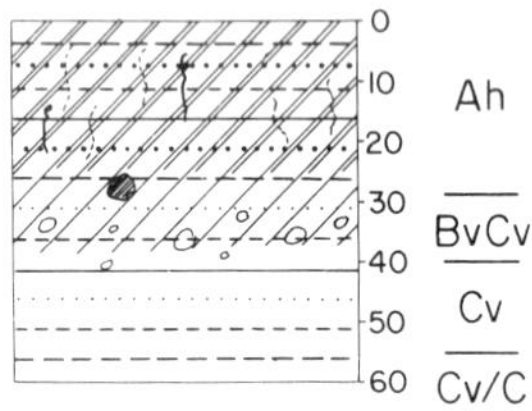

PROFILBESCHREIBUNG

Ah: Gelblichbraun (10 YR 5/4), slU, krümelig bis bröckelig, gut aggregiert, gut porös, gut durchwurzelt, carbonathaltig, humos.

BvCv: Gelblichbraun bis bräunlichgelb (10 YR 5/6 bis 6/6), schwach kiesig, slU, bröckelig, gut porös, schwach durchwurzelt, carbonatarm, humose Flecken bis in 40 cm Tiefe, Gänge von Bodenwühlern.

Cv: Leicht gelblichbraun (10 YR 6/4), sU, kohärent, gut porös, carbonathaltig, allmählicher Uebergang zu C-Horizont.

Cv/C: Olivbraun (2,5 Y 5/4) und olivgelb (5 Y 6/6) gebändert, U, kohärent, wechselnde Festigkeit, gut porös, carbonathaltig.

PHYSIKALISCHE UND CHEMISCHE BODENKENNWERTE

Korngrössen
% des Feinbodens
20 40 60 80 100
20
40
60

Volumenverhältnisse
Vol %
20 40 60 80 100

Skelettanteil
%
20 40 60

$CaCO_3$ %
$CaMg(CO_3)_2$
1 2 3 4

Nährstoffe
ppm
100 200 300 400 500

Tie	Hor	Di	S.A.	Korngrössen % des Feinbodens							Dl.	K+D	pH	Humus			Nährstoffe ppm			mval		%
cm		dL	%	GS	MS	FS	GU	MU	FU	T		%	H_2O	%C	%N	C/N	Mg	P	K	S	T	V
15	Ah	1,37	0,5	4,9	9,3	21,8	13,7	30,1	6,7	13,8	I	1,3	5,8	1,3	0,14	9,1	57	71	99	5,8	7,8	74,7
35	BvCv	1,34	10,0	1,4	7,6	22,5	19,6	32,7	4,9	11,1	II	0,7	5,6	0,8	0,06	13,3	37	41	61	7,2	9,2	78,6
50	Cv	1,34	1,0	0,5	3,5	22,9	33,0	29,4	4,0	6,9	II	1,4	5,4				25	39	37	3,8	6,2	61,3
60	Cv/C	1,27	0	0,1	0,4	18,4	43,4	34,0	2,9	1,0	II	2,7	5,4				38	33	39			

men, allerdings in geringerem Mass als im Gebiet Flückigen. Die Gründigkeit der Ranker ist je nach Aufbereitungsgrad des C-Horizonts bzw. des Untergrunds verschieden, i.a. sind sie mittelgründig.

Wasser- und Lufthaushalt:
Ranker haben eine sehr grosse Durchlässigkeit (Versickerungsklasse 1). Die FK und nFK schwanken mit der Gründigkeit und dem Skelettgehalt. Im vorliegenden Profil ist die FK 200 mm (gering), die nFK 120 mm (mittel).

Erosionsanfälligkeit:
Die Rankerböden haben zwar eine hohe Infiltrationskapazität, können aber, besonders bei Schluffreichtum, zu Verspülung neigen. Dies wiederum erhöht die Disposition zu Oberflächenabfluss. Allerdings ist die Energie des oberflächlich abfliessenden Wassers im Scheitelbereich, wo sich Ranker v.a. befinden, noch gering. Bodenverlagerung unbekannten Ausmasses wird durch die landwirtschaftliche Bearbeitung verursacht. Allgemein ist auf Scheitelflächen wesentlich, dass kein Ersatz des weggeführten Materials stattfindet, dies im Gegensatz zu Hanglagen (vgl.Kap.5.6).

5.6 Beurteilung der Erosionsgefährdung anhand bodenkundlicher Fakten

5.6.1 Allgemeines und Methodisches

Neben dem analytischen Weg der USLE (dazu Kap.6), bei dem die am Erosionsgeschehen beteiligten Faktoren in eine prognostische Gleichung eingehen, gibt es andere Beurteilungsmöglichkeiten der Erosionsgefährdung. D.WERNER (1968) zieht die Bodenform bei, um die Erodierbarkeit abzuschätzen. Auch hier müssen allerdings die für die Erosion wesentlichen Bodeneigenschaften bekannt sein, also etwa die Bodenart, Gefügeeigenschaften, Wasserleitfähigkeit, um zu einer Aussage zu kommen.

Wesentlich anders geht die Schule von KURON vor. Die Bodenprofile werden als Produkt einer "Erosionsgenese" gesehen. Das real existierende Profil wird mit einem hypothetischen, von der Erosion nicht betroffenen, verglichen (L.JUNG 1953; H.KURON 1953; H.J.STEINMETZ

Profil	Substrat	FK[1]	nFK[1]	Sickerung[1]	Versickerungs-klasse[2]	Dichte [$g \cdot cm^{-3}$] Oberboden	Dichte [$g \cdot cm^{-3}$] Unterboden	pH (H_2O)	Karbonat[3] [%]	Nährstoffversorgung[4]
Salm-Braunerde	sL, l̄S, lS	235	140	schwach gehemmt	4	1,3	1,5 - 1,6	5,3 - 5,6	0,5 - 1,4	sehr gut
Sand-Braunerde	sL, lS, l'S, lS, uS	200	110	nicht gehemmt	1	1,3	1,4 - 1,5	6,5 - 6,3	1,3 - 1,5	genügend
Skelettreiche Salm-Braunerde	l̄S, l̄S, l̄S, uS	-	gering	nicht gehemmt	1	locker	-	4,3 - 4,6	0,3 - 1,1	-
Salm-Braunderde-Staugley	l̄S, lS, lS	200	120	schwach gehemmt	4	1,3 - 1,4	1,5	5,9 - 6,2	0,4 - 0,8	sehr gut
Lehm-Staugley	sL, sL, uL	230 - 290	125 - 200	stark gehemmt	8	1,3	1,5 - 1,6	5,9 - 6,5	1,5 - 3,8	gut
Klock-Gley	lS, lS, l'S	-	-	nicht gehemmt	1a	1,2	1,2 - 1,3	7,7 - 6,0	3,4 - 0,7	gut
Nagelfluh-Rendzina	sL, l̄S, lS	-	-	nicht gehemmt	1	locker	-	7,2 - 8,5	6,6-19,4	gut
Schluff-Braunerde-Ranker	slU, slU, sU, U	290	180	nicht gehemmt	1	1,3 - 1,4		5,8 - 5,4	1,3 - 2,7	gut

Erklärungen: Reihenfolge der Werte im Profil von oben nach unten

[1] FK (Feldkapazität), nFK (nutzbare Feldkapazität) und Sickerung nach F.KOHL (1971)

[2] Versickerungsklassen nach M.THOMAS (1973, zit. in W.SEILER 1983, S. 86)

[3] Karbonatgehalt bezieht sich auf Feinmaterial

[4] Qualifizierung der Nährstoffversorgung nach E.SCHLICHTING u. H.P.BLUME (1966)

Tab. 10: Eigenschaften der Bodenformen.

1956). Der Pflughorizont (≙ dem Nutzungshorizont) kann in jedem genetischen Horizont vorkommen , je nach der Mächtigkeit der Profilkappung. Korrelat der erodierten Profile sind Akkumulationsprofile. Kriterien für die Einordnung des Nutzungshorizonts in das genetische Profil sind der Humusgehalt und die wenig beweglichen Nährstoffe P und K. Die methodische Schwäche besteht darin, dass der Zeitraum der Erosion meist nicht festgestellt werden kann (Ausnahme: Datierung fossiler Gegenstände (H. R. BORK 1983) oder Chemikalien (U.SCHWERTMANN u.a. 1983)). Selbst wenn der Erosionszeitraum bekannt ist, lassen sich nur durchschnittliche jährliche Abtragsraten berechnen (P.P.M VAN HOOFF u. P.D.JUNGERIUS 1984). Diese dürften allerdings selten den aktuellen Daten entsprechen, da sich Bebauungsmethoden und Fruchtfolgen laufend ändern (vgl. Kap.4).

Im Folgenden wird versucht, anhand bodenkundlicher Fakten etwas über die Erosionsgefährdung des Untersuchungsgebiets auszusagen. Dies in Ergänzung zu den Resultaten der Erosionskartierung (Kap.8) und der Diskussion der beteiligten Faktoren (Kap.6). Als Grundlage dient eine "klassische" geoökologische Bodenkartierung (vgl.Bodenkarten). Auf das flächenhafte Erfassen von Humusgehalt und Nährstoffprofilen, wie es zur Erstellung einer eigentlichen "Nutzungshorizontkarte" (H.J.STEINMETZ 1956) nötig wäre, wurde verzichtet (zu grosser Aufwand, unsichere Resultate (D.WERNER 1968)). Als Grundlage der Interpretation dienen die "Karten der Bodenmächtigkeiten" (Abb.34 und 35). Die Hauptinformation dieser Karten bildet die Angabe der Solummächtigkeit (= A- und B-Horizonte). Hier liegt die methodische Schwierigkeit einerseits im Feststellen der Horizontgrenzen im Bohrstock (bei hydromorphen Böden wird auf die Darstellung der Bodenmächtigkeit verzichtet), andererseits im Übertragen der punkthaft gefundenen Daten auf die Flächen. Diese zweite Schwierigkeit wurde allerdings durch die Anpassung des Bohrnetzes an das lebhaft reliefierte Gelände gemindert. Die durchgehende Aufnahme der Ah- resp. Ap-Horizontmächtigkeiten erwies sich dagegen als unmöglich. Diese Mächtigkeiten schwanken auf kleinem Raum beträchtlich (Bodenwühler); zudem verrutscht das lockere Krumenmaterial im Bohrstock leicht. Wo eindeutig geringmächtige A-Horizonte (< 20 cm) festgestellt wurden, ist dies in den Karten verzeichnet.

	%-Anteile	bindige Substrate	mittlere Substrate	wenig bindige Substrate
Flückigen	aller Bohrstockeinschläge	37	55	8
	der Einschläge mit geringmächtigem A-Horizont	15	62	23
Taanbach	aller Bohrstockeinschläge	60	32	8
	der Einschläge mit geringmächtigem A-Horizont	33	40	27

Tab. 11: Zusammenhang zwischen der Mächtigkeit des A-Horizonts und der Substratbindigkeit.

%-Anteile		Ranker	Staugley-Braunerde	Staugley	Braunerde	Gley	Rendzina
Flückigen	aller Bohrstockeinschläge	7	7	9	76	1	-
	der Einschläge mit geringmächtigem A-Horizont	18	10	8	64	0	-
Taanbach	aller Bohrstockeinschläge	12	6	21	47	1	13
	der Einschläge mit geringmächtigem A-Horizont	18	6	18	50	0	8

Tab. 12: Zusammenhang zwischen der Mächtigkeit des A-Horizonts und der Bodenart.

Zusätzlich sind in den Karten Akkumulationsbereiche aufgeführt sowie die Orte, wo in den drei Beobachtungsjahren aktuelle Erosionsprozesse vermerkt wurden.

5.6.2 **Taanbach** (vgl.Abb.34)

Die effektive Bodenmächtigkeit ist eine Funktion der ursprünglichen Entwicklungstiefe, des Substrats, des Bodentyps, der Lage im Relief sowie der Nutzung resp. der Vegetation. Diese Grössen verursachen denn auch die grosse Variation der Bodentiefen im AG. Flächenmässig dominierend sind Böden mit Tiefen von acht und mehr Dezimetern. Die Profile im Südteil des Gebiets, wo Nordhänge überwiegen, sind etwas mächtiger. Ob diese Tatsache einem expositionsbedingten anderen Erosionsverhalten während des Glazials oder Postglazials zu verdanken ist, bleibt dahingestellt.

Eine Profiltiefe von einem knappen Meter deutet auf geringe Erosionsverluste und ist mit Verhältnissen unter Wald vergleichbar. Allerdings gibt es viele, meist kleine Areale mit geringen Bodenmächtigkeiten. Einerseits sind dies - genetisch bedingt - Rendzinaböden, andererseits erosionsbegünstigte Lagen: Grate (632 000 / 214 000), Kuppen (631 650 / 214 940), welliges Gelände (632 080 / 215 180) und Raine (632 250 / 215 240).

Der Anteil der Rankerböden (A-C-Profile) an der Gesamtfläche ist klein (2,4 ha von etwa 90 ha); zudem finden sie sich grossenteils unter Wald (632 200/214 500; Taanbachschlucht). Nur 60 Aren gehören zur landwirtschaftlichen Nutzfläche. Die Frage, ob die A-C-Profile sekundär aus Böden grösserer Mächtigkeit entstanden sind oder ob sich nie ein A-B-C-Profil bilden konnte, ist wohl nicht allgemein zu beantworten. Dass unter Wald in vergleichbaren Lagen ebenfalls Erosionsprofile existieren und dass Ranker in der Feldflur oft recht mächtige A-Horizonte aufweisen, spricht eher für letzteres.

Wie lassen sich nun rezent erosionsgefährdete Areale charakterisieren? Nimmt man die geringmächtigen A-Horizonte als Indiz, erweisen sich wenig bindige Substrate als am stärksten von Erosion betroffen (Tab.11). Unter den Bodentypen sind erwartungsgemäss Ranker stark überproportional (Tab.12) betroffen, während Rendzinen unterdurchschnittlich gefährdet sind (vgl. dazu die Ausführungen zur Erosionsanfälligkeit der einzelnen Bodenformen in Kap.5.5.2).

5.6.3 **Flückigen** (vgl.Abb.35)

Die Profile sind hier mehrheitlich zwischen 7 und 9 dm mächtig, durchschnittlich deutlich weniger als im Gebiet "Taanbach". Die Bodenkarten und Abb.21 zeigen, dass die Substrate im Gebiet "Flückigen" weniger Ton enthalten. Eine Erklärung für beide Fakten ist die geringere Entwicklungsdauer der Flückiger Böden (späteres Vereisungsende). Die kleinere Bindigkeit in Flückigen bewirkt eine grössere Erodibilität, dies v.a. im Bereich der Schluff- und Sandareale (z.B. 626 750 / 217 100; 627 400 / 216 900; 627 050 / 217 340). Die vielen markanten Rücken tragen fast alle Rankerböden; insgesamt sind es 1,4 ha landwirtschaftlich genutzte Fläche (LN des Gebiets = 90,9 ha). Ranker unter Wald (20 Aren) treten demgegenüber zurück.

Bezüglich der relativen Erosionsgefährdung der einzelnen Bodentypen (Tab.12) lässt sich ähnliches sagen wie in Taanbach. Eine Besonderheit sind die hangwasserbeeinflussten Standorte auf der rechten Talseite (627 350 / 217 150) (vgl.auch Kap.8), wo Schichtquellen häufig zu Erosion führen. Als Konsequenz hat sich ein beachtliches Akkumulationsgebiet am Hangfuss gebildet.

Die rezenten Erosions- resp.Akkumulationsstandorte (in Abb.34 und 35 mit E und A bezeichnet) liegen nur zum Teil an den von der Bodenkartierung ausgemachten erosionsgeschädigten Standorten. Dies zeigt, wie zufällig kurzfristige Beobachtungen sein können. Es ist auch ein Hinweis darauf, dass die jetzt existierenden Bodenverhältnisse stark von vergangenen, teils weit zurückliegenden Prozessen geprägt sind. Das beweisen ebenfalls die häufig widersprüchlichen Mächtigkeiten des ganzen Profils einerseits und des A-Horizonts andererseits (z.B. normalmächtiger Ah bei Ranker). Der umgekehrte Fall (mächtige Bodenprofile mit gekappten Ah) lässt sich teilweise mit direkten Bewirtschaftungseinflüssen (Pflügen) erklären. Während nämlich die (quasi-) natürliche Erosion gewöhnlich lineare Formen schafft, die zur Verstärkung der Reliefunterschiede führen, arbeitet die landwirtschaftliche Bearbeitung auf deren Schwächung hin (vgl.dazu Kap.7.3).

5.6.4 **Fazit**

Im Gebiet Taanbach entfallen 0,7% der landwirtschaftlichen Nutzfläche auf Böden mit A-C-Profilen (ohne Rendzinen) und 0,6% auf Akkumulationsflächen, im Gebiet Flückigen lauten die entsprechenden Zahlen 1,6% (A-C-Böden) und 1,1% (Akkumulationen). Die humosen A-Horizonte sind meist mehr als 25 cm mächtig und reichen über die Pflugtiefe hinaus. Waldstandorte haben ähnliche Profilmächtigkeiten wie vergleichbare Lagen auf Ackerland.

Daraus ist zu schliessen, dass die Erosionsleistung in der Vergangenheit gering war. Dies erklärt sich einerseits aus der relativ kurzen Zeitdauer der Ackerbauwirtschaft (dazu Kap.4), andererseits aus der geringen Erodibilität des Gebiets (die Gründe dafür in Kap.6). Der Schluss auf geringe Erosion wird durch die Daten der Schadenskartierung gestützt (Kap.8).

Innerhalb der Gebiete lassen sich erosionslabile und -stabile Bereiche unterscheiden. Die Labilität kann strukturell (leichte und zugleich aggregatschwache Krumen), wasserhaushaltlich (Hangwasserabfluss) oder reliefbedingt sein (Hangköpfe, Kuppen, Rücken, Raine). Sehr stabil sind demgegenüber Rendzinen und Böden auf skelettreicher Nagelfluh.

Die grösseren Schäden - vergleicht man die beiden Testgebiete - weist Flückigen auf. Erklärbar ist dies mit der historisch längeren Ackernutzung (Kap.4.4.5), mit dem geringeren Tongehalt der Böden und mit grösseren Ackerschlägen (Abb.40).

6. Prozessparameter der Bodenerosion

6.1. Allgemeines

Im Kapitel 3 wurde das Bodenerosionsgeschehen in Form eines Prozess-Reaktionssystems dargestellt. Diese Darstellung hat rein qualitativen Charakter. Eine quantitative kausale Modellierung der Wirklichkeit "Bodenerosion" ist heute wohl nicht möglich. Um gleichwohl quantitative Prognosen machen zu können, ist man auf deterministische Modelle angewiesen. Das bekannteste ist wohl die Universelle Bodenabtragsgleichung UBAG (englisch USLE)[1], die von amerikanischen Bodenkundlern und Statistikern unter Führung von W. WISCHMEIER entwickelt wurde.

Die USLE ist nur ein, wenn auch das umfassendste, Konzept zur quantitativen Erfassung der Bodenerosion. Daneben existieren andere, etwa dasjenige der Schule von H. KURON (beschrieben z.B. in L. JUNG u. R. BRECHTEL 1980). Gemeinsam ist diesen Konzepten die grundsätzliche Trennung zwischen einem tätigen und einem leidenden Element. Das aktive Element ist die Potenz des Regens zur Bewerkstelligung von Erosion (= erosivity, Erosivität, Erosionsfähigkeit). Das komplementäre passive Element ist die Neigung der Dringlichkeit "Boden" zum Substanzverlust (= erodibility, Erodibilität, Erodierbarkeit, Erosionsanfälligkeit).

Während die Erosivität nur eine Hauptvariable umfasst, nämlich den Regen, ist zur Beschreibung der Erodibilität eine Vielzahl von Variablen verschiedenster Art notwendig. Diese gehören im wesentlichen drei Kategorien an: dem Boden als physikalisch-chemischem System, dem Relief, der Vegetation und der Bodenbearbeitung. Die folgenden Ausführungen haben zum Ziel, die einzelnen Prozessparameter resp. -faktoren in ihrer Bedeutung für die Bodenerosion im Arbeitsgebiet zu beschreiben. Unumgänglich sind dabei oft theoretische Erläuterungen und Begriffserklärungen.

---

[1]vorgestellt in U. SCHWERTMANN (o.J.)

Die in Kapitel 3 sowie im obigen Abschnitt erklärte Modellkonzeption dient lediglich als thematische Leitlinie[1].

Die Durchdringung der einzelnen Teilthemen ist unterschiedlich. Nicht alle wesentlichen Faktoren können entsprechend behandelt werden. Dieser Mangel ist jedoch unumgänglich, da der Aufwand und die methodischen Schwierigkeiten etwa einer gründlichen Abhandlung der Permeabilität zu gross sind.

Aus praktischen Gründen wird im Kapitel über die Erosivität auch das Witterungsgeschehen mitbehandelt.

6.2 Klimaelemente und Erosivität

6.2.1 Methode zur Erfassung der Klimaelemente Niederschlag und Verdunstung

6.2.1.1 Bestimmung des Niederschlags

Die Messung der Niederschläge hatte zwei hauptsächliche Ziele. Zum einen diente sie der Bilanzierung des Wasserhaushalts, zum andern der Feststellung von Regenmenge und Regendichte als Grundgrössen der Erosivität (Erosionsfähigkeit des Niederschlags). Die Niederschlagsmessung erfolgte an den beiden Testflächenstandorten T300 und T350 mit je einem Gerätesatz (bestehend aus zwei Hellmann-Regenmessern in 120 cm bzw. 5 cm Höhe und einem Hellmann-Regenschreiber in 120 cm; Abb. 13 und 14). Auf die Fehler der konventionellen Niederschlagsmessung soll hier nicht näher eingegangen werden. Es sei lediglich hingewiesen auf B. SEVRUK (1981), der diese ausführlich diskutiert. Die Messwerte der Pluviographen, die auch als Grundlage für die Intensitätsberechnung dienten, wurden in der bei W. SEILER (1983, S. 112 f) und T. STAUSS (1983, S. 56 ff) beschriebenen Weise korrigiert.

---

[1]Die praktische Durchrechnung des Modelles soll in einer anderen Publikation vorgenommen werden.

Problematisch ist im weiteren die Bestimmung des Gebietsniederschlags. G. LUFT (1980, S. 52 f) referiert die Literatur, die sich mit der Frage der räumlichen Verteilung des Niederschlags beschäftigt. Neben der Veränderlichkeit des Niederschlagsfeldes selber spielt die Orographie die entscheidende Rolle. V.S. GOLUBEV (1966, zit. in G. LUFT 1980, S. 52) errechnete den mittleren prozentualen Fehler bei der Niederschlagserfassung für ein 1 km^2 grosses Gebiet mit einer Messstation. Bei einem Aufzeichnungsintervall von einem Tag ergeben sich 21% Fehler bei Frontniederschlag (FN), 41% bei Konvektionsniederschlag (KN). Bei einem Intervall von 6 Monaten lauten die Zahlen: 2% bei FN, 9% bei KN.

In unseren Arbeitsgebieten (je 1 km^2, 1 Messstation) dürfte der Fehler wegen der starken Reliefierung des Geländes grösser sein. Für Bilanzen über Ein-Jahres-Intervalle beträgt er aber höchstens einige Prozent. Bei Einzelereignissen allerdings - hier besonders bei hocherosiven Konvektionsniederschlägen - sind die Abweichungen gross. Eine strenge Zuordnung von Niederschlagsmenge und -intensität zum Bodenabtrag wird deshalb nur für die Testparzellen vorgenommen. Bei der Beschreibung von Erosion im gesamten Testgebiet erhalten die Niederschlagsgrössen lediglich quasiquantitativen Charakter.

6.2.1.2 **Ermittlung der Niederschlagsparameter**

Die Ermittlung von Niederschlagsparametern wie Intensität, R-Werte u.a. geschah durch Digitalisierung der Schreibstreifendaten und anschliessende EDV-Auswertung. Näheres ist bei W. SEILER (1983), der auch die Programme schrieb, zu finden.

6.2.1.3 **Bestimmung der Evapotranspiration**

Die potentielle Evapotranspiration pET dient der Kennzeichnung der Gebietsverdunstung in der Wasserhaushaltsgleichung. Dies lässt sich rechtfertigen, da bei der grossen Speicherfähigkeit des oberflächennahen Untergrunds und dem hohen Niederschlagseinkommen die aktuelle (reale) Evapotranspiration des Gebiets nahe an die pET heranreicht. Die pET wurde nach der Formel von W. HAUDE (1955) berechnet, da diese an Daten nur die Lufttemperatur und die relative Luftfeuchtigkeit um 14 Uhr (mit Thermohygrograph und Schleuderpsychrometer ermittelt) benötigt. Die Formel arbeitet mit empirischen monatlichen Koeffizienten, die gemäss K. HEGER (1978) eingesetzt wurden.

6.2.2 Klimatische Verhältnisse in den Hydrologischen Jahren 1981 und 1982

6.2.2.1 Allgemeines

Zum Vergleich der monatlichen Niederschläge der Hydrologischen Jahre (HJ) 1981 und 1982 mit den langjährigen Mittelwerten werden die Daten der SMA-Station Huttwil herangezogen (vgl.Abb.9). Abb.36 vergleicht die Monatswerte von Huttwil mit denen der Testflächenstationen T300 (Taanbach) und T350 (Flückigen). Eine Zusammenstellung der Tagesniederschläge geben die Tabellen 13 und 14. Schliesslich sind die Einzelniederschläge von T350 samt ihrer Kennwerte im Anhang (Tab. 15) zu finden. Die Gebietsverdunstung ist in den Abb. 45 und 46 dargestellt.

6.2.2.2 Witterungsverlauf

Hydrologisches Winterhalbjahr (WHJ) 1981

Im November und Dezember erhielt unser Gebiet durchschnittliche Niederschlagsmengen, die vorwiegend als Schnee fielen. Der Januarniederschlag - fast ausschliesslich Schnee - war beinahe doppelt so gross wie die Norm. Der Februar dagegen hatte unterdurchschnittliche Regensummen, der März wiederum die zweifache Menge, gemessen am Durchschnitt. Der Beginn dieses Monats war durch Wechsel von Schnee- und Regenfällen gekennzeichnet. Tauwetter und Regen führten am 8./9. und 12./13. des März zu einer plötzlichen Schneeschmelze. Mitte des Monats schneite es nochmals ca. 20 cm. In den April fiel das Starkregenereignis vom 15., das im Gebiet Taanbach 55 mm N und schwere Erosionsschäden brachte.

Das WHJ 1981 prägten schönes Winterwetter und eine beständige Schneedecke von Ende November bis Anfang März. In Huttwil lag an 111 Tagen Schnee (Normwert für die vergleichbare Lokalität Langnau ist

Taanbach (T300) Hydrologisches Jahr 1981

Tage	NOV	DEZ	JAN	FEB	MAR	APR	MAI	JUN	JUL	AUG	SEP	OKT
1	,0	,0	1,8	,0	10,0	,0	7,2	,0	,0	,0	20,0	0
2	,8	6,0	11,5	,0	8,8	,0	1,8	,0	,0	,4	,0	6,0
3	,0	2,8	24,9	13,6	18,4	,0	4,6	12,1	24,2	,0	,0	6,1
4	,0	1,7	17,5	14,7	3,5	,0	9,4	,0	,0	,0	,0	,0
5	,0	5,6	15,7	1,3	,0	,0	5,0	,0	,0	,0	,0	,0
6	,0	9,5	9,8	1,2	6,1	4,0	,0	,0	,0	17,5	,0	8,1
7	,0	,0	4,1	,0	,0	,0	,0	,0	,0	,0	,0	,0
8	,0	1,1	1,5	,0	10,6	13,0	,0	2,5	,0	20,1	7,4	,0
9	,0	,0	1,1	,0	2,3	,0	,0	10,9	6,4	4,2	,6	14,3
10	,0	,0	2,1	3,9	,0	,0	,0	,0	3,0	2,5	12,0	21,9
11	,5	,0	,0	,0	2,3	,0	3,9	,0	5,2	2,8	1,1	14,0
12	20,0	,0	13,5	,0	37,9	,0	,0	,1	,0	,0	4,4	12,2
13	,0	2,9	,0	,0	6,4	,0	,0	,0	11,9	,0	12,5	,0
14	,0	,0	11,8	,0	,0	,0	,0	,0	,0	,0	,0	14,1
15	2,5	4,9	11,9	,0	,0	55,1	1,6	,0	,0	,0	3,6	4,0
16	,0	,0	6,5	,0	11,6	,0	12,4	,0	,0	9,7	,0	,0
17	,0	,0	7,9	2,1	3,1	,0	,0	2,3	,0	,0	,0	,0
18	6,5	8,3	8,5	1,8	6,3	,0	,0	5,0	55,1	,0	5,6	3,6
19	,9	,0	25,7	,0	,0	1,5	,0	,0	1,4	,0	2,5	,0
20	,0	20,0	8,3	,0	,0	,0	,0	,0	3,5	12,9	,0	14,4
21	,0	8,0	,0	,0	,0	,0	20,2	3,3	,0	,0	,0	12,6
22	,0	6,7	,0	,0	,0	,0	,0	4,6	4,6	,0	19,7	1,3
23	,0	,0	,0	,0	3,6	,0	,0	,0	17,4	1,7	3,8	5,6
24	,0	,0	,0	,0	,0	,0	22,9	15,8	23,7	,0	1,6	,0
25	,0	2,4	,0	,0	1,0	,0	29,7	16,4	9,3	,0	,0	3,1
26	5,4	1,1	,0	,0	6,3	4,5	23,3	1,5	3,7	,0	,0	2,9
27	8,6	1,7	,0	,0	,0	6,0	1,8	,0	,0	,0	4,5	8,1
28	10,9	,0	,0	9,6	,0	1,9	9,5	15,4	,0	,0	27,4	,0
29	6,3	,0	,0		4,1	,6	,0	,0	,0	,0	,0	13,4
30	10,0	,0	,0		,0	2,9	,6	,0	,0	,0	,0	4,0
31		,0	,0		,0		,0		,0	,0		,0
Σ	72,5	82,9	184,2	48,1	142,2	89,6	154,0	89,9	169,3	71,9	126,7	169,6

Taanbach (T300) Hydrologisches Jahr 1982

Tage	NOV	DEZ	JAN	FEB	MAR	APR	MAI	JUN	JUL	AUG	SEP	OKT
1	,0	2,1	1,3	,0	3,5	,0	,0	,0	,0	,0	,0	,0
2	,0	,5	,0	,0	9,6	5,4	,0	12,7	,0	5,2	,0	,0
3	,0	,0	,0	,0	,0	,0	,0	,0	14,6	8,1	,0	,0
4	,0	9,5	5,6	,0	4,8	,0	3,8	2,8	,0	12,0	,0	23,9
5	,0	,0	23,6	,0	,0	,0	13,4	,3	,0	7,2	11,3	,0
6	,0	4,7	7,8	,0	,0	,6	11,9	4,0	,0	6,2	11,5	20,0
7	,0	2,3	,0	,0	,0	,0	,0	,0	,1	3,8	2,4	6,2
8	,0	24,6	58,0	2,5	,0	8,6	,0	,0	,0	,0	,0	8,9
9	,0	10,0	2,3	,0	,0	,0	14,9	3,5	,0	,0	,0	,0
10	,0	19,9	1,6	,0	5,2	,0	,0	,0	,0	,0	,0	1,1
11	,0	6,0	8,4	,0	5,9	,0	,0	23,0	,0	,0	,0	10,0
12	,0	2,0	4,0	,0	9,0	,0	,0	16,7	,0	,0	,0	3,3
13	,0	19,1	,0	,0	2,6	,0	,0	3,6	,0	,0	,0	15,8
14	5,0	18,2	,1	3,5	,0	,0	,0	9,9	,0	,0	,0	14,4
15	,0	22,3	,0	,0	,0	,0	,0	,0	,0	14,3	2,9	3,4
16	,0	21,0	,0	,0	,0	,0	1,8	21,2	5,9	32,6	,0	5,6
17	,4	1,9	,0	,0	14,8	,0	,0	,0	5,8	,0	,0	7,6
18	,0	6,9	,0	,0	11,3	,0	20,9	11,8	,0	,0	,0	,8
19	,0	,0	,0	12,9	4,0	,0	1,1	,0	,0	4,6	,0	,0
20	,0	,0	,0	,0	12,9	,0	8,8	,0	7,2	41,2	,0	,0
21	,0	10,1	,0	,2	,0	,0	,0	3,7	11,2	,0	,0	,0
22	,0	2,1	,0	8,8	3,2	,0	2,3	28,5	3,2	,0	12,9	2,2
23	3,4	2,2	7,9	7,2	3,0	,0	25,3	,0	16,4	2,4	,0	11,4
24	7,0	13,7	,0	4,5	,0	9,3	5,0	,0	39,3	,0	,0	15,5
25	,5	2,6	,0	5,4	,0	,0	,0	15,2	19,3	,0	,0	,0
26	,0	1,9	5,0	1,1	,0	,0	,0	7,1	16,8	8,3	9,1	,0
27	14,8	,9	1,1	,0	,0	,0	,0	2,6	11,3	10,7	,0	,0
28	10,7	,0	,0	,0	3,1	,0	3,8	8,8	,0	,0	,0	,0
29	4,2	,3	37,1		4,8	14,1	,0	,0	,0	,0	,0	,0
30	27,6	1,5	2,1		6,8	,0	,0	,0	8,2	6,4	14,2	,0
31		9,8	,0		,0		,0		10,5	26,8		,0
Σ	73,7	216,2	166,1	46,3	104,5	38,1	113,1	175,6	169,8	189,9	64,4	150,3

Jahressumme 1981: 1401,1
Jahressumme 1982: 1507,9

Tab. 13: Tagessummen der Niederschläge bei T300.

Flückigen (T350) Niederschlag im hydrologischen Jahr 1981

TAGE	NOV	DEZ	JAN	FEB	MAR	APR	MAI	JUN	JUL	AUG	SEP	OKT
1	,0	,0	2,2	,0	11,3	,0	7,1	,0	,0	,0	10,5	,0
2	,3	6,3	11,8	,0	9,5	,0	2,6	,0	,0	,6	,0	6,3
3	,0	5,2	25,1	11,8	18,4	,0	2,0	12,6	22,0	,0	,0	6,0
4	,0	5,5	20,0	15,6	6,0	,0	14,9	,0	,0	,0	,0	,0
5	,0	9,0	16,1	,9	,0	,7	3,2	,0	,0	,0	,0	,0
6	,0	4,1	10,0	3,3	6,1	3,7	,0	,0	,0	23,3	,0	25,0
7	,0	,0	4,4	,0	,0	,0	,0	,0	,0	,0	,0	,0
8	,0	1,1	1,6	,0	10,4	6,1	,0	,0	,0	17,0	8,3	,0
9	,0	,0	3,2	,0	1,7	,0	,0	12,9	3,9	7,9	,0	8,4
10	,0	,0	1,0	5,3	,0	,0	,0	,0	6,2	1,9	7,7	19,4
11	,6	,0	,0	,0	2,2	,2	4,2	,0	9,5	,9	3,2	6,9
12	21,8	,0	14,0	,0	36,8	,0	,0	,0	,0	,0	5,4	26,7
13	,0	1,3	,0	,0	1,8	,0	,0	,0	13,7	,0	9,9	,8
14	,0	,0	18,8	,0	4,1	,0	,0	,0	,0	,0	,0	19,3
15	2,5	,0	10,0	,0	7,3	38,7	,5	,0	,0	,0	4,0	,8
16	,0	4,8	6,5	,0	4,8	,0	5,6	,0	,0	6,6	,0	,0
17	,0	,0	7,2	1,8	3,2	,0	,0	,8	,0	,0	,0	,0
18	6,5	8,6	7,4	1,7	5,9	,0	,0	2,7	54,2	,0	4,6	4,8
19	,0	,0	26,0	,3	,0	2,4	,0	,0	5,4	,0	7,7	,0
20	,0	20,0	8,5	,0	,0	,0	,0	,0	5,1	19,1	,0	15,1
21	,0	8,4	,0	,0	,0	,0	15,0	3,7	,0	,0	,0	9,4
22	,0	6,5	,0	,0	,0	,0	7,6	1,1	3,3	,0	14,9	,7
23	,0	,0	,0	,0	2,9	,0	15,5	,0	15,9	1,7	3,5	4,8
24	,0	,0	,0	,0	,0	,0	7,5	6,1	16,0	,0	1,2	2,5
25	,0	2,1	,0	,0	5,6	,3	46,2	12,6	8,3	,0	,0	4,6
26	5,5	1,3	,5	,0	2,1	5,1	28,0	1,8	3,0	,0	,0	1,5
27	8,5	1,2	,0	,0	,0	9,5	1,0	,9	,0	,0	5,6	8,1
28	11,1	,0	,0	10,0	,0	1,8	8,4	15,6	,0	,0	24,0	,0
29	6,1	,0	,0		0	1,1	,0	,0	,0	,0	,0	12,2
30	10,5	,0	,0		2,1	2,6	,6	,0	,0	,0	,0	6,4
31		,0	,0		,0		,0		,0	4,5		,0
Σ	73,4	85,4	194,5	50,9	142,4	72,3	169,9	70,7	166,5	83,5	110,6	189,7

Flückigen (T350) Niederschlag im hydrologischen Jahr 1982

TAGE	NOV	DEZ	JAN	FEB	MAR	APR	MAI	JUN	JUL	AUG	SEP	OKT
1	,0	2,9	1,7	,0	4,2	,0	,0	,0	,0	,0	,0	,0
2	,0	1,4	,0	,0	7,5	9,9	,0	7,6	1,6	,0	,0	,0
3	,0	,0	,0	,0	,0	,0	,0	,0	13,8	8,6	,0	,0
4	,0	9,3	6,2	,0	5,2	,0	3,4	2,7	,0	16,0	,0	20,0
5	,0	2,8	24,5	,0	,3	,0	12,6	,0	,0	5,2	1,9	4,1
6	,0	5,7	5,9	,0	,0	6,1	9,2	,0	,0	11,7	13,5	16,0
7	,0	13,9	,0	,0	,0	,0	,0	5,0	,0	4,9	1,7	4,0
8	,0	28,2	47,7	2,5	,0	8,3	,0	,0	,0	3,2	,0	4,9
9	,0	17,5	4,5	,0	,0	,0	9,6	,0	,0	,0	,0	,0
10	,0	10,0	,3	,0	4,3	,0	,0	6,0	,0	,0	,0	2,6
11	,0	5,5	10,7	,0	6,9	,0	,0	22,5	,0	,0	,0	12,6
12	,0	1,9	6,2	,0	8,7	,0	,0	11,5	,0	,0	,0	1,7
13	,0	24,3	,0	,0	2,9	,0	,0	6,1	,0	,3	,0	17,4
14	7,0	22,2	3,2	4,3	5,6	,0	,0	8,9	,0	,6	,0	15,2
15	,0	25,0	,0	,0	,0	,0	,0	,0	,0	15,3	,0	5,4
16	,0	16,6	,0	,0	8,3	,0	1,9	16,8	2,5	46,5	,0	6,3
17	,0	8,1	,0	,0	6,0	,0	,0	,0	17,9	,0	,0	9,7
18	,0	,0	,0	,0	4,1	,0	5,8	11,8	,0	,0	,0	,7
19	,0	,1	,0	9,9	3,3	,0	8,8	,0	,0	7,8	,0	,0
20	,0	,0	,0	4,8	14,4	,0	5,7	,0	5,9	39,3	,0	,0
21	,0	10,3	,0	,0	,0	,0	,0	,0	4,2	,0	2,1	,0
22	,0	7,4	1,2	,0	1,1	,0	1,3	46,3	3,8	,0	13,1	1,5
23	3,6	1,2	4,6	10,0	,3	,0	23,5	,0	10,1	,0	,0	10,6
24	7,0	6,5	3,3	1,4	1,4	5,3	4,0	,0	54,6	,0	,0	15,5
25	,1	3,5	,2	3,0	,0	,0	,0	,0	15,8	,0	,0	,2
26	,3	1,0	5,9	,3	,0	,0	,0	36,9	14,8	8,6	13,6	,0
27	14,6	,9	1,4	2,7	,0	,0	,0	4,8	2,5	13,2	,0	,0
28	5,2	,0	,0	6,0	3,0	,0	1,2	6,6	,0	,0	,0	,0
29	9,2	,3	34,1		3,5	12,5	,0	,0	,0	,0	1,0	,0
30	29,0	1,5	7,6		3,8	,0	,0	,0	14,0	,0	16,7	,0
31		10,1	,0		,0		,0		,5	34,2		,0
Σ	76,0	238,2	169,2	45,0	94,8	42,1	86,9	193,5	162,0	215,5	63,7	148,5

Jahressumme 1981: 1409,9

Jahressumme 1982: 1535,6

Tab. 14: Tagessummen der Niederschläge bei T350.

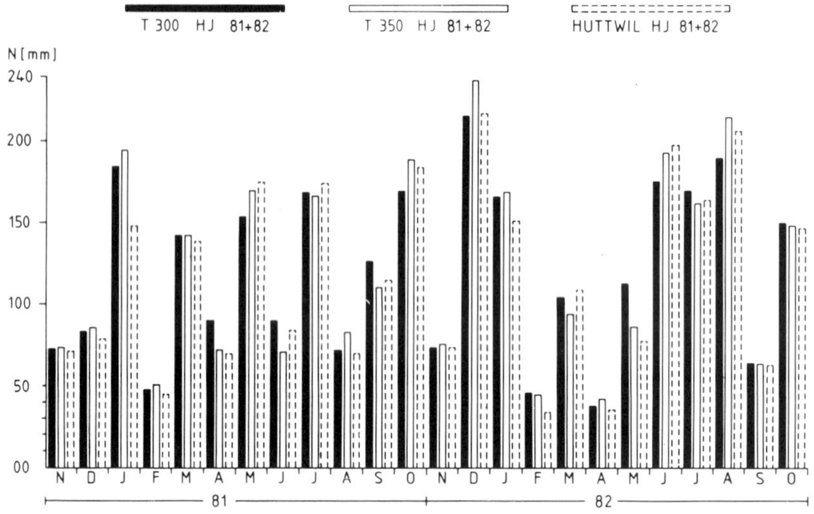

Abb. 36: Vergleich der monatlichen Niederschläge in den hydrologischen Jahren 81 und 82 zwischen der SMA-Station Huttwil und den beiden Testflächenstandorten T300 und T350.

73 Tage). Insgesamt fielen über 25% der Jahresniederschläge als Schnee, die Schneedecke zählte bei T350 zeitweise mehr als 75 cm. Einige Tauwettertage unterbrachen die tiefwinterlichen Verhältnisse (so Mitte Dezember und Angang Januar). Anfang März waren etwa 200 mm Niederschlag als Schneedecke akkumuliert. Unter intensiver Sonneneinstrahlung schmolz innert dreier Tage ein grosser Teil weg. Drei Tage später, am 12.3., brachte ein Regen 44 mm N bei einer I30 (maximale Intensität während 30 Minuten) von 0,11 mm/min und einem r (Einzelwert des R-Faktors, vgl. Kap. 6.2.3.1) von 4,6 (Angabe für T300), dies bei total gesättigtem Boden.

Hydrologisches Sommerhalbjahr (SHJ) 1981

Im SHJ blieben die Niederschläge nur in den Monaten Juni und August unter den langjährigen Werten. Die längste regenfreie Zeit (Ende August) dauerte nur 8 Tage. Zu erwähnen ist der Dauerregen vom 25. bis 27. Mai, der in Taanbach (T300) 63 mm, in Flückigen (T350) sogar 82 mm brachte. Im Juni dann einige Schauer und Gewitter, das heftigste am 24.6. Den Juli prägten ergiebige Dauerregen, während im August Gewitterregen dominierten. Im September und Oktober überwogen wenig ergiebige Dauerregen; im Oktober regnete es während eines Viertels der Zeit! Ende des Monats setzten bereits die ersten Schneefälle ein.

Die zwischen den Niederschlägen auftretenden Trockenperioden mit hohen Verdunstungsraten waren zu kurz, um den Boden in stärkerem Mass auszutrocknen. Insgesamt war das ganze Jahr feuchter als der langjährige Schnitt, überdies war der Sommer zu kühl.

Hydrologisches Winterhalbjahr 1982

Mit Ausnahme eines Schneefalls am 14. des Monats waren die ersten 22 Tage des Novembers schön und trocken; anschliessend folgte eine Periode ausgeprägter Niederschlagsaktivität. Von 51 Tagen waren nur deren 9 ohne Regen oder Schnee. In diesem Zeitraum fielen in Taanbach 397 mm, in Flückigen sogar 418 mm N. Vom 29.11. bis 8.12. bildete sich eine Schneedecke, die in der Folge von ungewöhnlich intensiven Dauerregen aufgezehrt wurde. Der gesättigte, teilweise gefrorene Boden und die ergiebigen Regen führten zu grossen oberflächlichen Abflüssen, die am 8.12., am 15.12. sowie am 8.1. Erosionsschäden verursachten. Dazwischen, Ende Januar, fiel während einiger Tage Schnee.

Die Zeit bis Ende März wurde durch wechselhaftes Winterwetter geprägt. Längere Perioden mit Schneefall wechselten mit einigen ergiebigen Regengüssen und - v.a. im Februar - Schönwettertagen. Bemerkenswert ist, dass in der zweiten Hälfte März nochmals eine dauerhafte Schneedecke lag, die in Flückigen erst Anfang April wegschmolz. Der April war trocken, kühl und windig.

Hydrologisches Sommerhalbjahr 1982

Auch im SHJ 1982 blieben die Niederschläge nur in zwei Monaten unter der Norm, im Mai und im September. Den Juni kennzeichnete eine rege Niederschlagsaktivität, einige Dauerregen und 5 Gewitter. Den Juli, überdurchschnittlich heiss, prägten mindestens 5 Wärmegewitter sowie ein Dauerniederschlag (etwa 80 mm in 3 Tagen). Im August ereigneten sich 4 Gewitter. Der September war ungewöhnlich warm (Monatsdurchschnitt bei T300: 15,7 !) und trocken. Im Oktober dominierten wenig intensive Frontniederschläge.

Trocken- und Wärmeperioden Anfang Juni und Anfang bis Mitte Juli führten zu markanter Bodenfeuchteabnahme, während sich die lange Trockenzeit im September wegen geringerer Verdunstungsraten weniger auswirkte. Das SHJ 1982 dürfte eine durchschnittliche Gewitteraktivität gehabt haben (vgl. Tab. 3: Werte für Langnau). Die Monatsmitteltemperaturen waren von Juni bis Oktober alle höher als der Durchschnitt, besonders markant im September.

Zusammenfassung

Das hydrologische Jahr 1981 begann mit einem langen Winter und einer ununterbrochenen Schneebedeckung von mehr als 3 Monaten. Es folgte eine ausgeprägte Schneeschmelze, die erosiv wirkte. Am 15.4. ereignete sich in Eriswil ein Starkregen, dessen mittlere Intensität einem zehnjährigen Ereignis entspricht (J. ZELLER u.a. 1978). Das Sommerhalbjahr, feuchter und kühler als der Druchschnitt, brachte eher wenige erosive Regen.

Das hydrologische Jahr 1982 verzeichnete mehr Niederschläge als 1981. Der Dezember 1981 war der regenreichste Monat der ganzen Messperiode. Die Winterregen hatten grosse Oberflächenabflüsse und Erosion zur Folge. Der Sommer wies eine durchschnittliche Gewitteraktivität auf. Als erosivstes Ereignis (im Gebiet Flückigen wirksam) kann das Gewitter vom 16.8. gelten. Das Jahr 1982 war als ganzes nässer, sonniger und wärmer als das Normjahr.

6.2.2.3 **Gebietsverdunstung**

Da die Gebietsverdunstung nur als Bilanzgrösse interessiert, wird sie hier nur summarisch abgehandelt. Tab. 16 gibt die errechneten Werte wieder. Die Beträge von T350 (Flückigen) sind etwas tiefer, da hier die Station öfter im Schatten lag.

pET nach HAUDE		[mm]
	T300	T350
WHJ 1981	115	99
SHJ 1981	337	305
Hydrolog.Jahr 1981	452	404
WHJ 1982	109	100
SHJ 1982	348	314
Hydrolog.Jahr 1982	457	414

Tab. 16: Potentielle Evapotranspiration nach HAUDE an den Testflächenstandorten.

TH.STAUSS (1983, S.130) stellt eine gute Uebereinstimmung der pET-Werte nach HAUDE mit realen Lysimeter-Verdunstungswerten fest. Nach R.EGGELSMANN (1981, S.89) sind die HAUDE-Werte im Sommer etwas höher als die realen Verdunstungswerte, im Winter jedoch tiefer. Nach M.RENGER u.a. (1975, zit. in W. WALTHER 1979, S. 227 f) ist immer, wenn die Bodenfeuchte 70% der nutzbaren Feldkapazität (nFK) überschreitet, die reale Verdunstung gleich der potentiellen. In den beiden nassen Jahren 1981 und 1982 wurden 70% der nFK lediglich an 13 Tagen unterschritten (Angaben für T300). Laut H.M. KELLER (1978) variieren die ET-Werte zwischen bewaldeten und unbewaldeten Gebieten sehr stark. Dabei verdunsten bewaldete Gebiete erheblich mehr als der pET entspricht (Sperbelgraben, Kt. Bern, auf 1060 m ü.M.: 860 mm!). Ch. LEIBUNDGUT (1978, S. 64) nennt für das Einzugsgebiet der Langete eine langjährige Gebietsverdunstung von 450 mm.

In Anbetracht all dieser Argumente kann man davon ausgehen, dass in den nahezu unbewaldeten Arbeitsgebieten die reale Gebietsverdunstung zwischen 400 und 450 mm liegt.

6.2.3 **Erosivität (Erosionsfähigkeit) der Niederschläge**

6.2.3.1 **Begriffe**

Die verschiedenen Wirkungen des Regens auf der Bodenoberfläche: Splash- resp. Prall- und Planschwirkung der Tropfen, Herabsetzung der Infiltrationsrate durch Aggregatzerstörung und Porenverstopfung, Oberflächenabfluss u.a. sind bei R.-G. SCHMIDT (1979, S. 28 ff) eingehend beschrieben. Die meisten dieser Wirkungen tragen zur Verlagerung von Bodensubstanz bei. Da die ursächlichen Prozesse komplex und kumuliert verlaufen, ist eine kausale quantitative Modellbeschreibung nicht möglich. Man behilft sich mit deterministischen Modellgrössen, die den Zusammenhang Niederschlag/Bodenerosion möglichst gut beschreiben sollen (vgl. USLE).

Im folgenden werden einige Begriffe erläutert und die Terminologie für die folgenden Ausführungen wird festgelegt.

Niederschlagsmenge (N):
Die einfachste Grösse, um einen Regen zu charakterisieren, ist die Niederschlagsmenge. Nach allgemeiner Erfahrung - und durch wissenschaftliche Untersuchungen untermauert (z.B. W. WISCHMEIER 1959, S. 246) - ist sie wenig geeignet, die Erosionsfähigkeit eines Regens zu beschreiben.

Niederschlagsintensität (I):
Die Intensität (Dichte) eines Regens (Niederschlagsmenge pro Zeiteinheit) ist zur Kennzeichnung der Erosivität offensichtlich geeigneter. Hohe Intensitäten sind mit grösseren, energiereicheren Regentropfen verbunden, die den Boden schneller verspülen. Ueberdies ist mehr Wasser pro Flächen- und Zeiteinheit vorhanden. Beide Effekte verstärken die Neigung zu Oberflächenabfluss.

Energie (E):
Eine weitere Kenngrösse des Regens ist seine Energie. Sie ist abhängig von der Tropfengrösse und der Tropfenendgeschwindigkeit. Die Tropfengrössenverteilung ist hoch mit der Regenintensität korreliert (W. WISCHMEIER und D. SMITH 1958, S. 285). Da die Geschwindigkeit der Tropfen von der Tropfengrösse abhängt, lässt sich die Energie einer Niederschlagsmengeneinheit allein aus der Intensität ermitteln: E = f (I). Für den Bereich der USA fanden WISCHMEIER und SMITH die Gleichung E = 210 + log I (im m-kp-s-System: mt $\cdot$ ha^{-1}).

EI-Term:
Die Energie E ist nach W.WISCHMEIER (1959, S.246) als Erklärungsgrösse für den Bodenabtrag wenig geeignet. W.WISCHMEIER u. D.SMITH (1958) kombinierten deshalb die oben beschriebenen Grössen zu einem als EI bezeichneten Term (EI=Abkürzung von "Energie x Intensität"). Dieser EI-Wert (Dimension im m-kp-s-System: $mt \cdot ha^{-1} \cdot cm \cdot h^{-1} \cdot 10^{-2}$) ist das Produkt aus der integrierten kinetischen Energie eines Einzelniederschlags und seiner maximalen Intensität über 30 Minuten (I30). Er wurde aufgrund von Messungen auf Standardparzellen statistisch getestet und korrelierte dabei sehr hoch mit den Erosionsverlusten.

Als Einzelniederschlag gilt die Summe aller (Teil-) Niederschläge, die durch eine Zeitspanne von weniger als 6 Stunden getrennt sind.

Der EI-Term ist nach W. WISCHMEIER u. D. SMITH (1958, S. 289) ein gutes Abbild der Kombination verschiedener Effekte, nämlich
a) der sinkenden Infiltrationsrate während des Regens,
b) des geometrisch wachsenden Erosionseffekts des Oberflächenabflusses,
c) des Schutzes gegen Splashwirkung durch den Wasserfilm.

R-Faktor:
In einem weiteren Schritt wurden die Summen der EI-Werte über eine Zeitspanne von mehreren Jahren mit der Abtragsmenge der gleichen Zeitspanne erfolgreich korreliert. Dies erlaubte es, einen langjährigen Durchschnittswert der EI-Jahressummen zu bilden, den R-Faktor. Dieser Faktor (rainfall erosion index) ist Teil der USLE, der allgemeinen Bodenabtragsgleichung. Er bildet für eine bestimmte Lokalität ein Mass der Erosivität der dortigen Niederschläge. In Kombi-

nation mit den anderen Faktoren der USLE lässt sich mit dem R-Faktor der durchschnittliche Bodenabtrag über eine längere Zeitspanne bestimmen. Kurzzeitliche Voraussagen sind jedoch naturgemäss mit grossen Fehlern behaftet (W. WISCHMEIER 1959, S. 247).

Der EI-Wert - dies soll nochmals erwähnt sein - bezieht sich auf Einzelniederschläge (R. SCHÄFER 1981 bezeichnet ihn mit "r"). "R" kommt sowohl als Bezeichnung der Summe der EI-Werte einer Saison oder eines Jahres (Einzeljahreswert) vor wie auch als Benennung des lamgjährigen Durchschnittswertes, des eigentlichen R-Faktors. Im Text werden die Einzelwerte mit EI oder r, Jahressummen oder Teilsummen mit "Jahres-R-Wert" oder $\sum r$ bezeichnet.

Die Grundlagen der R-Faktor-Berechnung, insbesondere die Beziehung von Regentropfengrösse zu Regenintensität, wurden anhand von US-Daten entwickelt. Bei einer Uebertragung auf andere klimatische Verhältnisse müssten sie überprüft werden. Bisher liegen allerdings nur R-Faktor-Werte auf der US-Berechnungsbasis vor. Zu nennen sind insbesondere die bayerischen Arbeiten, die zu einer Karte der Erosivitäts-Isolinien Bayerns (Isoerodent-Karte) führten (H. ROGLER u. U.SCHWERTMANN 1981).

Der R-Faktor berücksichtigt Schmelzwasser nicht. Gerade in (sub-) montanen Gebieten wie dem Napfbergland wird aber ein Teil der Erosion durch die Schneeschmelze verursacht. W. WISCHMEIER und D. SMITH (1978, S. 7 f) schlagen deshalb einen Zuschlag (Rs) zum R-Wert der Wintermonate vor (Berechnung des Rs-Werts in SI-Einheiten bei U.SCHWERTMANN, S. 11). Bei der Diskussion der Jahres-R-Werte wird der hier aufgezeigte Mangel bewusst bleiben müssen; eine Anpassung der Werte wurde jedoch nicht vorgenommen.

Bei der Bildung von EI-Summenwerten und R-Faktoren berücksichtigt W.WISCHMEIER (1959) nur Regenereignisse, die 12,5 mm Höhe übersteigen. S.BADER u. U.SCHWERTMANN (1980) wiederum ziehen alle Regen bei, deren N $\geq$ 10 mm oder deren I30 $\geq$ 10 $mm \cdot h^{-1}$ ist. Tabelle 18 vergleicht die Jahres-R-Werte ($\sum r$), die anhand dieser verschiedenen Kriterien im Arbeitsgebiet Napf errechnet werden können. Es zeigt sich, dass die Unterschiede nicht sehr gross sind, dies im Gegensatz zu den Zahlen von W.SEILER (1983, S.132). Im folgenden werden bei der Berechnung der Jahres-R-Werte alle Ereignisse berücksichtigt.

		NOV	DEZ	JAN	FEB	MAR	APR	MAI	JUN	JUL	AUG	SEP	OKT	WHJ	SHJ	JAHR
T300 Hydrologisches Jahr 1981	**Summe**	**1,07**	**1,59**	**5,89**	**1,34**	**7,82**	**56,46**	**11,04**	**14,28**	**22,94**	**16,71**	**12,22**	**9,56**	**74,17**	**86,74**	**160,91**
	Mittelwert	0,08	0,11	0,37	0,15	0,52	4,67	0,74	1,02	1,76	1,67	0,87	0,56	0,93	1,05	0,99
	Median	0,03	0,02	0,09	0,03	0,13	0,02	0,11	0,19	0,53	0,09	0,19	0,45	0,04	0,29	0,09
	SA	0,12	0,18	0,55	0,20	1,14	15,05	1,30	2,39	2,80	3,04	1,25	0,60	5,90	1,97	4,34
	GRW	0,34	0,58	1,59	0,53	4,50	52,40	4,68	9,18	8,99	9,55	4,30	2,30	52,40	9,55	52,40
	n	13	14	16	9	15	12	15	14	13	10	14	17	79	83	162
T300 Hydrologisches Jahr 1982	**Summe**	**4,29**	**10,16**	**18,97**	**0,81**	**3,76**	**2,31**	**17,90**	**20,64**	**19,10**	**25,65**	**8,51**	**6,46**	**40,30**	**98,26**	**138,56**
	Mittelwert	0,70	0,46	1,26	0,09	0,29	0,39	1,63	1,21	1,91	1,97	1,06	0,46	0,57	1,35	0,96
	Median	0,02	0,04	0,06	0,04	0,07	0,36	0,29	0,55	1,08	0,57	0,65	0,28	0,05	0,54	0,20
	SA	1,56	1,10	3,44	0,15	0,36	0,40	3,50	1,49	2,25	2,67	1,20	0,46	1,76	2,12	1,98
	GRW	3,88	4,38	13,42	0,46	0,99	0,80	11,61	4,49	7,38	7,84	3,58	1,30	13,42	11,61	13,42
	n	6	22	15	9	13	5	11	17	10	13	7	14	70	72	142
T350 Hydrologisches Jahr 1981	**Summe**	**1,14**	**1,32**	**6,77**	**1,00**	**6,93**	**16,81**	**16,91**	**7,67**	**26,15**	**22,33**	**7,63**	**22,59**	**33,97**	**103,27**	**137,23**
	Mittelwert	0,10	0,09	0,40	0,11	0,41	1,53	1,06	0,70	1,87	2,03	0,64	1,25	0,42	1,26	0,85
	Median	0,02	0,02	0,06	0,07	0,11	0,05	0,07	0,17	0,30	0,48	0,31	0,13	0,05	0,21	0,08
	SA	0,14	0,13	0,71	0,13	1,01	4,37	2,26	0,87	3,62	4,56	0,85	2,74	1,72	2,76	2,34
	GRW	0,39	0,41	2,50	0,38	4,25	14,68	8,03	2,49	13,77	15,63	2,61	10,15	14,68	15,63	15,63
	n	12	14	17	9	17	11	16	11	14	11	12	18	80	82	162
T350 Hydrologisches Jahr 1982	**Summe**	**4,55**	**13,68**	**10,06**	**0,53**	**2,83**	**1,09**	**7,42**	**36,73**	**24,13**	**45,98**	**6,76**	**6,35**	**32,74**	**126,52**	**159,26**
	Mittelwert	0,76	0,65	0,53	0,06	0,16	0,22	0,62	2,45	2,19	3,01	0,97	0,42	0,42	1,69	1,04
	Median	0,03	0,04	0,01	0,01	0,03	0,21	0,15	0,82	0,38	1,23	1,11	0,09	0,03	0,41	0,12
	SA	1,73	1,79	1,17	0,09	0,23	0,20	1,05	4,70	4,42	5,14	0,92	0,54	1,19	3,63	2,75
	GRW	4,28	6,47	4,48	0,29	0,74	0,51	3,44	17,35	14,46	19,76	2,27	1,72	6,47	19,76	19,76
	n	5	21	17	9	18	5	12	15	11	15	7	15	75	75	150

Tab. 17: Summen der El-Werte (= r-Werte; Definition dieser Grösse in Kap. 6.2.3.1) der Niederschläge an den Testflächenstandorten T300 und T350. (dazu Kap. 6.2.3.4)

Erklärung: n: Zahl der erfassten Niederschlagsereignisse
GRW: Grösster r-Wert eines Einzelniederschlags
SA: Standartabweichung

		1	2	% v. 2	3	4	% v. 2	5	6	% v. 2	7	8	% v. 2
1981	**T300**	1401	160,9	100	72,4	150,0	93,3	71,8	147,0	91,6	62,0	132,7	82,7
	T350	1410	137,2	100	71,3	127,7	93,0	69,4	118,9	86,7	62,9	116,2	84,6
1982	**T300**	1508	138,6	100	84,7	127,4	92,0	84,7	127,4	92,0	73,9	117,2	84,6
	T350	1535	159,3	100	77,1	148,2	93,1	75,6	145,4	91,3	70,0	138,4	86,9

1: Jahresniederschlag [mm];
2: Jahressumme aller r [$KJ \cdot m^{-2} \cdot mm \cdot h^{-1}$];
3: % der Summe aller N $\geqslant$ 10 mm oder $I_{30} \geqslant 10 \, mm \cdot h^{-1}$ (= N(3)) am Jahresniederschlag;
4: Jahressumme der r von N(3);
5: % der Summe aller N $\geqslant$ 10 mm (= N(5)) am Jahresniederschlag;
6: Jahressumme der r von N(5);
7: % der Summe aller N $>$ 12,5 mm (= N(7));
8: Jahressumme der r von N(7);

Tab. 18: Vergleich der nach verschiedenen Kriterien erhaltenen Jahres-R-Werte.

Die Jahressummen der EI-Werte (Jahres-R-Werte) variieren von Jahr zu Jahr viel stärker als die Jahressummen der Niederschläge. Beispielsweise beträgt der Variationskoeffizient der Jahresniederschläge in Eriswil über 10 Jahre 15%. Dem stehen Koeffizienten von 33% (Oberstdorf i.A.) oder 37% (Kempten i.A.) bei Zehn-Jahres-Reihen von R-Summen gegenüber (H. ROGLER u. U. SCHWERTMANN 1981). Überdies ist gemäss diesen Autoren das erosive Niederschlagsgeschehen im voralpinen und alpinen Raum homogener als im Flachland, was bedeutet, dass dort die Variationskoeffizienten noch höher wären.

Jahres-R-Werte und Jahresniederschlagssummen sind, wie S. BADER u. U. SCHWERTMANN (1980) bemerken, nur gering korreliert.

6.2.3.2 **Niederschlagsmengen**

Die täglichen Niederschlagsmengen sind in den Tabellen 13 und 14 verzeichnet. Die Zahl der Tage mit Niederschlägen schwankt zwischen 160 (im HJ 1981 bei T300) und 170 (im HJ 1981 bei T350). Mehr als 10 mm Niederschlag fielen bei T300 an 51 Tagen (HJ 81) und an 56 Tagen (HJ 82), bei T350 an 47 Tagen (HJ 81) und an 50 Tagen (HJ 82). Die grösste Tagesregenmenge registrierte man am 8.1.1982 mit 58 mm (T300). Die übrigen Tagesmaxima fielen regelmässig im Monat Juli.

Die mittleren Tageswerte sind am höchsten im Juli (1981) respektive im August (1982), am niedrigsten jeweils im Februar. Vergleicht man die Quartale, erweist sich durchgehend das 3. Quartal (Mai/Juni/Juli) als dasjenige mit den höchsten Tagesmittelwerten. Die tiefsten Werte hat entweder das 1. oder 2. Quartal. Daraus folgt, dass die Tagesintensitäten während der Sommermonate am höchsten sind (SHJ: 0,17 bis 0,25 mm/min; WHJ 0,03 bis 0,07 mm/min).

Die Liste aller Einzelniederschläge am Standort T350 befindet sich im Anhang (Tab.15). Da die Daten von T300 ähnlich sind, wird auf ihre Publikation verzichtet. Als Einzelniederschlag gilt die Summe der Teilregen mit weniger als sechs Stunden Abstand voneinander. Diese Definition führt zu sehr langen Regenereignissen (bis zu 98 Std.). Einzelne Niederschläge sind äusserst ergiebig (bis zu 81,9 mm).

T350	WHJ 1981						SHJ 1981						WHJ 1982						SHJ 1982					
	N	D	J	F	M	A	M	J	J	A	S	O	N	D	J	F	M	A	M	J	J	A	S	O
Σ N [mm]	73	85	195	51	142	72	170	71	166	83	111	190	76	238	169	45	95	42	87	193	162	215	64	149
N [mm]																								
N < 0,3	2						1		1					2		1								2
0,3 ⩽ N < 0,5	1			1		1	1					1	1	1	2		1					1		
0,5 ⩽ N < 1,0			1		2	1	2	2		2		2		1			1		1			1		1
1,0 ⩽ N < 3,0	2	6	4	2	5	4̲	2	3	4	2	1	1		5	6̲	3	6		3	3	2	1	3	2
3,0 ⩽ N < 5,0	_	2̲	2	1	2̲	1	2̲	1̲	1̲	2̲	3	1	1̲	1	2	*2̲	1̲		1̲	1	3	3		3̲
5,0 ⩽ N < 10,0	*4	*4	3̲	*3̲	*4	*3	4	*1	3	*1	*5̲	7̲	2	5̲	*3	2	*6	*4̲	*5	3̲	1̲	2̲	*	*
10,0 ⩽ N < 20,0	2	1	*3	1	2		*2	4	*2	3	2	*3	*	*3	1	1	3	1	1	*4	*4	*3	4̲	4
20,0 ⩽ N < 30,0	1	1	2	1	1		1		2	1	1	2		1	1				1			1		3
30,0 ⩽ N < 40,0			2		1	1						1			1							1		
40,0 ⩽ N < 50,0														1	1					2		2		
50,0 ⩽ N							1		1				1	1							1			
I_{Max} [mm·Min⁻¹]																								
I < 0,03	*11̲	*12̲	13̲	*8̲	11	6̲	9̲	4	4	4	3	10	3̲	17̲	13̲	*8̲	12̲	3	5	1	1	3	2	7
0,03 ⩽ I < 0,06	1	2	*2	1	*2̲		2	2̲	1		4̲	2̲	*1	*1	*1	1	*4	*_	2̲	2	5	2		*5̲
0,06 ⩽ I < 0,10			2		2	2	2		1	1		1	1	1	1		1	1	*2	4	_	3̲	*2̲	1
0,10 ⩽ I < 0,30					2	*1	*2	2	*3̲	1̲	*3	*2		2	2		1	1	2	*4̲	*4	2	1	2
0,30 ⩽ I < 0,50						2		*	3	*	1	1							1	1		*1		
0,50 ⩽ I < 0,70								1	1	2										1		1		
0,70 ⩽ I < 1,00								1	1	2		1								1		2	2	
1,00 ⩽ I < 1,50											1	1								1		1		
1,50 ⩽ I < 2,00								1		1											1			
2,00 ⩽ I							1																	
r [KJ·m⁻²·mmh⁻¹]																								
r < 0,1	9̲	*10̲	10̲	6̲	8	6̲	9̲	6	5	4	3	9	3̲	15̲	12̲	*8̲	13̲	2	5	2	1	3	2	8̲
0,1 ⩽ r < 0,5	*3	4	*3	*3	*6̲	1	3	1̲	3̲	2	6̲	1̲	1	3	1	1	*5	*2̲	4̲	4	5̲	4	1	*2
0,5 ⩽ r < 1,0			1		2	3	1	*1		1̲	*1	4	*	*1	*		2	1	*1	2̲	2		*	3
1,0 ⩽ r < 2,0			2			*	*	3	*2	3		*2			2					4	1	3̲	3̲	2
2,0 ⩽ r < 3,0			1				1		1	*	2				1				1	*1	*		1	
3,0 ⩽ r < 4,0									2										1			*1		
4,0 ⩽ r < 5,0					1		1						1		1							1		
5,0 ⩽ r < 7,0														2							1	2		
7,0 ⩽ r < 10,0							1					1								1				
10,0 ⩽ r < 15,0						1			1			1												
15,0 ⩽ r < 20,0										1										1	1			
20,0 ⩽ r																						1		

I_{Max}: Maximale Intensität während des Ereignisses

r: Einzelwert des R-Faktors

Beispiel zum Verständnis der Tabelle: 9 = Zahl der Ereignisse; 9̲ resp. _ = Klassenbereich des Medianwerts;

*9 resp. * = Klassenbereich des Mittelwerts;

Tabelle 19 gibt als Beispiel die Häufigkeitsverteilung der Einzelniederschlagsmengen von T350 wieder. Auffallend ist, dass sowohl die Monatsmittelwerte wie auch die Mediane sich im Jahresverlauf nicht stark ändern. Beide Parameter liegen in den Sommerhalbjahren etwas höher (Mittelwerte: SHJ81: 9,5 mm, SHJ82: 11,4; WHJ81: 7,6; WHJ82: 8,4 / Mediane: SHJ81: 5,7 mm; SHJ82: 6,3; WHJ81: 4,7; WHJ82: 4,5). Bezüglich der Streuung der Niederschlagsmengen lassen sich keine Regelmässigkeiten feststellen.

6.2.3.3 **Intensitäten**

Als Intensität kann die durchschnittliche Regendichte während eines Ereignisses oder während einer Messperiode (normalerweise 1 Tag) angenommen werden. Aussagekräftiger ist aber die maximale Intensität während eines Ereignisses, die über eine gewisse Zeitdauer hinweg herrscht. Diese Zeitdauer beträgt üblicherweise 30 Min., 5 Min. oder 1 Min. In Tab. 15 sind für jedes Ereignis die I30 (maximale Intensität während 30 Min.), die I5 und die Imax aufgeführt.

Im Unterschied zu den Regenmengen variieren die durchschnittlichen Regendichten im Jahresverlauf beträchtlich. Tab.19 stellt beispielsweise die monatlichen Häufigkeitsverteilungen der Imax der Niederschläge von T350 dar. Ähnliche Verteilungen erhielte man auch für I30 oder I5. Die Intensitäten sind von November bis März gering (durchschnittlich effektiv ≤ 0,05 mm/min). Im April sind die Niederschläge bereits intensiver (durchschnittliche Imax = 0,10 mm/min (1981) und 0,05 mm/min (1982)). Der August ist in beiden Jahren der Monat mit den höchsten Intensitäten (durchschnittliche Imax = 0,39 mm/min (1981) und 0,32 mm/min (1982). Der Oktober erweist sich als Uebergangsmonat, der das eine Mal mehr durch Starkregen (durchschnittliche Imax = 0,16 mm/min (1981)), das andere Mal mehr durch Frontniederschläge geringer Intensität (durchschnittliche Imax = 0,05 mm/min (1982)) geprägt wird.

Tab. 19: Häufigkeitsverteilung der Niederschlagsmengen (Oben), der maximalen Intensitäten IMax (Mitte) und der r-Werte (Unten) der Einzelniederschläge pro Monat. (Def. dieser Grössen in Kap. 6.2.3.1)

Auffallend ist das oft weite Auseinanderklaffen von Mittelwert und Median. Der Grund liegt in einer stark schiefen Verteilung der Intensitätswerte. Besonders im SHJ 1981 verursachten einige sehr hohe Intensitäten eine markante Vergrösserung der Mittelwerte. Die Streuung der Intensitätswerte ist wesentlich weiter als diejenige der Regenmengen (Variationskoeffizienten im HJ 1981: bei N 125%, bei Imax 253%).

6.2.3.4 **EI-Werte (r-Werte) und Jahres-R-Werte**

Tabelle 17 gibt eine detaillierte Zusammenstellung der Monats- und Jahressummen der EI-Werte (= r) sowie der statistischen Parameter (Die Berechnung der r-Werte wird in Kap. 6.2.3.1 erklärt). Ins Auge stechen einzelne grosse Werte (T300: 52,4 am 15.4.81 / T350: 19,8 am 16.8.82; 17,4 am 22.6.82), die sich in der Jahressumme stark bemerkbar machen. Vor allem der Regen vom 15.4.81 auf T300 verfälscht den Jahres-R-Wert 1981, der mit 161 höher liegt als alle übrigen. Berücksichtigt man diesen Regen nicht, der mit gleicher Heftigkeit höchstens alle 10 Jahre auftreten dürfte (vgl. 6.2.2.2), so resultiert für 1981 eine Jahressumme von nurmehr 108,5. Dieser Wert dürfte dem langjährigen Durchschnitt näherkommen. Vergleicht man nämlich die Werte von T300 mit denen von T350, fällt auf, dass T350 bei leicht höheren Niederschlagsmengen deutlich höhere Jahres-R-Werte aufweist. Die Jahres-R-Werte der beiden untersuchten Jahre sind wohl etwas höher als der langjährige R-Faktor-Wert, da z.B. in Huttwil die Niederschlagssummen sowohl im Winter wie im Sommer etwa 30% über dem langjährigen Mittel lagen. Einer ungefähren Einordnung der für das Arbeitsgebiet und die beiden Messjahre errechneten Jahres-R-Werte dient der Vergleich mit den bayerischen R-Faktor-Werten. Die Werte liegen im Bereich voralpiner Stationen wie Bechtesgaden (134) oder Oberstdorf (135) (U. SCHWERTMANN, o.J., S. 27).
Die Tatsache, dass die Intensität zuerst in die Berechnung der Energie eingeht und dann nochmals als Multiplikator dieser Energie auftritt, erklärt die Ähnlichkeit des Jahresgangs der durchschnittlichen Intensitäten und der durchschnittlichen r-Werte, die in Tab. 19 deutlich wird. Die Abweichung von Mittelwert und Median ist gegenüber der Intensität tendenziell noch verstärkt. Die r-Werte streuen überdies stärker als die Intensitäten oder gar Regenmengen (Variationskoeffizienten für das HJ81: N 125%; Imax 253%; r 276%).

Abb. 37 gibt Aufschluss über die zeitliche Verteilung des Jahres-R-Werts. Dargestellt sind die Summenkurven der halbmonatlichen Prozentanteile am Jahresniederschlag und am Jahres-R-Wert. Als Vergleich dienen die entsprechenden Werte des R-Faktors von Oberstdorf im Allgäu (BRD).

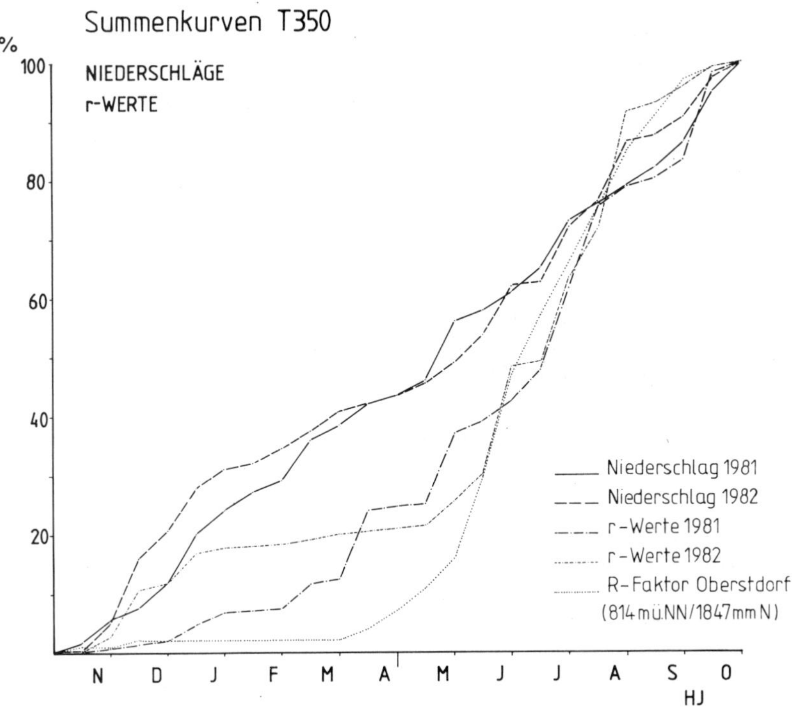

Abb. 37: Halbmonatliche Prozentanteile am Jahresniederschlag und am Jahres-R-Wert, aufgetragen als Summenkurven über ein Hydrologisches Jahr (HJ).

Die Niederschlagskurven steigen ziemlich regelmässig an. Nach den sechs Monaten des Winterhalbjahrs sind in beiden Jahren etwa 43% der jährlichen Regenmenge gefallen. Dies entspricht der langjährigen Verteilung zwischen Winter- und Sommerhalbjahr. Die Kurven der r-Werte schneiden die gedachte Trennlinie von Ende April auf der Höhe von 20% resp. 24%. Fast 80% des Erosionsvermögens entfallen mithin auf das Sommerhalbjahr. Die Kurve des R-Faktors von Oberstdorf verläuft noch akzentuierter. Hier werden bis Ende April nur 7% des Jahres-R-Faktors erbracht, d.h. die Winterregen fallen für die Erosion praktisch ausser Betracht. Dies liegt auch in der Tatsache begründet, dass S. BADER u. U. SCHWERTMANN Regenfälle auf eine Schneedecke nicht berücksichtigen (1980, S.2). Das ist sicherlich ein Mangel, sind doch oft gerade von Regenfällen begleitete Schneeschmelzen hocherosiv. Auch können intensivste Starkregen bereits im April auftreten (Ereignis vom 15.4.81 in Taanbach!). Diese Erwägungen rechtfertigen die Annahme, dass im Napfbergland etwa 20% des Jahres-R-Faktors auf das Winterhalbjahr entfallen. Im übrigen sind die Kurven der einjährigen Messreihen naturgemäss unausgeglichen.

Interessant ist die Frage, ob sich der Jahres-R-Wert aus vielen energiearmen oder wenigen energiereichen Regen zusammensetzt. Tab. 18 illustriert, dass die Ereignisse mit weniger als 10 mm resp. 12,5 mm Regenmenge wenig zur Jahressumme des R-Werts beitragen. Abb. 38 erlaubt einen Vergleich der Prozentanteile des Jahres-R-Werts, die sich aus einem bestimmten Prozentsatz an Niederschlagsereignissen ergeben, mit den Prozentanteilen der Niederschlagsmenge aus dem gleichen Prozentsatz an Niederschlagsereignissen. Für die HJ 1981 und 1982 ergeben sich fast identische Kurven. Im Jahr 1981 beispielsweise erbrachten 50% der Niederschläge 88% des Niederschlagseinkommens, jedoch 98% des Jahres-R-Werts. 10% der Regen trugen 38% zum Jahresniederschlag bei, jedoch 72% zum Jahres-R-Wert.

Daraus folgt, dass der Jahres-R-Wert im wesentlichen durch wenige energie- und niederschlagsreiche Ereignisse bestimmt wird. Da die Masse des Bodenabtrags durch wenige Grossereignisse zustandekommt, ist dies sicher eine adäquate Beschreibung der Wirklichkeit. Im weiteren ist festzustellen, dass die R-Jahressummen durch die Einführung verschiedener Limiten für "erosive" Niederschläge, wie sie SCHWERTMANN oder WISCHMEIER vorschlagen (vgl. 6.2.3.1), nicht stark verändert werden (Tab. 18).

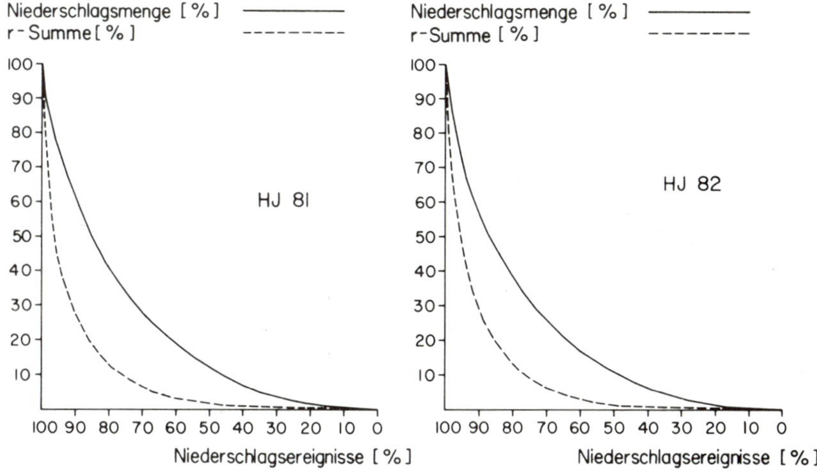

Abb. 38: Zusammenhang zwischen der Niederschlags-Ereigniszahl einerseits und der Niederschlagsmenge resp. der r-Wert-Summe eines Jahres bei T350 andererseits.

Lesebeispiel: im HJ81 trugen 50% der Niederschlagsereignisse (Abszisse) 12% zur Jahresniederschlagsmenge resp. 2% zur r-Wert-Summe (= Jahres-R-Wert) bei (Ordinate). Die restliche 50% der Niederschlagsereignisse machen demzufolge die restlichen 88% des Jahresniederschlags resp. 98% der r-Wert-Summe aus.

6.2.3.5 Charakterisierung erosiver Niederschläge

Die Entscheidung, ob ein Niederschlag erosiv wirkt oder nicht, hängt von verschiedenen Randbedingungen ab (vgl. Kap. 3). Vergleiche der Erosionsfähigkeit können sinnvollerweise nur dann erstellt werden, wenn die übrigen Parameter ungefähr konstant bleiben. Diese Bedingung wird, wenn überhaupt, nur auf den Testparzellen erfüllt. Diese wurden das ganze Jahr über als Schwarzbrache gehalten, was einerseits zwar der üblichen Landnutzung zuwiderläuft, andererseits aber für vergleichbare Verhältnisse im Jahresverlauf sorgt.

Tab.15 im Anhang zeigt zudem, dass der Fehler, den man macht, wenn man sich nur auf die Testparzellen stützt, nicht gross ist. Die meisten erosiven Ereignisse verursachen - zumindest im Sommer - sowohl auf den Testparzellen wie auch auf den normalen Äckern Bodenabtragung. Bei letzteren allerdings streuen die Abtragsereignisse örtlich sehr stark (einmal hat es auf Acker X Abtrag, das andere Mal auf Acker Y usw.). Die folgende Diskussion beschränkt sich deshalb auf die Resultate der Testparzellen.

	T300 (Taanbach)			T350 (Flückigen)		
	Anzahl Ereignisse	Erosive Ereignisse	Anteil in %	Anzahl Ereignisse	Erosive Ereignisse	Anteil in %
Sommerhalbjahr 1981	81	9	11	81	13	16
Sommerhalbjahr 1982	69	18	26	73	15	20

Tab. 20: Anzahl und Anteil erosiver Ereignisse auf den Testflächen in den Sommerhalbjahren.

T350	1	2	3	4	5	6
	ΣN total [mm]	ΣN erosiver Ereignisse	% von 2 an 1	Σr total	Σr erosiver Ereignisse	% von 5 an 4
SHJ 1981	791	335	42	103	72	70
SHJ 1982	870	454	52	127	104	82

Tab. 21: Anteil der erosiv wirksamen Niederschlagsmengen und r-Summen.

Vorerst interessiert die Frage, wieviele Regenfälle überhaupt Erosion auslösen. Tab.20 gibt dazu die Zahlen für die Sommerhalbjahre (Die Winterhalbjahre zählten auf den Testflächen nur vereinzelte Erosionsereignisse. Die Schneeschmelzen brachten nur den Ackerfeldern Abtrag, während die Testparzellen erosionsfrei blieben, da die zur Rillenerosion nötige ausreichende Wasserkonzentration hier nicht stattfand). Auffallend ist die Steigerung der Ereignisse von 1981 zu 1982. Ein Grund ist die höhere Erosivität der Sommerniederschläge im 1982,ein anderer die erhöhte Erodibilität der Bodenkrume. Tab.21 illustriert für T350 die Anteile der Niederschlagsmenge und der R-Summe erosiver Niederschläge an den Gesamtsummen der Sommerhalbjahre. Auch in dieser Darstellung wird die erhöhte Erosionsanfälligkeit der Böden im zweiten Messjahr offenbar.

Eine zweite Frage lautet: Wie sind die Regen beschaffen, die Erosion auslösen? Die Niederschlagsmenge ist wenig geeignet, erosive Regen zu charakterisieren. So betrug die kleinste Niederschlagsmenge mit Abtragsfolgen 4,4 mm, die grösste Menge ohne Abtrag dagegen 63,0 mm. Die geeigneteren Kennwerte sind die maximale 30-Minuten-Intensität (I30) und der r-Wert. Die folgende Diskussion dieser Kennwerte erolgt anhand der Daten in Tab. 22. Generell fällt auf, dass unterhalb gewisser Limiten der Regendichte und -stärke nie Erosion auftritt[1]. Konträr dazu tritt oberhalb gewisser Limiten stets Erosion auf. Dazwischen liegt ein grosser Wertebereich, wo Erosion mit einer gewissen Wahrscheinlichkeit stattfindet.

Analysiert man die Zahlen der I30, zeigt sich bei T350 eine klare Scheidung bei einer Intensität von 0,10 mm/min. Oberhalb dieser Grenze ist Bodenabtrag die Regel, unterhalb davon die Ausnahme. Bei T300 ist der Boden in der 1. Messperiode erosionsresistenter; es braucht Intensitäten von gegen 0,30, um Bodenabtrag auszulösen. Im zweiten Jahr gleichen sich die Verhältnisse jenen von T350 an.

---

[1] Diese Aussage ist allerdings zu relativieren. Die Testparzellen simulieren im wesentlichen nur die Flächenspülung. Lineare Erosionsformen, die durch die Konzentration des Oberflächenabflusses eines grösseren Einzugsgebiets entstehen, treten auf den Testflächen naturgemäss nicht auf. Die Erosion solcher Formen kann auch durch wenig erosive Regen ausgelöst werden (vgl. Kap.7).

	Sommerhalbjahr 1981			Sommerhalbjahr 1982			
I_{30} [mm/min]	Anzahl Ereignisse	Erosive Ereignisse	Anteil in %	Anzahl Ereignisse	Erosive Ereignisse	Anteil in %	
0,03 ≤ I < 0,06	17	0	0	10	0	0	T300
0,06 ≤ I < 0,10	15	0	0	21	3	14	I_{30}
0,10 ≤ I < 0,30	20	7	35	21	14	67	
0,30 ≤ I	2	2	100	1	1	100	
0,03 ≤ I	54	9	17	53	18	34	
0,03 ≤ I < 0,06	15	0	0	16	0	0	T350
0,06 ≤ I < 0,10	14	2	14	20	2	10	I_{30}
0,10 ≤ I < 0,30	16	9	56	16	9	56	
0,30 ≤ I	2	2	100	4	4	100	
0,03 ≤ I	47	13	28	56	15	27	

r-Wert	Anzahl Ereignisse	Erosive Ereignisse	Anteil in %	Anzahl Ereignisse	Erosive Ereignisse	Anteil in %	
0,1 ≤ r < 0,5	14	0	0	13	0	0	T300
0,5 ≤ r < 1,0	12	1	8	13	2	15	r-Wert
1,0 ≤ r < 2,0	10	1	10	14	3	21	
2,0 ≤ r < 3,0	6	2	33	2	2	100	
3,0 ≤ r < 4,0	1	1	100	4	4	100	
4,0 ≤ r < 5,0	2	0	0	3	3	100	
5,0 ≤ r	4	4	100	4	4	100	
0,1 ≤ r	49	9	18	53	18	34	
0,1 ≤ r < 0,5	16	1	6	20	0	0	T350
0,5 ≤ r < 1,0	8	0	0	8	0	0	r-Wert
1,0 ≤ r < 2,0	10	3	30	13	2	15	
2,0 ≤ r < 3,0	5	2	40	3	3	100	
3,0 ≤ r < 4,0	2	1	50	2	2	100	
4,0 ≤ r < 5,0	1	1	100	1	1	100	
5,0 ≤ r	5	5	100	7	7	100	
0,1 ≤ r	47	13	28	54	15	28	

Tab. 22: Anzahl und Anteil erosiver Ereignisse auf den Testflächen in verschiedenen Intensitäts- und r-Werts-Klassen.

Oberhalb einer I30 von 0,30 ist eine Bodenschädigung stets gegeben. Dies deckt sich mit Beobachtungen von L. JUNG u. R. BRECHTEL (1980), die 0,3 mm/min als "kritische Intensität" zur Auslösung von Erosion nennen. Etwas tiefere Werte erosionsauslösender Intensitäten gibt J.VAN EIMERN (1972) (bei kurzen Niederschlägen 0,2 bis 0,25 mm/min).

Die r-Werte zeigen ein ähnliches Bild wie die I30-Werte. Besonders im SHJ 82 sind die Resultate eindeutig. Alle r-Werte $\geq$ 2,0 verursachen Erosion. Im SHJ 81 beträgt diese Schwelle noch 5,0 (T300) resp. 4,0 (T350). Die Limite zur sicheren Auslösung von Erosion ist beim r-Wert von einem Jahr zum andern offensichtlich markanter verschoben als bei der I30. Da im r-Wert neben der Intensität auch die Niederschlagsmenge berücksichtigt ist, dürfte diese Tatsache darin begründet sein, dass im zweiten Sommer bei gleicher Intensität schon kleinere Regenmengen zur Erosionsauslösung genügten als im Vorjahr.

Als drittes kann man die Frage stellen nach dem Zusammenhang zwischen den Kennwerten des erosionsauslösenden Regens und der Menge des oberflächlich abfliessenden Wassers beziehungsweise des abgeschwemmten Bodenmaterials. W. WISCHMEIER fordert, dass bei einer Korrelation folgende Voraussetzungen gegeben sind:

"When important related factors such as antecedent moisture, surface compaction by prior rains, soil crusting, wind effect, and variations in quality of cover (....) are ignored, (....), then the assumption must be made that the effects of variations in these related factors are randomly distributed and will add to approximately zero." (1959, S. 247)

Deshalb werden zur Korrelation nur die Werte eines Jahres beigezogen, da aufgrund des Carry-over-effects (Nachwirkungseffekt von Wurzelrückständen) die abgetragenen Materialmengen im HJ 81 kleiner waren als im HJ 82. Trotzdem lässt sich die WISCHMEIER'sche Forderung nicht ganz erfüllen, insbesondere wegen der stetigen Zunahme der "surface compaction" im Verlauf des Jahres (vgl.Kap.7).

Immerhin seien einige Trendaussagen aufgrund linearer Korrelationen gewagt. Die Korrelationskoeffizienten dazu sind der Tab. 23 zu entnehmen:

a) Bodenabtrag nimmt proportional mit I30 zu.

b) Bodenabtrag nimmt proportional mit r zu.

Es fällt auf, dass die I30 bei den Testparzellen von T300 wesentlich besser mit dem Bodenabtrag korreliert ist als der r-Wert. Offensichtlich spielt hier -im Gegensatz zu T350- die Niederschlagsmenge, die ja in r eingeht, eine untergeordnete Rolle. Tatsächlich werden die Abträge auf diesen Parzellen im wesentlichen durch die Niederschlagsintensität bewirkt und in ihrer Grösse bestimmt (vgl.dazu Tab.25 und 26).

c) Je intensiver der erosionsauslösende Niederschlag ist, desto kleiner ist das Verhältnis von Erosionsgut (Bodenmaterial und oberflächlich abfliessendes Wasser) zu Bodenabtrag. Im übrigen ist auch die Niederschlagsmenge positiv mit der Grösse des Oberflächenabflusses korreliert.

HJ 1982	r T300/1	r T300/2	r T300/3	r T350/1	r T350/2
BA = f(I30)	0,65	0,47	0,22	0,75	0,73
BA = f(r*)	0,35	0,34	0,29	0,76	0,82
$\frac{EG}{BA}$ = f (I30)	-0,55	-0,67	-0,58	-0,76	-0,62

r = Korrelationskoeffizient
r* = r-Wert
BA = Bodenabtrag, EG = Erosionsgut

Tab. 23: Korrelationskoeffizienten einiger Beziehungen zwischen Niederschlagsparametern und Abtragswerten.

Abschliessend sei der Befund von W. SEILER erwähnt, der aufgrund einer breiteren Materialbasis und aufwendiger statistischer Verfahren schliesst, dass "die Boden- und Wasserverluste von Grossereignissen (....) mit der EI (= Energie, der Verfasser), der EI-30 (= r-Wert, der Verfasser) und der I30 gut geschätzt werden (können)." (1983, S. 287)

6.3 Erosionsanfälligkeit

6.3.1 Zum Konzept der Erodibilität

An zentraler Stelle im Faktorenbündel, das die Erosionsanfälligkeit bestimmt, stehen die Bodeneigenschaften. Wird von Bodenbedeckung und -bearbeitung abgesehen, bleibt eine durchschnittliche Erodierbarkeit des Bodens.

"A soils inherent erodibility (....), is a complex property dependent both on its infiltration capacity and on its capacity to resist detachment and transport by rainfall and runoff" (W.WISCHMEIER u.J.MANNERING 1969, S.131)

W.WISCHMEIER u.a.(1971) fanden 5 Bodeneigenschaften, aus denen diese durchschnittliche Erodierbarkeit zufriedenstellend abzuleiten sei: Schluff und Feinstsand (wirken stark erhöhend), Sand (schwach erhöhend), organische Substanz (erniedrigend), Permeabilität (erniedrigend) und Bodenstruktur (= Aggregatgrössen).

L.JUNG u.R.BRECHTEL (1980) setzen ihren Erodierbarkeitsindex E ebenfalls aus beweglichen und stabilisierenden Grössen zusammen. Erhöhte Beweglichkeit verursachen Schluff und Feinsand, stabilisierend wirken Steine, Ton, Grobsand, Humusgehalt und Aggregatstabilität.

Als Mass für die durchschnittliche Erodierbarkeit eines spezifischen Bodens führten W.WISCHMEIER u.J.MANNERING (1969) den K-Faktor ein, in dessen Berechnung die oben genannten Eigenschaften eingehen. Auffallend ist das Fehlen des Steingehalts und der Aggregatstabilität (offensichtlich fehlten dazu die Daten!). H.R.WEGENER (1981) entwickelte deshalb ein Korrekturnomogramm für skelettreiche Böden, das in die "Bodenkundliche Kartieranleitung" der Arbeitsgemeinschaft

Bodenkunde aufgenommen worden ist. M.SCHIEBER (1983) machte dasselbe am Beispiel südafrikanischer Böden für die Aggregatstabilität.

Die beiden Kriterien der Erodierbarkeit (Infiltrationskapazität resp. Bildung von Oberflächenabfluss und Transportwiderstand des Bodens) gründen ursächlich in der Körnung der festen Bodensubstanz (Textur), im Anteil und der Grössenverteilung der Bodenhohlräume (Porosität) und in der Form und mechanischen Festigkeit der Bodenstruktur. Porosität und Struktur sind ihrerseits komplexe Grössen, die sich wechselseitig beeinflussen und zeitlichen Schwankungen unterliegen. Sie sind im wesentlichen abhängig von der Textur, vom Gehalt an organischer Substanz, von Bodenleben und Bodenchemie, von Bearbeitung und Pflanzenbesatz (E.FREI 1948, F.LEUTENEGGER 1950, G.SCHAFFER 1961).

Die durchschnittliche Erodierbarkeit eines bestimmten Bodens wird durch Reliefeigenheiten, Pflanzenbedeckung und Bodenbearbeitung modifiziert. Diese modifizierenden Grössen werden in der USLE ebenfalls berücksichtigt (L = Hanglängenfaktor; S = Hangneigungsfaktor; C = Bedeckungs- und Bearbeitungsfaktor).

6.3.2 Methoden

6.3.2.1 Allgemeines

Die Strukturanalyse des Bodens ausgenommen (dazu Kap.6.3.2.2), bleiben zum nachfolgenden Kapitel nur wenige methodische Anmerkungen zu machen. Die Kartierung des Pflanzendeckungsgrads basiert auf Schätzung. Diese wurde geeicht, indem auf photographischen Aufnahmen der Deckungsgrad planimetrisch bestimmt wurde. Bei Pflanzen mit über einem Meter Wuchshöhe bot dieses Verfahren allerdings Schwierigkeiten. Diese müssen bei der Interpretation der Resultate mitbedacht werden. Reliefeigenheiten wurden üblicherweise mit einem Neigungswinkelmesser sowie Messband oder Schrittmass ausgemessen. Für einzelne Hangprofile (vgl.Abb.41) wurde ein Nivelliergerät benützt.

6.3.2.2 **Methoden zur Bestimmung von Strukturmerkmalen**

Die Proben (je 3 parallel) für die Bestimmung der Gefügemerkmale wurden mit einem Probenstecher (10 x 10 x 8 cm) gewonnen. Beiläufig wurde Material für die gravimetrische Feuchtebestimmung mitgenommen. Die Probennahme erfolgte am 31.8 und am 25.11.1981 sowie am 7.4.1982. An jedem Standort und Datum wurde der pH-Wert, der Karbonatgehalt, der Gehalt am organischem C (mittels nasser Veraschung) und die Korngrössenverteilung bestimmt.

Zur Bestimmung der Aggregatstabilität ist eine Vielzahl von Methoden entwickelt worden (zusammengestellt u.a. in F.SCHEFFER u. P.SCHACHTSCHABEL 1976). Die meisten beruhen auf der Wirkung von Wasser, sei es durch Beregnung, Dispergierung, Perkolation oder Nasssiebung. K.H.HARTGE (1975 a) begründet die relative Unbestimmtheit dieser Methoden damit, dass nicht alle Kräfte, die auf das Bodenteilchen einwirken, von den einzelnen Verfahren berücksichtigt werden. Er kommt zum Schluss, dass lediglich **ein** Verfahren zur Charakterisierung der Stabilitätsverhältnisse nicht genügt (K.H.HARTGE 1975 b). Ein weiterer Vorwurf, der die Methoden zur Stabilitätsmessung trifft, ist ihre schlechte Reproduzierbarkeit. So erwähnt A.KULLMANN (1965), dass die Resultate der Nassiebung abhängen von der Art und Weise der Trocknung und der Lagerung der Proben, und A.J.LOW (1954) nennt zusätzlich die Wassertemperatur und das ausführende Personal. Diesen Nachteilen steht jedoch der grosse Wert von Stabilitätszahlen als Indikatoren für die Erodierbarkeit eines bestimmten Bodens entgegen.

E.FREI (1948) stellt fest, dass das Gefüge landwirtschaftlicher Kulturböden im humiden Klima labil und veränderlich ist. Die Neigung zum Strukturzerfall ist dabei abhängig vom Wassergehalt (G.SCHAFFER 1960,S.263). Auch die Stabilität der Einzelaggregate verändert sich in der Zeit. Insbesondere die Bodenfeuchte lässt die Aggregatstabilität (AS) im Jahresverlauf schwanken (u.a. A.KULLMANN 1965, 1966). G.SCHAFFER (1960) hat für einige Böden die Stabilität gegen den Wassergehalt aufgetragen und erhält so Stabilitätskurven mit einem Maximum.

Will man die übrigen Stabilitätskriterien unabhängig von der Feuchte der Bodenproben eruieren, stellen sich methodische Schwierigkeiten ein, mit denen sich A.KULLMANN (1965) befasst. Durch Trocknung der Proben und Wiederbefeuchtung auf einen konstanten Normwert (In dieser Weise wird auch in der vorliegenden Arbeit verfahren) lässt sich nämlich der Einfluss der ursprünglichen Bodenfeuchte nur zum Teil ausschalten. KULLMANN schliesst daraus, dass beim Trocknen des Bodens im Freiland andere Einflüsse mitspielen als unter Laborbedingungen. Immerhin ist es mit einer langsamen Lufttrocknung und nachfolgender normierter Wiederbefeuchtung beschränkt möglich, die mechanischen und chemischen Einflüsse auf die AS zu studieren (G.SCHAFFER 1961).

Bei skeletthaltigen Böden stellt sich die Frage, wie die groben Korngrössen behandelt werden sollen. In ihrem Verhalten kommen diese Einzelkörner stabilen Aggregaten gleich. Es spricht deshalb vieles dafür, sie wie solche zu behandeln (M.SCHIEBER 1983, S.66).

Die in der vorliegenden Arbeit angewandte Methode misst die Verschlämmungsstabilität von Bodenaggregaten durch die Nass-Siebung der untergetauchten Proben. Sie ist ausführlich in K.H.HARTGE (1971, S.95) beschrieben. Das luftgetrocknete Material wird sorgfältig in Aggregate zerlegt, die anschliessend trocken gesiebt werden. Nach Feststellen der Aggregatverteilung wird das Material wieder befeuchtet (20%) und nass gesiebt. Zu diesem Zweck wurde eine Vorrichtung konstruiert, die die Hubbewegung des Siebsatzes im Wasserbad durch das Drehen einer Handkurbel vornehmen lässt. Die Aggregatgrössenverteilung wird durch den gewogenen mittleren Durchmesser (GMD) ausgedrückt (K.H.HARTGE 1971, S.101), wobei trockenstabile Aggregate >0,5 mm in die Rechnung eingehen. Der Aggregierungsgrad versteht sich als Prozentanteil der Aggregate >1,0 mm bzw. >0,5 mm an der Gesamtmaterialmenge.[1]

[1]Abgrenzung nach G.SCHAFFER (1961): Aggregate >1,0 mm> Einzelkörner und Mikroaggregate;
nach F.LEUTENEGGER (1950): Aggregate >0,5 mm> Feinkoagulate

Als Stabilitätsmass ($\triangle$GMD) eignet sich die Differenz zwischen dem GMD des Aggregatprobenmaterials vor der Nass-Siebung und demjenigen nach der Siebung. Theoretisch kann $\triangle$GMD Werte von 0 bis 8 annehmen, wobei gilt: kleine Werte = stabil, grosse Werte = labil. Nach K.H.HARTGE (1971, S.100) liegen die Werte von Oberböden häufig zwischen 1,2 und 4,5.

6.3.3 Bodeneigenschaften

6.3.3.1 Bodentextur

Die Bodentextur (Bodenart) ist die Eigenschaft, die am einfachsten zur Erklärung der Erosionsanfälligkeit eines Bodens herangezogen werden kann. Sie ist leicht erkennbar und weist keine zeitliche Variabilität auf. R.-G.SCHMIDT (1979, S.39) referiert die Einschätzung der Erosionsanfälligkeit aufgrund der Bodenart durch zahlreiche Autoren. Die Bodentexturverhältnisse im AG werden im Kapitel 5 bei der Besprechung der Böden ausführlich dargelegt. Wenig bindige Böden zeigen nach Tab.11 eine leichte Tendenz zu mehr Bodenabtrag. Allerdings kann die Bedeutung der Bodenart für das Erosionsgeschehen im AG schlecht abgeschätzt werden, da immer auch andere Faktoren mitspielen und den Einfluss der Körnung überprägen. Zudem ist die Bodenkrume, wie Abb.21 zeigt, bezüglich der Korngrössenzusammensetzung relativ wenig differenziert.

6.3.3.2 Bodenstruktur

6.3.3.2.1 Allgemeines

Die Begriffe "Bodenstruktur" und Bodengefüge" werden synonym verwendet. Es gibt sehr viele Arbeiten zum Thema, nicht zuletzt wegen der grossen Bedeutung des Bodengefüges für die Bodenfruchtbarkeit. E.MÜCKENHAUSEN (1963) unterscheidet zwischen Einzelkorngefüge, Kohärentgefüge und Aggregatgefüge. W.BOSSHARD (1978, S.25) gibt für die Profilaufnahme in der Schweiz eine ähnliche Nomenklatur, ergänzt durch Segregatgefüge. Aggregate >10 mm werden hier Bröckel genannt. F.KOHL (1971), nach dem sich die Gefügeansprache bei den Leitprofilen richtete, folgt E.MÜCKENHAUSEN.

W.MÜLLER u.a. (1970) betonen die Notwendigkeit einer verfeinerten Gefügeansprache zur Abschätzung der Wasserdurchlässigkeit und nennen als Kriterien u.a. Aggregatform, Porenausmündungen, Aggregierungsstufe (Aggregierungsgrad), Lagerungsart, Zusammenhalt der Aggregate und ihre mechanische Festigkeit.

Im Rahmen der Arbeit wurde im Feld die Aggregatform und die Aggregierungsstufe qualitativ angesprochen. Als indirekte Gefügecharakterisierung können Angaben zur Porosität und Durchwurzelung gelten (siehe Kapitel 5: Leitprofile). Im Labor wurde von einzelnen Standorten Aggregierungsgrad, Aggregatgrössenverteilung und mechanische Festigkeit (Aggregatstabilität) ermittelt und in Abb.39 dargestellt.

6.3.3.2.2 **Aggregatform**

Die Struktur des Bodens bestimmt in zwei Richtungen das Ausmass von Bodenerosion. Einerseits regelt sie den Infiltrationsvorgang und damit indirekt das Ausmass oberflächlichen Abflusses. Andererseits beschränkt die mechanische Festigkeit des Gefüges die Möglichkeit des Wassers, Bodenteile wegzuführen. Die Stabilität der Bodenaggregate verhindert aber auch die "Versiegelung" der Bodenoberfläche durch Verschlämmung.

Bezüglich der Infiltration ist die Aggregatform von Interesse. Sie wird für das AG anhand der repräsentativen Leitprofile (Kapitel 5) beschrieben. Im Unterboden (B-Horizont) dominiert als charakteristisches Braunerdegefüge das Subpolyedergefüge. Hinsichtlich der Wasserdurchlässigkeit wird es von E.MÜCKENHAUSEN (1963) als günstig bezeichnet. Tonreiche Substrate haben Polyedergefüge unterschiedlicher Porosität. Im C-Horizont gehen die Aggregatgefüge in Einzelkorn- und Kohärentgefüge über. Ihre Leitfähigkeit schwankt mit der Körnung. Beachtlich für die Erosion sind die Gefügeverhältnisse des C-Horizonts allerdings nur bei sehr geringmächtigen Böden, etwa bei Rankern auf kompaktem, siltigem Substrat, wo denn auch Erosionsspuren festgestellt wurden (Koordinaten 627 260/217 150 auf Bodenkarte Flückigen).

Der Oberboden liegt in Krümel- oder Bröckelform vor, je nach Kalk- und Humusgehalt sowie Bearbeitungsgrad. Damit sind nach E.MÜCKENHAUSEN (1963) optimale (Krümel) bis suboptimale (Bröckel) Voraussetzungen für Bodenfruchtbarkeit und Wasserhaushalt gegeben.

6.3.3.2.3 **Aggregierungsgrad**

Neben der Form der Aggregate interessiert auch der Grad der Aggregierung. R.HORN u. K.H.HARTGE (1981) fanden, dass die Stabilität des Bodens eine Funktion des Aggregierungsgrads ist und G.SCHAFFER (1961) weist darauf hin, dass neben der Kenntnis der Stabilität der Einzelaggregate auch diejenige des Aggregatanteils nötig ist, um die Beständigkeit der Bodenkrume richtig einzuschätzen.

Abb.39 kann entnommen werden, dass der Aggregierungsgrad landwirtschaftlich genutzter Oberböden durchwegs sehr hoch ist. Der Anteil der trockenstabilen Aggregate >1 mm beträgt fast durchwegs mehr als 70%. Die Unterschiede zwischen den einzelnen Standorten sind gering, ebenso die Schwankungen in der Zeit. Deutlich weniger aggregiert ist der Waldboden (Aeh eines Moders). Der Anteil wasserbeständiger Aggregate läuft zeitlich mit der Aggregatstabilität parallel. Die zeitliche Dynamik wird deshalb in Kap.6.3.3.2.5 besprochen. Deutlich zeigt sich der hohe Prozentsatz wasserstabiler Teilchen beim Renzinaoberboden. Die Beobachtung seiner fast völligen Erosionsresistenz findet hier eine Erklärung. Der Waldboden weist demgegenüber wenige solche Aggregate auf.

6.3.3.2.4 **Aggregatgrössenverteilung**

Ein weiterer Kennwert, der Bodenfruchtbarkeit und Permeabilität beeinflusst, ist die Aggregatgrössenverteilung. In der Universellen Bodenverlustgleichung erscheint die mittlere Aggregatgrösse als eine der fünf Bodeneigenschaften, die zur Berechnung des Erodierbarkeitsfaktors K herangezogen werden (U.SCHWERTMANN,o.J.,S.12). Grössere Aggregate werden dabei günstiger bewertet.

Der gewogene mittlere Durchmesser (GMD) der trockenbeständigen Aggregate ist ebenfalls in Abb.39 verzeichnet. Die zeitliche und räumliche Variation ist eher schwach. Tendenziell verläuft dieser

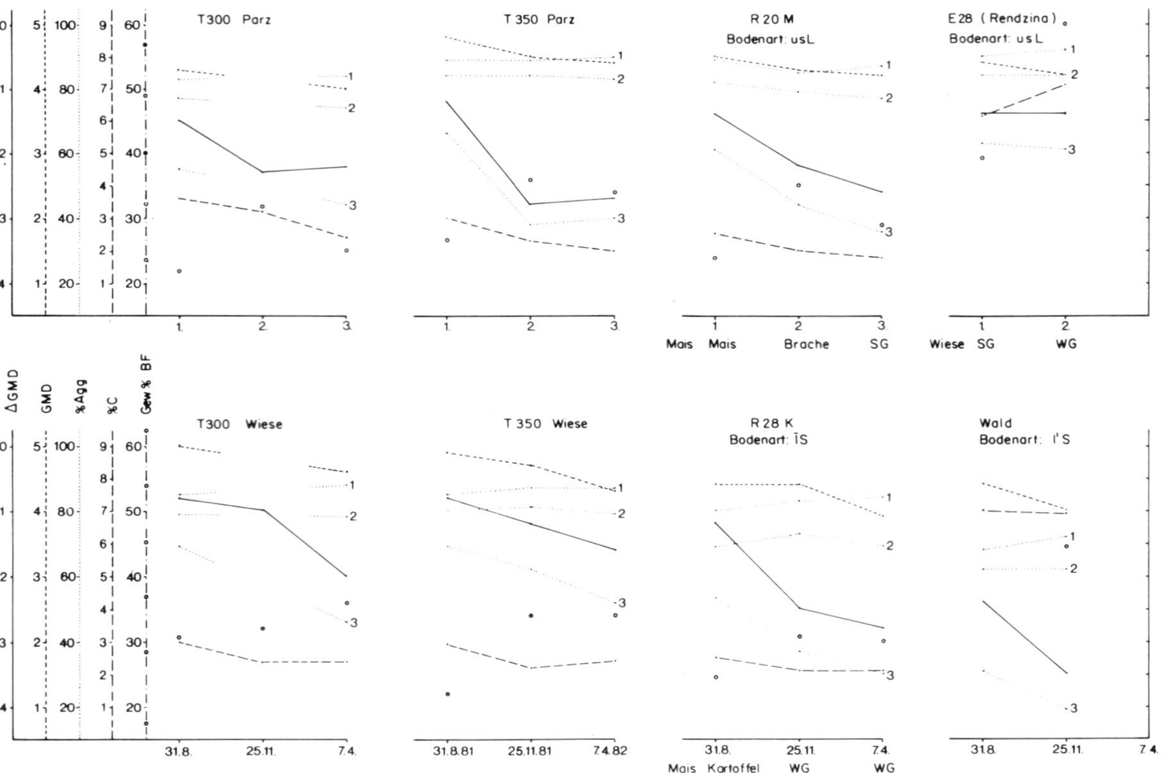

T300 Parz
T 350 Parz
R 20 M
Bodenart: usL
E28 (Rendzina)
Bodenart: usL
Mais Mais Brache SG
Wiese SG WG
ΔGMD
GMD
%Agg
%C
Gew % BF
T300 Wiese
T 350 Wiese
R 28 K
Bodenart: l̄S
Wald
Bodenart: l'S
31.8. 25.11. 7.4.
31.8.81 25.11.81 7.4.82
Mais Kartoffel WG WG

Kennwert mit der Stabilität synchron. Für die USLE werden 4 Aggregatklassen postuliert, wobei die 3. Klasse (in Bezug auf den Erosionsschutz die zweitbeste) die mittleren Aggregatgrössen von 2 bis 10 mm umfasst. Die Werte im AG liegen zwischen 3 und 5 mm, fallen also alle in diese günstige Klasse. Ein Vergleich mit Literaturwerten ist aufgrund der sehr heterogenen Methodik unter Umständen irreführend und unterbleibt deshalb (Das gleiche gilt für den Aggregierungsgrad). Es seien aber einige Arbeiten genannt, die Angaben über Aggregierungsgrad und Aggregatgrössenverteilung machen: A.KULLMANN 1965, 1966; G.SCHAFFER 1961; H.GUYER 1954; F.LEUTENEGGER 1950.

6.3.3.2.5 **Aggregatstabilität (AS)**

Die mechanische Festigkeit des Bodengefüges ist eine zweifache: Einerseits der Zusammenhalt der Aggregate untereinander bzw. die Kohärenz des Gefüges, andererseits die Festigkeit dieser Aggregate

◀

Abb. 39: Bodenstruktureigenschaften einiger Standorte zu verschiedenen Zeitpunkten (Datum = Tag der Probennahme)

Standorte: T300 Parz/T350Parz: Mischproben von Testparzellen
T300 Wiese/T350 Wiese: Proben in unmittelbarer Nähe der Testparzellen
R20M: Koordinaten 626 850/217 380 (Flückigen)
R28K: Koordinaten 626 460/216 650 (Flückigen)
Wald: Koordinaten 626 530/216 820 (Flückigen)
E28: Koordinaten 632 130/214 620 (Taanbach)

Erklärungen: GMD: gewogener mittlerer Durchmesser der Aggregate
Δ GMD: Aggregatstabilitätsindex
%Agg.: Aggregierungsgrad nach 3 Kriterien
1: Prozentanteil der trockenstabilen Aggregate > 0,5 mm
2: Prozentanteil der trockenstabilen Aggregate > 1,0 mm
3: Prozentanteil der wasserstabilen Aggregate > 1,0 mm
%C: Anteil an organischem C
Gew%BF: Bodenfeuchte (Gewichtsprozente) dargestellt als Punkte

Weitere Erläuterungen in den Kapiteln 6.3.2.2 und 6.3.3.2.

selber (G.SCHAFFER 1960, 1961). Diese beiden Festigkeiten laufen nicht notwendigerweise parallel. Feste Aggregate können, etwa bei Randzinen, durchaus einen schwachen Zusammenhalt aufweisen. Obwohl bei der linearen Erosion (vgl.Kapitel 7.3) die Strukturfestigkeit der gesamten Bodenkrume (Scherwiderstand) eine Rolle spielt, wird in der Erosionsforschung das Hauptaugenmerk auf die Stabilität der Einzelaggregate gelegt.

Die AS als prägende Einflussgrösse der Erosion ist in der Literatur unbestritten. Wie bereits erwähnt, geht sie bei L.JUNG u. R.BRECHTEL (1980) als stabilisierender Faktor in ihren Erodierbarkeitsindex E ein. R.BRYAN (1976) und S.H.LUK (1979) beurteilen die AS als besten Indikator der Erodibilität, wobei BRYAN aber anmerkt, dass ein einzelner Indikator zu ihrer Beschreibung nicht ausreicht.

Die Bedeutung der AS liegt einerseits in der Stabilisierung des Bodens gegenüber mechanischer Belastung (R.HORN 1983) und der Verhinderung von Bodensackung (H.BECHER u.W.VOGL 1983), andererseits in der Verminderung der Bodenverschlämmung durch Wasser (A.C.IMESON u. P.D.JUNGERIUS 1976).

Der Prozess der Bodenaggregation und -stabilisierung ist nicht abschliessend geklärt. Sicher ist, dass die AS mit dem Gehalt an organischem Material zunimmt (u.a. F.LEUTENEGGER 1950; G.SCHAFFER 1961; A.C.IMESON u. P.D.JUNGERIUS 1976). F.SCHEFFER u.B.ULRICH (1960) und A.KULLMANN (1966) spezifizieren, dass neben der sogenannten Lebendverbauung durch Feinwurzeln und Pilzhyphen v.a. mikrobielle Sekundärprodukte zu einer Verkittung der Bodenteilchen führen. Keine Korrelationen bestehen zwischen pH und AS (F.LEUTENEGGER 1950) sowie zwischen Tongehalt und AS (G.SCHAFFER 1961).

Die Dynamik der AS, die auch in Abb.39 ersichtlich ist, führt A.KULLMANN (1966) auf jahreszeitliche Schwankungen der vielfältigen Bindungskräfte zurück. G.SCHAFFER (1961) nimmt eine differenzierte Gefügeentwicklung unter verschiedener Bepflanzung an. R.B.BRYAN (1968) erwähnt, dass die AS im Winter tiefer ist als im Sommer. Auf den Einfluss der Bodenfeuchte wurde bereits in Kap.6.3.2.2 hingewiesen.

Die Probennahme für die AS-Bestimmung erfolgte im Spätsommer (Erntezeitraum), anfangs Winter und im Frühjahr (Saatbettbereitung). Der Gehalt an organischer Substanz nahm in diesem Zeitraum leicht ab (Abb.39). Die Bodenfeuchte war zum Zeitpunkt der Winter- und Frühjahrsmessung deutlich höher als im Sommer. Diese beiden Parameter erklären zu einem Teil die deutliche Abnahme der AS (vgl. auch W.SEILER 1983, S.253). Es ist jedoch anzunehmen, dass weitere Grössen diese Änderung mitverursachten. Eine Interpretation der AS-Werte muss allerdings cum grano salis genommen werden, da die Streuung der Einzelmessungen recht erheblich und der Messzeitraum kurz war. Überdies wurden nur wenige Standorte untersucht.

Immerhin kann der Befund von I.G.GRIEVE (1980) bestätigt werden, dass die Stabilität bei fehlender Grasnarbe innert 2 bis 3 Jahren deutlich reduziert wird. Dies ist laut GRIEVE v.a. unter Bedingungen der Fall, die einer schnellen Benetzung und mechanischen Beanspruchung durch intensive Beregnung entsprechen. Die Abnahme der AS auf den Testparzellen im 3. Sommer ihrer Offenhaltung (1982) kann nur aus Beobachtung geschlossen werden, da für diesen Zeitpunkt entsprechende Analysen fehlen.

Im weiteren ist die geringe Stabilität des Oberbodens unter Wald offensichtlich. Wenn der Schutz des Blätterdachs und des Auflagehorizonts wegfällt, wie dies in den kleinen, von Weide umgebenen Waldarealen, die vom Vieh begangen werden, der Fall sein kann, sind Waldböden sehr erosionsanfällig! Als sehr stabil erweist sich dagegen der Rendzinaboden (vgl. Profilbeschreibung Kap.5.5.2.7).

Die meisten AS-Werte liegen zwischen 1 und 3 ($\triangle$GMD). Die Stabilität ist damit gross bis mittel (K.H.HARTGE 1971, S.100). W.SEILER (1983, s.253) erhielt im Tafeljura (Schweiz) auf tonigen und lehmigen Substraten Werte von 1 bis 4, je nach Bodenfeuchte. Schwach humose Lösslehm-Oberböden im Möhliner Feld (Schweiz) lagen zwischen 3 und 4, waren also extrem labil.

6.3.3.3 Durchlässigkeit (Permeabilität)

6.3.3.3.1 Begriffe und Methoden

Vor der sachlichen Erörterung ist eine kurze Begriffsdiskussion notwendig. Die folgenden Definitionen stützen sich auf G.SCHAFFER u. H.J.COLLINS (1966) und F.SCHEFFER u. P.SCHACHTSCHABEL (1976, S.170 ff). Die Wasserbewegung ist grundsätzlich eine Funktion von Potentialgefälle und Wasserleitfähigkeit (Darcy-Gleichung). Die Wasserleitfähigkeit wird durch den Koeffizienten k beschrieben. Soll die Leitfähigkeit für andere Fliessmedien als Wasser bestimmt werden, muss u.a. deren Viskosität berücksichtigt werden: k wird zu k_o (Permeabilitätskoeffizient). Die Wasserleitfähigkeit ist abhängig vom Wassergehalt. Bei gesättigtem Boden wird aus k der Durchlässigkeitsbeiwert kf (= hydraulische Leitfähigkeit). Oft wird auch einfach von Durchlässigkeit gesprochen. Die Dimension von Kf ist üblicherweise $cm \cdot sec^{-1}$.

Davon klar unterschieden werden muss der Begriff "Infiltration". Die Infiltrationsrate (Infiltrationskapazität, Versickerungsintensität) ist die Wassermenge, die je Flächen- und Zeiteinheit versickert (Dimension: $cm^3 \times cm^{-2} \times sec^{-1}$). Wie G.SCHAFFER u.J.COLLINS (1966,S.194) ausführen, sind die Werte von Infiltrationsrate und kf, weil mit unterschiedlichen Methoden erhalten, verschieden. E.KOPP (1965) erhielt bei Sand- und Lössböden Infiltrationsraten, welche Wassergeschwindigkeiten entsprechen, die den kf-Wert um Grössenordnungen überstiegen.

Die Bodendurchlässigkeit für Wasser ist eine der 5 Eigenschaften, die in der USLE den K-Faktor bestimmen. Dabei werden 6 Durchlässigkeitsklassen unterschieden. Diesen Klassen liegen Sickergeschwindigkeitsintervalle zugrunde (Da sich die Sickerung auf Wasser bezieht, ist die Bezeichnung "Permeabilität", wie sie sowohl W.WISCHMEIER u.D.SMITH (1978) als auch U.SCHWERTANN (o.J.) verwenden, zumindest ungenau. Gemeint ist offensichtlich die hydraulische Leitfähigkeit (kf).)

Ihre Bestimmung im Feld oder Labor ist mühsam, weswegen Näherungsformeln entwickelt wurden, die von Texturmerkmalen und Lagerungsdichte auf die Leitfähigkeit schliessen (F.SCHEFFER u.

P.SCHACHTSCHABEL 1976,S.172). Die in der Arbeit erwähnten Durchlässigkeitskennziffern nach M.THOMAS (1975) basieren auf dieser Methode, ebenfalls die Schätztafeln in U.SCHWERTMANN (o.J.,S.13 ff).

6.3.3.3.2 **Abschätzung von Durchlässigkeit und Infiltrationsvermögen**

Mit der bei W.SEILER (1983, S.85) gegebenen Tabelle lässt sich den Durchlässigkeitskennziffern nach THOMAS ein kf-Wertebereich zuordnen. Damit ist es möglich, die in den Tafeln der Bodenleitprofile (Abb.26-33) genannten Kennziffern den Permeabilitätsklassen zuzuweisen, wie sie U.SCHWERTMANN (o.J.) zur Ermittlung des K-Werts gebraucht:

Durchlässigkeitskennziffer	Permeabilitätsklasse
I	6
II	5
III	4
IV	3
V	2
VI	2

Bei der K-Wert-Ermittlung wird die Permeabilität horzontweise geschätzt. Sodann wird nach bestimmten Kriterien (U.SCHWERTMANN, o.J., S.15) das ganze Bodenprofil beurteilt. Für unsere Leitprofile resultiert folgendes:

Nr.	Leitprofil (vgl.Bodenkarten)	Permeabilität
1	Schluff-Braunerde-Ranker	5
3	Sand-Braunerde	5
4	Salm-Brunerde	4
6	Salm-Braunerde-Staugley	4
7	Lehm-Staugley	3

Die Bestimmung der Durchlässigkeit ausschliesslich aufgrund textureller Kriterien ist umstritten. E.KOPP (1965) stellt fest, dass die reale Versickerungsintensität (mit Doppelringinfiltrometer gemessen) viel grösser ist als die mittels kf berechnete. P.GERMANN u.P.GREMINGER (1981) beobachteten nach grösseren Niederschlägen eine rasche Abnahme der Saugspannung bis in Tiefen von über einem Meter. Sowohl E.KOPP wie auch P.GERMANN (1980, 1982) messen aufgrund dieser Sachlage den Makroporen (Hohlräume > 3 mm) eine überragende Rolle für die schnelle Dränung gewisser Böden bei. E.KOPP (1965) unterscheidet biologisch bedingte Makroporen (Megaporen), gefügebedingte (Platyporen) und texturbedingte (Mesoporen). Nach dem Konzept von P.GERMANN (1980) gibt es eine rasch sickernde Wasserfront in den Makroporen und eine langsam sickernde Front in den Mikroporen, wobei Wasser lateral von den Makroporen in die Mikroporen der unmittelbaren Umgebung sickert.

Welche Faktoren beeinflussen nun das Infiltrationsvermögen? Idealisiert ändert sich die Infiltrationsrate in der Zeit nach einer inversen Exponentialfunktion (U.SIEGERT 1978,S.36) und stellt sich nach einer gewissen Zeit auf einen konstanten Wert. Dieser Vorgang ist abhängig von Bodentextur, -struktur und Ausgangsfeuchte.

Herabgesetzt wird die Infiltrationsrate durch Oberflächenverspülung. R.SCHÄFER (1981,S.11) betont die Rolle einer geringen Aggregatstabilität bei ungeschützten, gut durchlässigen Böden. Tritt diese Verspülung in der Anfangsphase eines Regens auf, verkürzt sich auch die Zeit bis zum Erreichen des konstanten Infiltrationswertes. Hemmend können auch Bodenverdichtungen (Pflugsohlen) oder besonders grobporige Schichten sein (F.SCHEFFER u.P.SCHACHTSCHABEL 1976,S.177).

Umgekehrt verbessert Vegetation das Infiltrationsvermögen trotz z.T. höherer Bodenverdichtung. O.PREUSS (1977) stellte auf Grasland keinen oberflächlichen Abfluss fest und K.SIEGERT (1978) fand bei Beregnungsversuchen, dass die Infiltrationskapazität eine Funktion der Durchwurzelung ist und über eine längere Zeitspanne hoch bleibt. Überdies vermindert die Bodenbedeckung Verschlämmungen.

Die Ausgangsfeuchte des Bodens beeinflusst sein Infiltrationsvermögen ebenfalls, wobei trockene Böden oft, v.a. bei Sand, eine geringe Wasserleitfähigkeit besitzen. Die Feuchte vermindert die Speicherkapazität des Bodens.

Die Intensität der Niederschläge kann die Infiltrationsrate erhöhen, indem vermehrt Makroporen die Sickerfunktion übernehmen (P.GERMANN 1980; H.T.JOHNSTON u.a.1980).

Die Analyse der nicht publizierten Bodenfeuchtediagramme zeigt, dass die Sickerfront teilweise sehr rasch vordringt. Dies deutet auf eine gute Makroporendränung. Bindige Substrate (Lehme und Salme) haben hohe Anteile an Megaporen und Platyporen, während Sandsubstrate Megaporen und Mesoporen besitzen. Die Bewirtschaftungsweise mit langjähriger Wiesennutzung hat zur Folge, dass Pflughorizonte fehlen. Der grösste Teil der Böden weist auch keine sprunghaften Texturwechsel auf, die die Infiltration hemmen könnten. (Ausnahme: Profil Nr.7: Lehm-Staugley).

Oft sind die Oberböden etwas bindiger als die Unterböden. Die bindige und humose Krume hat, wie bereits erwähnt, stabile Bodenaggregate. Zusammen mit der guten Durchlässigkeit des Unterbodens ergibt sich eine hohe Infiltrationskapazität. Die Fruchtfolge, wie sie in Kapitel 4.2.2. beschrieben wird, hält die vegetationslose Nutzfläche gering und die Wurzeldichte hoch. Auch dies ein für die Infiltration günstiger Sachverhalt.

Zusammenfassend kann gelten, dass die Infiltrationskapazität durch eine ganze Reihe von Faktoren im AG günstig beeinflusst wird, insbesondere durch Körnung und Steingehalt, gut entwickeltes Porensystem, Aggregatstabilität und häufige Pflanzenbedeckung. Nur so wird verständlich, dass der oberflächliche Abfluss trotz hoher Niederschlagsintensitäten gering bleibt (Abb.43, Tab.25-27).

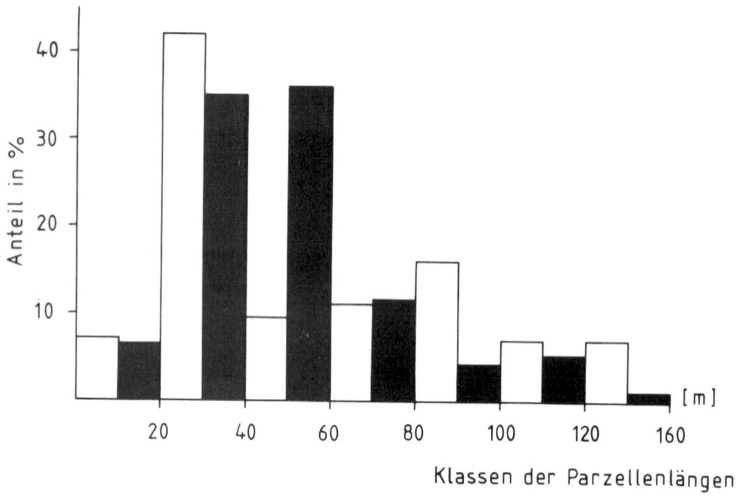

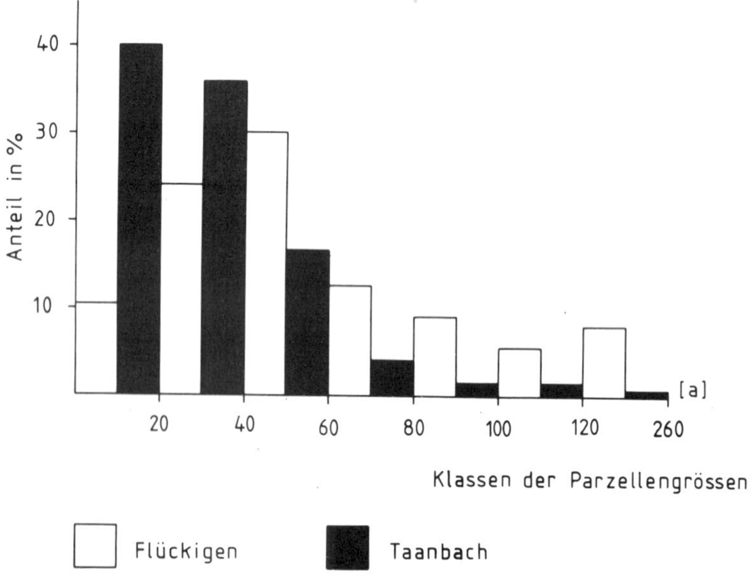

Abb. 40: Klassenanteile von Parzellenlängen bzw. Parzellengrössen.

6.3.4 Relief[1]

6.3.4.1 Hangneigung und Hanglänge

"Das Relief beeinflusst vor allem über Neigung, Länge und Form der Hänge in starkem Mass die Erosionsanfälligkeit des Bodens. Die grösste Bedeutung wird dabei im allgemeinen der Hangneigung beigemessen" (R.-G.SCHMIDT 1979, S.46).

Ackerflächen werden in beiden AG in fast allen Lagen angelegt. Ausgenommen sind Steilborde, die als Dauerweide genutzt werden. Tab.24 gibt die Anteile der Hangneigungsklassen an der gesamten Ackerfläche. Die steilsten Äcker messen gegen 30° (vgl.Abb.41). Der Grossteil des Ackerlands liegt in einem Hangneigungsbereich, wo andernorts Ackerbau als unmöglich betrachtet wird.

Neigungsklassen	< 2°	> 2 - 7°	> 7 - 11°	> 11 - 15°	> 15 - 35°
Taanbach	3	12	36	19	30
Flückigen	8	10	9	32	41

Tab. 24: Prozentanteile der geackterten Flächen mit bestimmter Hangneigung am Total der Ackerfläche im Sommer 1980 (vgl. dazu Abb. 4 und 5).

----

[1]Eine kurze Beschreibung des Gebietsreliefs wurde bereits in Kapitel 2.3 gegeben, desgleichen in den Abb.4 und 5 die Neigungsverhältnisse und in Abb.6 die Längs- und Querprofile

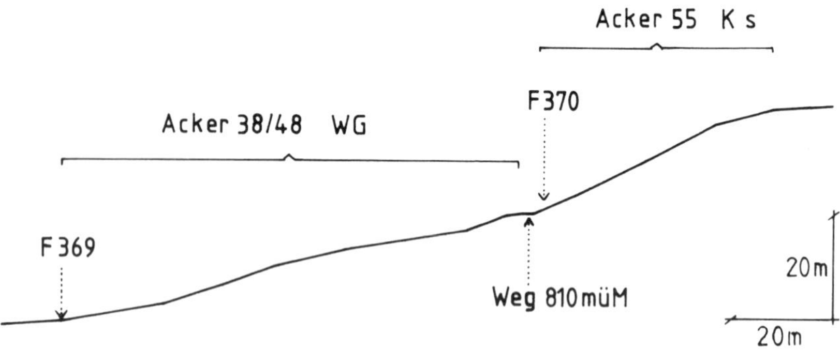

Abb. 41: Typisches Hanglängsprofil im Arbeitsgebiet Flückigen (ohne Überhöhung). F369 und F370 sind Standorte von Materialfangkästen (vgl. Abb. 14 und Abb. 20).

WG: Wintergetreide; Ks: Kartoffelacker mit senkrechten Furchen.

Während also die Neigung der Schläge z.T. beträchtlich ist, ist ihre Länge und Grösse eher gering, wie Abb.40 zeigt. Im Gebiet Taanbach sind die Parzellen in 92% der Fälle unter 60 Ar gross, im Gebiet Flückigen sind es immerhin noch 64%. Die Schlaglängen (in Neigungsrichtung gemessen) sind erstaunlicherweise in Taanbach grösser. Dies erklärt sich aus der unregelmässigen Parzellierung und der Vielzahl der Nutzer. In Flückigen sind demgegenüber die Bewirtschaftsflächen arrondiert, was ihre Einteilung in einfacher zu bewirtschaftende, quer zum Hang liegende Schläge erleichtert. Allerdings sind auch hier bei 7% der Äcker Parzellenlängen von mehr als 120 m anzutreffen. Meist sind dies aber Schläge in Plateaulage, wo die Neigung gering ist.

6.3.4.2 Der Topographiefaktor LS

Hangneigung und -länge werden in der Universellen Bodenverlustgleichung mit dem Topographiefaktor LS erfasst (U. SCHWERTMANN, o.J.,S.20 ff). Dieser Faktor berücksichtigt, dass der Bodenabtrag pro Flächeneinheit mit der Neigung steigt (die kinetische Energie und damit die Schleppkraft des Wassers nimmt zu; der Anteil des Oberflächenabflusses steigt auf Kosten der Versickerung[1]). Die Hanglänge bewirkt durch Zunahme der Wassermenge ebenfalls eine Erhöhung der Transportkraft des Wassers. Durch Kombination homogener Hangstücke (gleicher Neigung) lässt sich der LS-Faktor auch für unregelmässige (konvexe und konkave) Hänge ermitteln.

Nicht berücksichtigt sind beim LS-Faktor die Hangform und die Lage des Ackerschlags im Hang. Im stark reliefierten Napfhügelland sind dies jedoch zwei entscheidende Parameter. Eine gute Übersicht über diese Problematik gibt G.RICHTER (1965). Er unterscheidet zwischen Hang-Längsprofil und Hang-Querprofil. Ersteres kann als konvex-konkaver Normalhang, gestreckter Hang, konkaver oder konvexer Hang vorkommen, letzteres als Vollhang, glatter Hang oder Hohlhang.

In den AG sind diese Formen bunt miteinander kombiniert. Einen Eindruck gibt das Hanglängsprofil auf Abb.41. Die zahlreichen Hänge weisen nur kurze Strecken gleichsinnigen Gefälles auf. Insbesondere die unterschiedlichen Gesteinshärten wirken modulierend. Als Längsprofilformen treten v.a. gestreckte (Schichtstufenrelief) und konvex-konkave Hänge auf. Als Querprofil kommen glatte Hänge vorwiegend im nördlichen Teil des Gebiets Flückigen vor. Weit verbreitet ist ein steter Wechsel zwischen Voll- und Hohlhang, wobei oft ausgeprägte Dellen und Trockentäler entwickelt sind.

Aus den Hangcharakteristiken ergeben sich mannigfache Konsequenzen für Art und Grösse der Erosionsformen. Dieses Thema wird in Kapitel 7, wo die Erosionsprozesse beschrieben werden, näher behandelt. Zusammenhängen zwischen Relief und Bodenmächtigkeit wiederum wird in Kapitel 5 nachgegangen.

---

[1]Nach K.SIEGERT (1977,S.21) ist der Einfluss des Gefälles auf den Oberflächenabfluss nur bis circa 3% wesentlich, darüber stellt sich eine praktisch konstante Versickerungskapazität ein. Ähnliches fanden auch J.DE PLOEY u.J.SAVAT (1976).

6.3.4.3 Erosionsneigung charakteristischer Reliefformen

Plateaus (<7°): Es sind wenig geneigte Vollformen, die ideale Voraussetzungen für grosse Ackerschläge bieten (etwa Äcker 28, 29, 51 und 57 auf der Nutzungskarte Rohrbachgraben 1982: Abb.20). Oft werden sie in Hangneigungsrichtung bearbeitet (28, 29, 57). Da häufig weniger bindige Substrate (S,U) anzutreffen sind, sind diese Lagen anfällig für Flächenspülung.

Glatte und volle Steilhänge: Bei intensiven Niederschlägen mit Oberflächenabflussbildung in situ oder durch Fremdwasser kann flächenhafte Rillenspülung ("Flächenspülung durch dichte Scharung von Kleinstrillen" nach R.-G.SCHMIDT (1979)) auftreten. Aufgrund der allgemein grossen Infiltrationskapazität dieser Hänge ist die Auftretenswahrscheinlichkeit aber gering.

Hohlhänge: Je nach Grösse des Einzugsgebiets und nach Steilheit des Hangs können bei intensiven Starkregen, aber auch bei Schneeschmelzen oder ergiebigen Dauerregen lineare Formen (Rillen und Rinnen) oder flächenhaft-lineare Formen (Runsenspülung) auftreten.

Terrassenflächen, Hänge <11°: Sie sind oft Akkumulationsgebiete; bei Fremdwassereinbrüchen zeigen sich Erosionsformen wie bei den Hohlhängen. Bei stark schluffigen Substraten besteht Neigung zu Verspülung.

6.3.5. Bodennutzung und Bodenbearbeitung

6.3.5.1 Allgemeines

Bodennutzung und Bodenbearbeitung sind entscheidende Steuergrössen im Prozessgeschehen der Erosion. Sie sind gleichzeitig diejenigen Faktoren, die weitgehend vom Landwirt bestimmt werden.

Die Bodennutzung entscheidet, wann und zu welchem Grad eine Pflanzenbedeckung vorhanden ist. L.JUNG u. R.BRECHTEL (1980, S.102 ff) nennen als erosionsmindernde Wirkungen der Vegetation:

- das Blätterdach mindert die Aufprallenergie des Regens, was Verschlämmung verhindert und die Infiltration hochhält.

- Abfliessendes Oberflächenwasser wird gebremst und seine Schleppkraft damit niedriggehalten.
- Pflanzenwurzeln wirken gefügestabilisierend, absterbende Vegetation erhöht im Boden den Gehalt an organischer Substanz.

Die Bodennutzung hat damit - durch den Bedeckungsgrad - unmittelbare Wirkungen, aber auch mittelbare und langfristige. Die Nutzungsfolge entscheidet mit über die Bodenstruktur, einerseits durch die Art der Kulturen, andererseits durch den Zeitpunkt und die Art der Bestellung (A.VEZ,1980).

Die Bodenbearbeitung beeinflusst direkt den Strukturzustand der Krume (G.SCHAFFER,1961), langfristig auch denjenigen des Unterbodens. Sie lockert oder verdichtet, verändert das Porenvolumen, den Eindringungswiderstand und die Aggregatgrösse (A. VEZ, 1980). Bearbeitung verursacht auch eine Änderung der Oberflächenrauhigkeit. All diese Grössen wirken auf die Erodierbarkeit.

Wie durch geschickte Bodennutzung und -bearbeitung die Erosionsgefahr kleingehalten werden kann, wird bei vielen Autoren beschrieben, etwa bei J.KARL u. M.PORZELT (1983), TH.DIEZ u. U.HEGE (1981), TH.DIEZ (1984), M.ESTLER (1984), H.KURON (1953).

Genannt werden vorab:

- Das Verkürzen der Zeit unzureichender Bodenbedeckung, etwa durch Zwischenfruchtbau und Anlegen von Untersaaten
- Die Bodenverbesserung u.a. durch Gründüngung
- Die Minimalbodenbearbeitung, d.h. Verzicht auf das Pflügen und Belassen der Ernterückstände auf der Bodenoberfläche
- Die Bodenlockerung und Aufrauhung
- Die höhenlinienparallele Bearbeitung (Konturbearbeitung)

Daneben gibt es speziell erosionsverhindernde Massnahmen:

- Zweckmässige Feldereinteilung (vgl. dazu M.KRAMER,1981)
- Streifennutzung
- Terrassierung

Einflüsse von Nutzung und Bodenbearbeitung werden in der Universellen Bodenabtragsgleichung mit dem Bedeckungs- und Bearbeitungsfaktor C erfasst. Dessen Berechnung ist detailliert in U.SCHWERTMANN (o.J.,S.25 ff) beschrieben. Hier sei er deshalb nur kurz erläutert.

Oberflächenbedeckung durch die Vegetation und Oberbodenzustand als Folge der Bodenbearbeitung bestimmen die Erosionsanfälligkeit zu jedem bestimmten Zeitpunkt. Diese Anfälligkeit wird durch den "Relativen Bodenabtrag" (RBA) beschrieben (als prozentualer Abtrag im Vergleich zu Schwarzbrache). Zugleich ist es nötig, die Erosivität in diesem Zeitpunkt zu berücksichtigen. Der RBA-Wert wird deshalb mit dem Anteil der fraglichen Periode am Jahres-R-Wert (= Erosionsindex) zum C-Faktor verknüpft (Abb.42 gibt als Säulen die halbmonatlichen Anteile am Jahres-R-Wert der beiden Jahre 1981 und 82 bei T350 und als Zahlen die halbmonatlichen Erosionsindizes für Oberstdorf i.A.). Der RBA-Wert ist eine empirische Grösse, die für eine bestimmte Kultur während eines bestimmten Stadiums gilt. Für einige Fruchtfolgen und Bearbeitungstechniken sind RBA-Werte bei U.SCHWERTMANN (o.J.,S.29) tabellarisch aufgezeichnet.

Für spezielle Schutzmassnahmen (Konturnutzung, Streifennutzung, Terrassierung) ist in der USLE der Erosionsschutzfaktor P vorgesehen. Unter emmenthalischen Verhältnissen dürfte dieser Faktor nur untergeordnete Bedeutung haben, da einzig die Konturbearbeitung üblich ist. Die übrigen Massnahmen sind bei der Kleinheit der Ackerparzellen nicht nötig.

6.3.5.2 **Bearbeitungszustand und Bearbeitungsrichtung**

R.-G.SCHMIDT (1979, S.55) referiert die Ansichten verschiedener Autoren über den Einfluss von Bearbeitungszustand und -richtung auf Oberflächenabfluss und Bodenabtrag. Die folgenden Einschätzungen basieren auf eigenen Beobachtungen.

Schollenbrache:
Sie ist als wenig erosionsanfällig bekannt (G.RICHTER 1965, S.140). Im AG wurde kein Fall beobachtet, wo Schäden durch ackerbürtiges Tagwasser zustande gekommen wären. Dies gilt auch für längs (vertikal) geackerte Parzellen, deren Neigung oft besonders gross ist (bis 30°; pflügen mit Seilzug). Wenn allerdings Fremdwasser, etwa von Flurwegen stammend, in den Acker eindringt, kommt es zu Schäden (z.B. Acker 30 (Taanbach) während Schneeschmelze im Frühling 1982).

Getreidebrache:
Ohne Untersaat stellt sich auf Stoppelfeldern Unkrautbewuchs ein. Der grösste Teil der Fläche ist jedoch unbewachsen. Fahrzeugspuren können Wasserabflussbahnen bilden. Trotzdem wurde auf diesen Brachen Erosion nur in geringem Mass beobachtet. Die Oberfläche ist ziemlich glatt, der Wurzelfilz ist noch vorhanden. Oberflächenabfluss bringt keine Tiefenerosion zustande. Dies wird von S.MÜLLER u. K.MOLLENHAUER (1982) bestätigt: bei nicht bearbeiteten Stoppelfeldern war zwar der Ao grösser als bei gegrubberten (also aufgezerrten), der Bodenabtrag war jedoch geringer. Der Abscherwiderstand der kompakten Bodenoberfläche eines Brachfelds ist offensichtlich für eine Erosion zu gross.

Maisbrache:
Maisbrachen mit ihren vielen Fahrspuren sind zur Zeit der Winterregen oder Schneeschmelzen ohne Bodenbedeckung. Bei guten Struktureigenschaften gilt aber auch hier, was bereits bei der Getreidebrache erwähnt wurde: Es kommt schnell zu Ao, doch die verlagerten Materialmengen sind klein.

Kartoffelbrache:
Die Kartoffelernte ist verbunden mit einem "Umrühren" fast des ganzen Oberbodens, sei es durch den "Kartoffelgraber" oder die Vollerntemaschine. Das Ergebnis ist eine lockere, stellenweise durch Fahrspuren verdichtete Krume, die in ihrem Strukturzustand Ähnlichkeiten mit einem Saatbett hat. Um so erstaunlicher ist es, dass das Ereignis vom 6.10.81 in Flückigen nur auf zwei Äckern zu Erosion führte (35/36 und 24).

Saatbett (Getreide, Zwischenfrucht, Kunstfutter, Mais):
U.SCHWERTMANN (o.J., S.34) beurteilt die Zeit von der Saatbettbereitung bis zum Zeitpunkt, wo die Vegetation ihre Schutzwirkung entfaltet, als besonders erosionsgefährdet. Dem kann zugestimmt werden. Sowohl beim Ereignis vom 15.4.81 in Taanbach wie bei jenem vom 17.8.82 in Flückigen (vgl. Tab.33 und 34) wurden frisch eingesäte Schläge am härtesten betroffen. Äcker, deren Bearbeitung bereits etwa eine Woche zurücklag, wurden relativ wenig geschädigt (z.B. Acker 26 in Flückigen) Nach wenigen Tagen schon, lange vor dem Spriessen der Vegetation, stabilisiert sich also die Krume teilweise.

Die Richtung der Drillreihen ist, besonders bei Getreide, von einiger Bedeutung. Bei Maschineneinsaat (die mit Pferden auch an steilen Hängen möglich ist) wird hangparallel gearbeitet. An den seitlichen Ackerenden fährt man aber als Abschluss hangauf oder -ab. Diese längs verlaufenden Drillreihen sind oft Initialformen für Kleinstrillen (z.B. Acker 23 Taanbach).

6.3.5.3 **Bestellungstechniken**

In neuer Zeit ist es möglich, dank einer Vielzahl von Spezialmaschinen (beschrieben z.B. in den DLG-Mitteilungen Bodenbearbeitung, 1981), die Bodenbearbeitung stark zu variieren. Zu erwähnen sind als Stichwörter Direktsaat, pflugloser Anbau, Minimalbodenbearbeitung. Die Minimalbodenbearbeitung vermindert die Erosionsbefährdung und wirkt strukturerhaltend (M.PROBST 1976; A.VEZ 1980). Im AG ist der pfluglose Anbau respektive die Minimalbodenbearbeitung nicht üblich. Im Gebiet Flückigen wurden lediglich einige Getreidebrachefelder vor der Kunstgras- bzw. Zwischenfruchteinsaat gefräst (statt gepflügt). Bezüglich Erosionsanfälligkeit dieser Technik konnten keine Schlüsse gezogen werden.

Die traditionelle Saatbettbereitung passiert mit Pflug, Egge und Walze. Mit Traktoren ist es möglich, bei hangparallelem Pflügen die Schollen hangaufwärts zu wenden. Beim Pflügen mit Pferden - was eine Seltenheit ist - wird allerdings mangels Kraft die Scholle hangabwärts gewendet. Das obere Angewende wird dann mit dem Material der letzten talwärts liegenden Pflugscholle wieder ausgefüllt, so dass oben kein Bodenverlust entsteht. Die Bestellung mit Pferden hat auch den Vorteil, dass der Boden nur wenig verdichtet wird. Ob die neuen Maschinen (Traktoren, Mähdrescher) im Verlauf der nächsten Jahrzehnte zu einer wesentlichen Bodenverdichtung führen, kann noch nicht gesagt werden. Immerhin wirkt die Kleegraswirtschaft ja strukturerhaltend (Fruchtfolge, Hofdüngung).

Im Gebiet Taanbach wurde beim Regen vom 15.4.81 beobachtet, dass überwiegend frisch eingesäte Schläge geschädigt wurden, die kurz vorher mit einer Kreiselegge bearbeitet wurden. Da Vergleichsmessungen keine Aggregatstabilitätsschwächung zeigten, liegt der Schluss nahe, dass durch die intensive Beanspruchung die Krume zwar optimal gelockert, der Zusammenhalt der Aggregate aber völlig zerstört wurde. Damit bot der Boden dem abfliessenden Tagwasser wenig Widerstand. Die Folge war eine Vielzahl von Kleinstrillen.

6.3.5.4 **Bedeckungsgrad**

Der Bedeckungsgrad der verbreitetsten Feldfrüchte im AG ist in Abb.42 dargestellt. Sie basiert auf Erfahrungswerten der drei Beobachtungsjahre 1980/81/82. Die Schwankungsbreite ist im Zeitraum nach der Saatausbringung am grössten. Zur Beurteilung der Erosionsanfälligkeit muss zusätzlich noch der Zustand der Felder zwischen den Hauptfrüchten beurteilt werden. Dies geschieht in Kap.6.3.5.2 und Kap 6.3.5.5.

Wintergetreide (hauptsächlich Winterweizen und Dinkel) deckt in normalen Jahren über die Hälfte der umgebrochenen Ackerfläche (in Tab.7 finden sich die Anteile jeder Kultur an der Ackerfläche und an der LN). Charakteristisch ist die lange Kulturdauer. Die Saatzeit zieht sich über mehr als einen Monat, etwa Mitte September bis Mitte Oktober. In dieser Zeit ist der Erosionsindex (Abb.42) zwar nicht mehr sehr gross,doch ist ein hocherosiver Regen durchaus möglich (6.10.81 in Flückigen: r = 10,3). Die Bodenbedeckung während der Vegetationsruhe ist sehr unterschiedlich. Selbst wenn die Bedeckung schütter ist, besteht durch das Wurzelwerk ein Stabilisierungseffekt. Konzentriertem Abfluss mit hoher Schleppkraft vermag Winterfrucht jedoch nicht zu widerstehen.Beim Einsetzen erhöhter Erosionsgefahr im Mai/ Juni ist der Bedeckungsgrad bereits genügend, um völligen Schutz zu bieten. Auch die Bodenstruktur ist durch Wurzelwerk genügend gefestigt, so dass Zuschusswasser selten Bodenerosion auslöst.

Nach der Ernte (überwiegend mit Mähdreschern, vgl.Kap.4.3) bleibt ein Stoppelfeld, dessen Bedeckung sehr unterschiedlich ist. Die Halme werden auf etwa 10 cm Höhe abgeschnitten, das Stroh vom Acker entfernt und als Einstreu genutzt (kein Mulchen!). Ist mit dem Getreide zugleich eine Untersaat (Kleegras) aufgewachsen, nähert sich der Zustand des abgeernteten Ackers demjenigen einer Kunstwiese. Die Grasbedeckung ist allerdings nicht so dicht und der Boden etwas lockerer. Die Schläge sind erosionsresistent.

Sommergetreide (Hafer und Sommergerste) wurde in den Beobachtungsjahren relativ spät (im April) eingesät. Damit waren bis anfangs Mai Saatbettbedingungen gegeben. Die Erosionsanfälligkeit dieses Stadiums wurde bereits erläutert. Die Wahrscheinlichkeit hocherosiver Regen ist in den Monaten April und Mai nicht sehr gross, aber vorhanden (15.4.81 im Gebiet Taanbach mit schwerer Schädigung der Sommergetreideschläge: r = 53,4; vgl.Tab.33). Nach dem Schossen gleichen sich die Verhältnisse von Sommer- und Winterfrucht.

Der Anteil der Kartoffel an den Ackerkulturen schwankt im Gebiet Flückigen zwischen ca. 18 und 24%, im Gebiet Taanbach zwischen 26 und 30% (Tab.6). Die Kartoffel hat eine kurze Vegetationszeit. Die Spanne zwischen Saat und Spriessen der Staude ist relativ lang. Die Pflanzendecke schliesst sich später als bei Sommergetreide, daher die gegenüber Getreide vermehrte Gefährdung durch Starkregen im Frühling (Schädigung 15.4.81 und 18.5.82 in Taanbach). Bei einem Drittel bis der Hälfte der Anbaufläche wird die Kartoffel als erste Kultur in der Rotation angebaut und profitiert deshalb stark vom Carry-over-Effekt. Die Kartoffel braucht lockeren Boden, weswegen etwa die Hälfte der Flächen erst im Frühjahr geackert werden. Durch die Frühjahrsfurche gehen auch weniger Nährstoffe verloren (Kartoffeläcker werden vor dem Umbruch mit Mist gedüngt).

Abb. 42: Bedeckungsgrad der wichtigsten Feldfrüchte im Jahresverlauf.

WG: Wintergetreide; SG: Sommergetreide; K: Kartoffel; RR: Runkelrüben;
Raster: diagonal eng = normaler Bedeckungsgrad
diagonal weit = maximaler Bedeckungsgrad
Ziegel = Erntezeitraum
Wellen = Zeitraum der Feldbestellung

Zur Illustration der Erosionsgefährdung sind zusätzlich die halbmonatlichen Erosionsindizes angegeben. Diese sind ein Mass für die Erosivität der Niederschläge zu einer bestimmten Jahreszeit. Die aufgrund langjähriger Messreihen ermittelten Zahlenwerte von Oberstdorf zeigen, dass im Juni die erosivsten Regen zu erwarten sind (vgl. dazu Kap. 6.3.5.1, 8. Abschnitt).
Zum Thema "Bedeckungsgrad": Kap. 6.3.5.4.

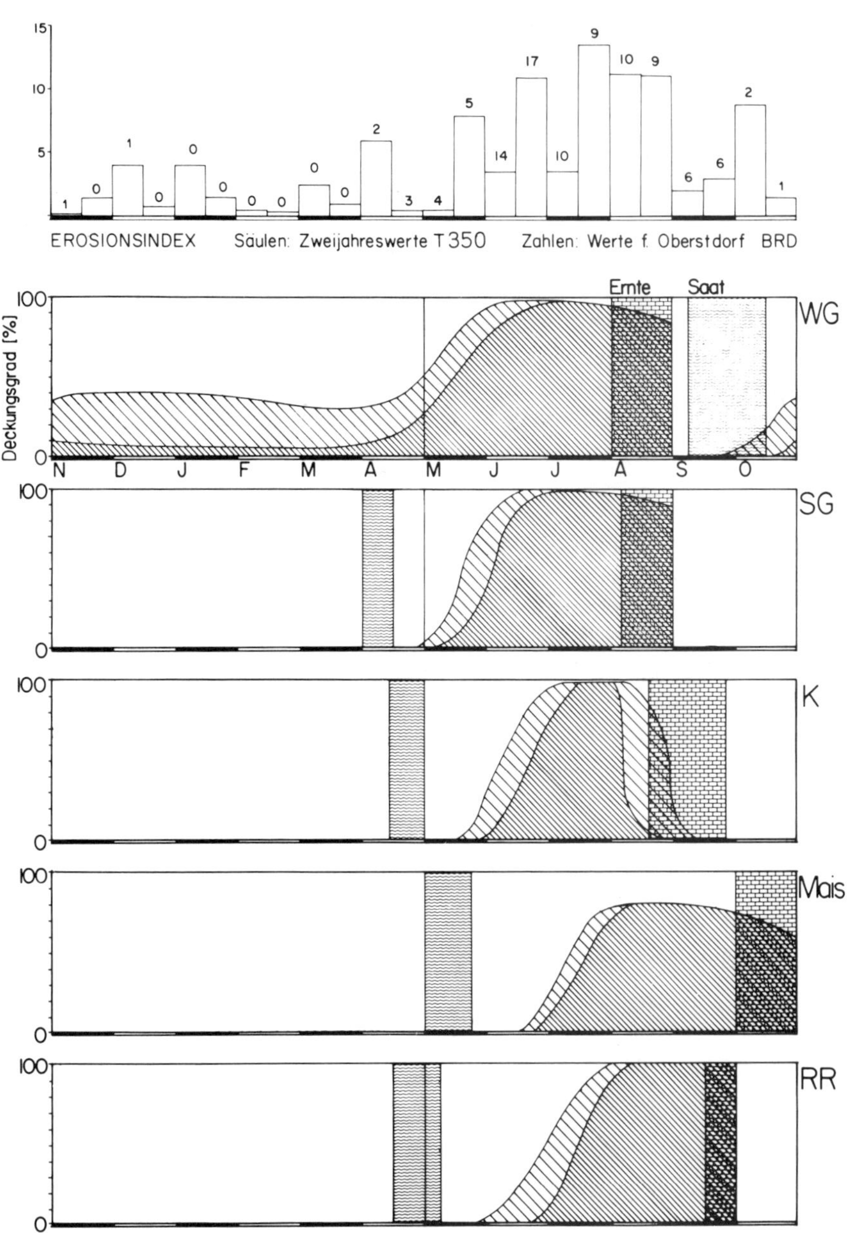
BEDECKUNGSGRADE
15
10
5
1 0 1 0 0 0 0 0 0 0 2 3 4 5 14 17 10 9 10 9 6 6 2 1
EROSIONSINDEX
Säulen: Zweijahreswerte T350
Zahlen: Werte f. Oberstdorf BRD
Ernte
Saat
100
0
Deckungsgrad [%]
WG
N D J F M A M J J A S O
SG
K
Mais
RR

Ob die typischen Kartoffelfurchen höhenlinienparallel verlaufen oder in der Vertikalen, kann für die Erodierbarkeit entscheidend sein. In der Vertikalen oder allgemein mit Gefälle angelegte Furchen können als ideale Abflussbahnen dienen. Ein Beispiel lieferte Acker 42 (Flückigen) im Sommer 82. Am über 20° steilen Hang wurde in Gefällsrichtung angebaut. Durch am Oberhang austretendes Quellwasser wurde die Kultur während des Sommers etwa siebenmal geschädigt, wobei die durch Traktorspuren verdichteten Furchen stärker betroffen wurden (Tab. 34). Wo jedoch kein Ao vorhanden ist (kein Fremdwasser, genügendes Infiltrationsvermögen), sind vertikal angelegte Kartoffelfurchen selbst in Steillagen (30° bei Acker 55 in Flückigen 1982) ohne Erosion möglich! Höhenlinienparallele Bearbeitung kann ihre Tücken haben, wenn die Furchen "durchhängen". Das Wasser sammelt sich an der tiefsten Stelle und durchbricht u.U. die Häufel (Acker 35/36 in Flückigen am 15.4.81). Auch nach dem Verdorren oder Wegschneiden der Kartoffelstauden (im August) sind die Äcker relativ widerstandsfähig gegen Erosion.

Maisschläge sind im AG selten (nur im Gebiet Flückigen wenige Prozent der Anbaufläche; vgl. Kap.4.2.3). Die hohe Erosionsanfälligkeit ist bekannt. Nach L.JUNG u. R.BRECHTEL (1980,S.104) bietet der Mais unter den Hauptfeldfrüchten am wenigsten Schutz. Dies v.a. wegen der späten Reifung (Abb.42). Tab. 34 illustriert, dass Maisäcker auch in den Monaten mit den höchsten Erosionsindizes (Juni, Juli) der Erosion ausgesetzt sind. Der späte Erntetermin kann wegen der dannzumal meist nassen Böden zu Verdichtungsschäden führen (mündl. Mitteilung Hr.SCHEIDEGGER, Landwirt, Rohrbachgraben).

Runkelrüben werden auf einigen Kleinschlägen im Gebiet Taanbach angebaut. Der Boden wird erst spät bedeckt, weswegen die Kultur potentiell so stark gefährdet ist wie Mais (einzige beobachtete Schädigung: Acker 28 am 18.4.82).

6.3.5.5 **Fruchtfolgen**

Für die Beurteilung der relativen Abtragsneigung ist die Fruchtfolge ebenfalls von Bedeutung. Einerseits, weil sie den Bodenzustand und die Zeitdauer zwischen den Hauptfrüchten bestimmt, andererseits, weil bodenverändernde Wirkungen der Vorfrucht nachwirken. Im AG ist dazu v.a. der Kleegrasanbau zu nennen, der nach E.R.KELLER (1979) das sicherste Mittel zur Erhaltung der Bodenstruktur ist.

Die Fruchtfolgen sind in den Tab.8 und 9 aufgezeichnet. Das starre System der Kleegraswirtschaft hat einem flexiblen Planen Platz gemacht (vgl.Kap.4.2.2). Die klimatischen Verhältnisse erlauben nur eine Hauptfrucht pro Jahr, allenfalls gekoppelt mit Zwischenfrüchten. Einige Folgen sollen im folgenden mit ihren Konsequenzen in bezug auf die Erosionsgefährdung diskutiert werden.

Oft wird zwei Jahre hintereinander Wintergetreide angebaut. Nach der Ernte bleibt das Stoppelfeld liegen, bis Ende September bis Mitte Oktober neu eingesät wird. Meist wird unmittelbar nach dem Pflügen das Saatbett bereitet, so dass die Zeit stärkerer Gefährdung beschränkt ist vom Termin des Eggens bis etwa eine oder zwei Wochen nach der Saat.

Im Herbst geflügt wird z.T. bei Sommergetreide und Kartoffel. Schollenbrache ist, wie bereits erwähnt, wenig erosionsanfällig.

Folgt Kartoffel oder Sommergetreide auf Winterfrucht und wird erst im Frühling geackert, bleiben die Stoppelfelder den Winter über liegen. Die Erosionsgefährdung tritt, wie im vorhergehenden Fall, erst mit der Saatbettbereitung auf.

Anstelle der Überwinterung als Getreide- oder Schollenbrache wird, besonders im Gebiet Flückigen, immer mehr Rübse als Zwischenfrucht angebaut. Sie dient als Grasung für den Spätherbst und als Gründüngung. Der Zwischenfruchtanbau wird in der Literatur (z.B. M.ESTLER 1984) als Massnahme zur Erosionsverminderung empfohlen. Die Rübse bedeckt den Boden innert drei bis vier Wochen voll und bietet den Winter über einen guten Erosionsschutz. Dies fällt jedoch wenig ins Gewicht, da auch Getreidebrache und Herbstfurche geringe Erosionsanfälligkeit zeigen.

Hingegen verschiebt sich die Feldbestellung bei Rübse in den August, d.h. unmittelbar auf die Ernte folgend. Die Wahrscheinlichkeit eines hocherosiven Regens ist dann aber um ein mehrfaches grösser als im Oktober. Beim Starkregen vom 17.8.82 im Gebiet Flückigen stammte der grösste Teil des verlagerten Bodenmaterials aus kurz zuvor geackerten und eingesäten Zwischenfruchtschlägen. Der Anbau von Zwischenfrüchten hat damit im AG punkto Erosionsanfälligkeit eindeutig negative Wirkungen.

7. Das Erosionsgeschehen

7.1 Allgemeines

Im Kapitel 6 wurden die statischen oder halbstatischen Parameter der Bodenerosion im Arbeitsgebiet beschrieben. Sie bilden quasi das Regelwerk der Erosion, die Voraussetzungen ihres Ablaufs. In diesem Kapitel nun soll das Erosionsgeschehen, also Vorgang und Formen der Erosion, behandelt werden. Aus Zweckmässigkeitsgründen wird auf den ganzen Fragenkreis des oberflächlichen Abflusses und des Zusammenhangs zwischen Niederschlag, Oberflächenabfluss und Bodenabtrag ebenfalls an dieser Stelle eingegangen. Die Analyse dieser Wirkungszusammenhänge geschieht anhand von Testflächendaten. Den Abschluss des Kapitels bildet die Erläuterung der Texturdifferenzierung durch den Erosionsvorgang.

7.2 Oberflächlicher Abfluss (Ao)[1]

7.2.1 Bildungsbedingungen

Nennenswerte Wassererosion kommt nur bei oberflächlichem Wasserabfluss zustande. Zwar werden erhebliche Mengen von Bodenteilchen durch die Spritzwirkung der Regentropfen (splash) transportiert, doch handelt es sich dabei grösstenteils um eine Umlagerung von Substanz innerhalb des Ackers. Die effektiven Spritzverluste sind gering. A.BOLLINNE (1978) nennt für Äcker in Belgien einige Zehner von kg je ha und Jahr. (W.SEILER (1983, S.291) gibt Splashverluste von etwa 10 kg je m^2 und Jahr an. Diese Angaben betreffen offensichtlich die Menge des verlagerten Materials, nicht die Ackerverluste!) Nach R.P.C.MORGAN (1978) ist die hauptsächliche Wirkung von Splash das Losschlagen von Bodenpartikeln, die dann durch Ao weitertransportiert werden.

---

[1] Oberflächlicher Abfluss und Oberflächenabfluss (Ao) werden, wo nichts anderes vermerkt ist, synonym verwendet. Ao beinhaltet streng genommen auch subcutan abfliessendes Wasser (schneller Interflow), das im Rahmen der Arbeit messtechnisch nicht erfasst wurde (vgl. W.A.FLÜGEL 1979)

Die Frage, inwieweit Niederschläge Oberflächenabflüsse zur Folge haben, beantworten Modelle, etwa von A.PETRASCHECK (1978), K.SIEGERT (1978), M.HOLY u.a. (1982). Sicher ist, dass das Infiltrationsvermögen dabei die komplementäre Grösse zum Ao ist (vgl. dazu Kap.6.3.3.3). K.SIEGERT (1978, S.31 ff) unterscheidet drei Fälle von Infiltrationsverhalten:

1. Die Intensität des Niederschlags (N) ist geringer als die Leitfähigkeit des Bodens; es kommt zu keiner Sättigung der obersten Bodenschicht; es fliesst kein Wasser oberflächlich ab, ausser es findet sich ein Wasserstauer und der N hält so lange an, bis der gesamte Bodenspeicherraum ausgefüllt ist.
2. Die Regenintensität ist grösser als die Leitfähigkeit des Bodens. Es bildet sich eine Sättigungszone und schliesslich Ao.
3. Die Infiltrationskapazität des Bodens ist geringer als die Niederschlagsintensität. Bei abnehmender Infiltrationsrate bildet sich an der Oberfläche eine Wasserschicht, die abfliesst.

Zwischen Niederschlags- und Abflussbeginn liegt eine Beharrungszeit. Diese dauert im Minimum so lange, bis die oberste Bodenschicht gesättigt ist (Primärsättigung).

"Niederschläge (können) auch bei hoher Intensität allgemein erst dann Oberflächenabflüsse erzeugen (...), wenn sie 8 bis 12 mm Niederschlagshöhe übersteigen oder wenn durch vorangegangene Niederschläge die Primärsättigung erniedrigt wurde." (R.SCHÄFER 1981, S.22)

Es können demnach zwei Entstehungsarten von Ao unterschieden werden. Einmal resultiert Ao aus der Sättigung des Bodenspeichers (Fall 1). Dies ist nach langen Regenperioden und bei Schneeschmelzen der Fall (Abb.43: Winterhalbjahr). Mit R.B.BRYAN (1976, S.107) lässt sich sagen, dass nur in diesem Fall der Speicherkapazität des Bodens volle Bedeutung zukommt. Niederschlagsintensität und Leitfähigkeit sind dabei von untergeordneter Bedeutung. Resultiert der Ao dagegen aus den oben aufgeführten Fällen 2 und 3, ist er direkt von Leitfähigkeit und Intensität abhängig. Indirekt (über die Bodenverschlämmung) wirkt die Intensität auf die Infiltrationskapazität. Aus diesen unterschiedlichen Ao entstehen z.T. unterschiedliche Erosionsformen, wie in Kap. 7.3 gezeigt wird.

Datum	N [mm]	I30 [mm · min^{-1}]	IMax	r	BF10 [pF]	BF50 [pF]	Ao [l · m^{-2}]	Ao [% vN]	BA [g · m^{-2}]	$\frac{Ao}{BA}$	E
Parzelle **T300/1**											**SHJ1981**
15.04.	55	0,70	1,95	53,4	trocken	frisch	5,34	9,7	214	26	G
24.06.	16	0,40	1,71	9,4	2,0	1,8	0,58	3,6	19	30	I
18.07.	56	0,17	0,54	9,1	1,8	1,6	0,39	0,7	4	100	D
24.	26	0,23	0,74	6,7	1,3	1,0	0,73	2,8	12	62	
25.	5	0,10	0,28	0,5	1,1	1,0	0,43	8,6	4	100	F
6.08.	18	0,40	1,73	9,7	2,5	1,7	0,22	1,2	16	14	I
8.	20	0,16	0,50	3,3	1,6	1,6	0,46	2,3	11	41	
16.	9	0,25	1,25	3,0	2,0	1,4	0,09	1,0	6	13	
1.09.	20	0,10	0,46	2,1	2,7	1,9	0,10	0,5	2	62	
10.	12	0,17	0,27	1,8	1,2	1,7	0,08	0,7	1	53	F
Parzelle **T300/1**											**SHJ1982**
5.05.	13	0,37	0,37	0,3	1,9	1,5					
6.	12	0,06	0,13	0,6	1,3	1,4					
9.	15	0,06	0,08	1,0	1,2	1,2					
18.	21	0,42	0,86	11,8	1,9	1,4	1,10	5,2	182	6	G
20.	9	0,05	0,05	0,3	2,2	1,6					
23.	30	0,14	0,27	4,0	1,5	1,4					
2.06.	13	0,16	0,90	2,4	2,3	1,6	?	-	13	-	
12.	21	0,17	0,32	3,8	2,1	1,8	2,60	12,3	160	16	
13.	17	0,11	0,12	1,4	0,8	1,7	2,00	11,8	50	39	F
16.	21	0,06	0,07	1,0	1,5	1,3					
18.	12	0,08	0,08	0,9	1,2	1,3					
22.	29	0,13	0,35	3,8	1,9	1,5	1,43	4,9	21	67	
26.	21	0,20	0,66	4,5	1,7	1,4	2,10	10,0	133	16	I
28.	9	0,01	0,01	0,1	1,4	1,4					
4.07.	15	0,09	0,24	1,2	2,1	1,5					
16.	6	0,11	0,11	0,7	2,5	1,9					
17.	6	0,15	0,47	1,1	2,4	2,0	0,20	3,3	11	17	S
22.	14	0,26	0,26	4,5	2,2	2,2	2,50	17,8	95	26	
23.	82	0,10	0,30	7,5	1,5	2,0					
24.-26.					1,0	1,9					
27.	21	0,08	0,08	1,7	1,0	1,0	1,76	8,4	11	159	F
30.	5	0,15	1,42	1,0	1,6	1,3					
31.	14	0,09	0,09	1,3	0,8	1,4					
4.08.	12	0,07	0,09	0,7	1,4	1,4					
6.	13	0,17	0,31	2,0	1,3	1,2	0,80	6,1	5	17	S
15.	14	0,27	0,73	4,8	2,3	1,6	1,90	13,5	50	38	I
16.	32	0,21	0,60	8,0	1,1	1,7	5,90	18,4	158	39	G
20.	46	0,14	0,74	6,6	1,7	1,4	2,77	6,0	44	61	
27.	11	0,02	0,03	0,2	1,3	1,6					
31.	33	0,10	0,17	3,0	1,1	1,0	0,66	2,0	6	103	F
5.09.	11	0,26	1,04	3,6	2,0	1,5	3,90	35,4	356	11	I
6.	7	0,09	0,20	0,5	1,2	1,3	1,91	27,3	40	48	F
7.	7	0,07	0,09	0,4	1,1	1,1					
22.	13	0,09	0,19	1,2	2,7	1,8					
26.	9	0,10	0,20	0,9	1,9	1,9					
30.	14	0,14	0,14	2,0	1,7	1,8					
4.10.	24	0,06	0,07	1,3	1,7	1,5					
6.	20	0,04	0,05	0,7	1,2	1,2					
8.	11	0,03	0,03	0,3	-	-					
11.	10	0,06	0,10	0,5	1,1	1,3					
13.	16	0,07	0,08	1,0	1,0	1,2					
14.	18	0,09	0,13	1,3	1,0	1,1					
17.	13	0,05	0,06	0,5	1,2	1,3					
24.	17	0,02	0,02	0,2	1,0	1,4					

Tab. 25: Kenndaten zu Niederschlag, Oberflächenabfluss (Ao) und Bodenabtrag (BA). Erklärungen siehe Tab. 26.

Dat.	N [mm]	I30 [mm · min⁻¹]	IMax	r	BF10 [pF]	BF50	Ao [l · m^{-2}]	Ao [% v. N]	BA [g · m^{-2}]	$\frac{Ao}{BA}$	E
Parzelle **T350/1**										**SHJ 1981**	
21.05.	15	0,33	3,40	8,2	frisch	frisch	0,11	0,7	8	13	S
25.05.	82	0,07	0,08	4,9	feucht	feucht	0,61	0,7	4	143	D
28.06.	16	0,15	0,56	2,5	frisch	frisch	0,40	2,5	10	40	I
3.07.	22	0,15	0,38	3,3	frisch	frisch	0,32	1,5	4	87	
18.07.	57	0,25	0,91	14,0	frisch	frisch	0,43	0,8	6	76	
24.07.	22	0,12	0,43	2,5	1,5	1,1	0,37	1,7	6	65	
6.08.	23	0,48	1,60	15,9	2,0	1,7	0,46	2,0	23	20	I
8.08.	17	0,10	0,73	1,7	1,6	1,8	2,23	13,1	197	11	I
16.08.	3	0,09	0,26	0,4	2,0	1,6	0,13	4,3	12	10	
6.10.	25	0,29	0,72	10,3	1,2	1,4	0,47	1,9	16	29	I
12.10.	33	0,21	0,28	7,1	1,1	1,3	0,93	2,8	7	129	F
14.10.	20	0,07	0,11	1,2	1,4	1,3	0,63	3,2	4	174	F
Parzelle **T350/1**										**SHJ 1982**	
19.05.	9	0,20	0,22	2,0	2,6	1,7	?	-	7	-	
12.06.	16	0,16	0,21	2,5	2,5	2,1	0,44	2,7	10	43	
12.06.	18	0,06	0,08	0,8	1,2	1,7	0,44	2,4	5	89	F
22.06.	46	0,32	1,01	17,7	1,9	1,5	3,56	7,7	190	19	G
26.06.	42	0,23	0,91	9,4	1,6	1,3	5,45	13,0	627	9	G
17.07.	18	0,53	1,85	14,7	2,9	2,1	5,71	31,7	852	7	I
23.07.	80	0,08	0,15	6,2	2,2	2,2	8,38	8,6	76	110	D
26.07.	17	0,05	0,06	0,6	0,9	-					
6.08.	5	0,18	0,50	1,3	1,5	1,2	1,09	21,8	77	14	I
6.08.	11	0,25	0,90	3,6	1,3	1,2	2,72	24,7	176	15	I
15.08.	15	0,32	0,86	6,3	2,4	1,6	3,29	21,9	524	6	I
16.08.	47	0,34	1,17	20,1	1,5	1,6	13,60	28,9	1374	9	G
20.08.	47	0,13	0,62	6,6	1,8	1,4	6,66	14,2	85	78	
31.08.	34	0,12	0,19	4,3	1,2	1,0	?	-	74	-	
6.09.	14	0,16	0,70	2,3	1,8	1,5	?	-	77	-	

Erklärungen: BF10 = Bodenfeuchte in 10 cm Tiefe, als Saugspannung (pF)
BA = g · m^{-2} entspricht kg · ha^{-1} · lo^{-1}
E = Ereignistyp (Erläuterung im Text)

Tab. 26: Kenndaten zu Oberflächenabfluss (Ao) und Bodenabtrag (BA). Aufgeführt sind die Regenereignisse, die auf den Testparzellen Bodenabtrag bewirkten. Neben der Niederschlagsmenge werden zur Erklärung von Ao und BA die Intensität, die Bodenfeuchte und der r-Wert benötigt.

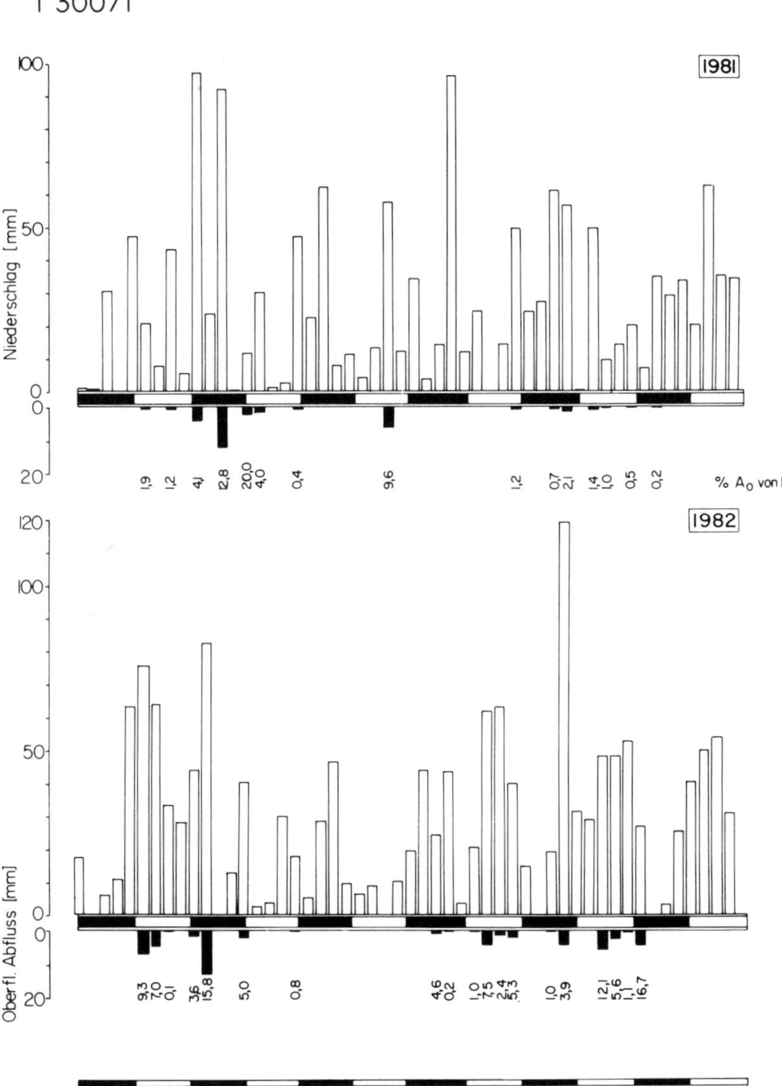

Abb. 43: Wochensummen des Niederschlags und des Oberflächenabflusses am Beispiel der Testparzelle T300/1. Im Winterhalbjahr fliesst fast ausschliesslich Schmelzwasser ab.

Anteil des Oberflächenabflusses am Niederschlag [in %]							
Zeitraum	Testparzellen **T300**				Testparzellen **T350**		
	1	2	3	ϕ	1	2	ϕ
WHJ 81	4,2	3,4	2,6	3,4	1,8	3,6	2,7
SHJ 81	0,4	0,5	0,3	0,4	0,9	1,0	1,0
HJ 81	**2,1**	**1,8**	**1,3**	**1,7**	**1,3**	**2,1**	**1,7**
WHJ 82	4,3	2,7	2,2	3,1	8,0	3,5	5,7
SHJ 82	3,1	5,1	2,1	3,4	5,5	5,5	5,5
HJ 82	**3,6**	**4,1**	**2,1**	**3,2**	**6,6**	**4,6**	**5,6**

Tab. 27: Prozentualer Anteil des Oberflächenabflusses am Niederschlag.

7.2.2 **Die Rolle der Anfangsfeuchte**

Durch die Anfangsfeuchte des Bodens "wird nicht nur die Grösse des Infiltrationsvermögens (...) zu Beginn eines Niederschlagsereignisses und damit die Länge der Beharrungszeit beeinflusst, sondern auch das gesamte Abflussvolumen (...)." (K.SIEGERT 1978, S.22)

Obige Ausführungen verdeutlichen, dass die Anfangsfeuchte v.a. bei kleinen Intensitäten die Abflussgrösse wesentlich mitbestimmt (eingehend erläutert von K.SIEGERT).

W.SEILER (1981) stellt denn auch fest, dass bei geringen Intensitäten bzw. r-Werten die Bodenfeuchte den Ao bestimmt, dieser mit zunehmender Bodenfeuchte exponentiell steigt und Niederschläge mit hohen Intensitäten auch bei tiefen Bodenfeuchtewerten abflusswirksam werden. Auch H.KURON u.a. betonen die Bedeutung der Bodenfeuchte: "Nasser Boden zerfliesst sehr leicht und ist besonders anfällig gegen den Angriff des oberflächlich abfliessenden Niederschlagswassers" (1956, S.30).

Sie fügen jedoch an, dass bei grossen Regenmengen hoher Dichte die Bodenfeuchte an Bedeutung verliert.

Die Analyse der Rolle der Anfangsfeuchte erfolgt aufgrund der Werte in den Tabellen 25 und 26. Dort sind die Parameter der erosionswirksamen Niederschläge für die Sommerhalbjahre aufgezeichnet, ebenso der Ao. Für die Testparzelle T300/1 und das SHJ 82 werden als Vergleich alle Niederschläge angeführt. Die Bodenfeuchtewerte (Saugspannung) stammen überwiegend vom Ereignistag oder -vortag, einzelne wurden zwei Tage vor dem Ereignis abgelesen. Die Feuchteverhältnisse bei Ereignisbeginn sind damit gut gekennzeichnet.

Ausgespart bleiben die Tagwasserabflüsse im WHJ. Zwar ist ihr Anteil am Niederschlag eher grösser als im Sommer (Abb.43; Tab.27). Der Ao wird aber nur selten flächenhaft erosionswirksam (Ausnahmen bei T300: 15.4.81 und 6.1.82). Die Ursache des Ao im Winter ist die Sättigung des Bodenwasserspeichers, insbesondere die Übersättigung des Oberbodens, in Ausnahmefällen auch Bodengefrornis. Die Wirkungen dieser Ao werden in Kap.7.3 geschildert.

In Kap. 6.2.3.5 und in Tab.22 wird gezeigt, dass oberhalb bestimmter Schwellen der Intensität und des r-Werts die Niederschläge auf der Schwarzbrache der Testparzellen immer erosiv waren (und also Ao brachten). Niederschläge mit kleinen Intensitäten und r-Werten führten demgegenüber im Sommer nie zu Ao. Bei diesen beiden Gruppen spielt offenbar die Bodenfeuchte keine Rolle. Bei wenig intensivem Regen ist das Sickervermögen des Bodens allemal ausreichend, bei besonders heftigen Regen vermag auch der trockene Boden nicht alles Wasser zu schlucken!

Wie aber steht es bei den "mittleren" Niederschlägen, wo manchmal Tagwasser abfliesst, manchmal nicht? Nimmt man in Tab. 25/26 die erosiven Niederschläge mit kleinem bis mittlerem r-Wert, fällt auf, dass 3/4 auf nassen Oberboden fielen. Sie gehören nach der Systematik von Kap.7.2.4 zu den Folgeniederschlägen. Daneben gibt es einzelne Regen mit kurzzeitig grosser Intensität, wo das Erosionsgut (Wasser und Bodenmaterial) durch Spritzwirkung entstanden ist. Von Ao kann hier nur bedingt gesprochen werden. "Splash" findet auch auf trockenem Boden statt.

Erosive Niederschläge kleiner und mittlerer Intensität (I30) gehören überwiegend in die Kategorie "Folgeniederschläge", erfordern also grosse Bodenfeuchte. Auf Böden mit kleiner Anfangsfeuchte entsteht Ao bei grosser Imax oder grosser Regenmenge.

Allgemein lässt sich sagen, dass die Anfangs-Bodenfeuchte bei Grossereignissen, wo flächenhafte Erosionsformen (etwa Runsenspülung) zu schweren Schäden führen, wo die Bodenkrume durch ergiebige Regen hoher Intensitäten zerschlagen, verschlämmt und wegtransportiert wird, eine untergeordnete Rolle spielt (Beispiele 15.4.81 Taanbach / 16.8.82 Flückigen).

7.2.3 Grösse des Oberflächenabflusses (Ao)

Da im Vorfluter Oberflächenabfluss und oberflächennaher Abfluss nicht auseinanderzuhalten sind (J.KARL u. M.PORZELT 1977/78), beschränkt sich die folgende Diskussion auf die Abflüsse von den Testparzellen. Da diese Parzellen das ganze Jahr über brach lagen, sind die Ergebnisse nur beschränkt auf das gesamte Gebiet übertragbar. Insbesondere die sommerlichen Ao dürften auf den Parzellen zu hoch sein, da bei Pflanzenbestand, im besonderen auf Rasen, der Tagwasserabfluss kleiner ist (L.JUNG u.R.BRECHTEL 1980, O.PREUSS 1977). Bereits in Kapitel 6.3.3.3 wurden die Einflussgrössen auf das Infiltrationsvermögen beschrieben.

Abb.43 zeigt die wöchentlichen Niederschlags- und Abflussmengen für T300/1. Die Tabellen 25 und 26 geben die Verhältnisse für die Einzelereignisse der Sommerhalbjahre wieder. Schliesslich können der Tab.27 halbjährliche und jährliche Ao-Prozentsätze entnommen werden.

Wie bereits mehrfach betont, ist zu unterscheiden zwischen Schmelzwasserabflüssen, die auf den Testparzellen keinen Bodenabtrag verursachten, und unmittelbar aus Niederschlägen entstehenden erosiven Abflüssen. Im WHJ ist das Abflussvolumen im wesentlichen durch die im Schnee gespeicherte Wassermenge bestimmt. Im WHJ 82 liegen die Werte etwas höher als im WHJ 81 (Bei T300 fällt 1981 der "sommerliche" Starkregen vom 15.4. ins Gewicht, deshalb liegen hier die Abflusswerte für das WHJ 81 höher als für das WHJ 82). Im SHJ 81 sind die Abflusswerte äusserst bescheiden (0,4% des N auf T300; 1,0% des N auf T350)! Im SHJ 82 steigern sich die Werte auf 3,4% (T300) und 5,5% (T350). Neben der erhöhten Niederschlagserosivität (vgl.

Tab.17) muss dieser Steigerung eine erhöhte Verschlämmbarkeit der Oberböden zugrundeliegen (vgl. dazu Kap.6.3.3.2).

Ein Vergleich mit Werten anderer Autoren zeigt, dass die Ao im Arbeitsgebiet sehr tief liegen. L.JUNG u. R.BRECHTEL (1980, S.94) erhielten bei mehrjährigen Messungen auf Bracheparzellen verschiedener Lokalitäten und Bodentypen in Deutschland 5,3% bis 29,7% Ao. J.SŁUPIK (1979, S.55) nennt für das Flyschkarpatenvorland in Polen Werte von 5-20%. W.SEILER (1983, S.262) führt für Lokalitäten im schweizerischen Tafeljura (für 1980) Werte von 1,9% (T20, Kalktuffschluff-Braunerde) bzw. 12,3% (T30, Kalklehmkerf-Braunerde) auf.

Auch beim Vergleich von Einzelereignissen (Tab.25 u.26) zeigt sich die geringe Neigung zu Tagwasserabflüssen, dies selbst bei hocherosiven Regen (vgl. Tab.25: N vom 15.4.81 mit r=53 und nur 9,7% Ao!). W.SEILER (1983, Tab.6.4 und 6.5) erhielt bei T20 Abflüsse bis 26%, bei T30 bis 47% des N. H.KURON u.a. (1956) auf Testparzellen im Buntsandstein (Marburg BRD) und D.WERNER (1967) auf Sandbraunerden (Thüringen DDR) erwähnen Ao von bis 97%!

7.2.4 Oberflächlicher Abfluss und Bodenabtrag

7.2.4.1 Gesamtbetrachtung

Es ist in der Literatur unbestritten, dass zwischen dem Oberflächenabfluss (Ao) und dem Bodenabtrag (BA) kein quantitativer Zusammenhang besteht (J.KARL 1979; V.SOKOLLEK u. W.SÜSSMANN 1981). Oberflächenabfluss ist (sieht man von der Spritzwirkung ab) eine notwendige, aber keine hinreichende Bedingung für Bodenabtrag (vgl.Kap.6.3).

Tab.28 gibt einige Kennwerte zum Zusammenhang Niederschlag - oberflächlicher Abfluss - Bodenabtrag (zum Zusammenhang Niederschlag - Erosion siehe Kap.6.2.3.5). Diese Daten können mit der Zusammenstellung in W.SEILER (1983, S.263) verglichen werden. Neben eigenen Daten führt SEILER auch solche von L.JUNG u. R.BRECHTEL (1980) sowie von R.-G.SCHMIDT (1979) an. Betrachtet man in Tab.28 allein die Menge der verlagerten Bodensubstanz, sticht das sprunghafte Anwachsen des BA im HJ 1982 gegenüber 1981 heraus. In Kap.7.2.3 wurde gleiches bereits für den Ao festgestellt. Das Verhältnis zwischen Ao und BA verkleinert sich dabei aber nur wenig (Da im Winter Ao und BA "entkoppelt" sind, wird das Ao-BA-Verhältnis nur für die SHJ gebildet.),d.h. vermehrter Abtrag ist vorwiegend auf vermehrten Ao zurückzuführen, zum kleineren Teil auf die bessere Aufbereitung des Erosionsmaterials durch grössere Regenintensitäten und geringere Krumenstabilität.

Die absolute Menge verlagerten Bodens ist im HJ 81 im Vergleich mit den Werten der oben genannten Autoren bescheiden. Jene erhielten Abtragsmengen von wenigen bis zu 33'000 kg/ha. Das HJ 82 brachte dann auf T350 fast die zehnfache Menge (40'000 g/10m^2 ≙ kg/ha), auf T300 waren es immerhin noch knapp 15'000 kg/ha. Gemäss Tab.17 war zwar die Erosivität der Sommerniederschläge 1982 um einiges grösser als 1981, doch kann dieser Grössenordnungssprung der Abtragsmengen (im dritten Jahr der Offenhaltung der Parzellen) nur durch einen frappierenden Verlust der Strukturstabilität und durch die erhöhte Verschlämmbarkeit der Krume erklärt werden.

	Zeitraum	Abtragsereignisse	Beteiligte Regenmenge [mm]	Bodenabtrag (BA) [kg/ha]	BA [kg/ha] je mm N	BA [kg/ha] je mm Ao	Ao/BA
T300	WHJ 81	1	55	1 442	26		
	SHJ 81	9	182	850	4	272	36
(17°)	**HJ 81**	**10**	**237**	**2 292**	**10**		
	WHJ 82	1	*24+	103	4		
	SHJ 82	16	388	14 757	38	503	21
	HJ 82	**17**	**412+**	**14 860**	**36**		
T350	WHJ 81	0	-	-	-		
	SHJ 81	12	335	4 383	13	547	17
(16°)	**HJ 81**	**12**	**335**	**4 383**	**13**		
	WHJ 82	1	30+	180	6		
	SHJ 82	14	419	40 016	95	851	13
	HJ 82	**15**	**449+**	**40 196**	**89**		

* Mitbeteiligt sind unbekannte Mengen von Schnee
Ao und BA ergeben sich als Durchschnittwerte aller Parzellen

Tab. 28: Testflächendaten zum Zusammenhang Niederschlag (N) – oberflächlicher Abfluss (Ao) – Bodenabtrag (BA).
(direkt vergleichbar mit Tab. 6.8 bei W.SEILER (1983))

Nimmt man den Bodenabtrag je mm Niederschlag, werden die grossen Abtragswerte von T300 und T350 etwas relativiert. So erhalten L.JUNG u. R. BRECHTEL (1980) 6 bis 177 $kg \cdot ha^{-1} \cdot mm^{-1}$, R.-G. SCHMIDT (1979) 15 bis 189 $kg \cdot ha^{-1} \cdot mm^{-1}$ und W.SEILER (1983) 8 bis 297 $kg \cdot ha^{-1} \cdot mm^{-1}$. Interessant ist auch die Frage, wieviel Boden je mm Ao abgetragen wird (quasi die Effektivität des Ao). Hier sind die Beträge bei den Testflächen sehr gross, was bedeutet, dass die Schleppkraft des abfliessenden Wassers im Schnitt hoch ist. Es macht sich offensichtlich die starke Hangneigung der Parzellen bemerkbar (dazu in Kap.7.3.3 die Hinweise zur Hydraulik).

Allgemein kann, auch mit Blick auf die in Kap.7.3 geschilderte Formengenese, gesagt werden, dass Erosion im Arbeitsgebiet durch geringen, dafür aber energiereichen Ao verursacht wird.

7.2.4.2 **Einzelereignisse**

Während die Anteile oberflächlich abfliessenden Wassers bei Einzelereignissen stark schwanken (und damit auch die Abtragsmengen), lässt sich - vergleicht man N und Intensität, Bodenfeuchte und Ao-BA-Verhältnis - eine, statistisch jedoch nicht abgesicherte, Typisierung der Ereignisse feststellen. Allerdings lassen sich nicht alle Erosionsereignisse einordnen. Besonders kleine Erosionsverluste werden "stark von stochastischen Gegebenheiten geprägt" (W.SEILER 1983, S.302). Überdies ist die Grösse des Abtrags davon abhängig, wie stark die Bodenkrume durch Vorregen bereits "präpariert" worden ist.

Anhand der Angaben in den Tabellen 25 und 26 lassen sich folgende Ereignistypen unterscheiden:

1. Folgeereignis (F): Vorausgegangen ist ein Regen, der entweder selber erosiv war oder doch vorbereitend wirkte, indem die Bodenkrume verschlämmt und der Oberboden gesättigt wurde. Es genügen geringe und/oder wenig intensive Regenfälle, um Oberflächenabfluss zu erzeugen. Da die Schleppkraft des abfliessenden Wassers gering ist, wird im Verhältnis zur Wassermenge nur wenig Boden weggeführt.

2. Dauerereignis (D): Langdauernde Niederschläge können wie eine Kombination von Vorregen und Folgeniederschlag wirken, weshalb sie den Folgeereignissen ähneln.
3. Grossereignis (G): Sowohl N-Menge wie auch N-Intensität sind gross (dies führt zu einem grossen r-Wert). Die Anfangsfeuchte spielt eine vernachlässigbare Rolle. Da innerhalb kurzer Zeit viel Wasser anfällt und die Krume für die Erosion optimal aufbereitet wird, sind Schleppkraft und Erosionsvermögen gross, das Ao-BA-Verhältnis ist entsprechend klein.
4. Intensivereignis (I): Hohe, u.U. nur kurzzeitige Intensitäten zu Beginn des Regens führen auch auf trockenem Boden zu Ao und BA. Hier ist das Ao-BA-Verhältnis ebenfalls eher klein.
5. Splashereignis (S): Es erfordert, v.a. bei trockenen Böden, mittlere bis grosse Intensitäten. Die Niederschlagsmenge ist klein, so dass kein eigentlicher Ao entsteht, sondern Wasser und Boden durch Spritzen verlagert werden. Im Unterschied zu den andern Ereignistypen wird die Sandfraktion stark überproportional transportiert.

7.3 Erosionsformen und ihre Entstehung

7.3.1 Allgemeines

G.RICHTER (1965, S.34 ff) gibt für die in Mitteleuropa auftretenden Erosionsformen eine Nomenklatur, die von R.-G.SCHMIDT (1979) in leicht veränderter Form übernommen worden ist. Die Kartierung der Erosionsformen im Rahmen dieser Arbeit wurde gemäss der Einteilung von SCHMIDT im Massstab 1:1000 vorgenommen. Im folgenden werden die typischen Formen, ihre Verursachung und ihre Abhängigkeit vom Relief beschrieben.

7.3.2 Flächenhafte Formen

a) Verspülung
Sie betrifft v.a. sand- und schluffreiche Krumen mit geringer Aggregatstabilität, bei sehr intensiven Regen auch die übrigen Oberböden. Material wird nur lokal verlagert. Die schädigende Wirkung der Verspülung liegt darin, dass durch die Aggregatzerstörung das In-

filtrationsvermögen bei Folgeniederschlägen herabgesetzt wird. Dieser Effekt ist besonders gut sichtbar in Tab. 25: Im Verlauf des Sommers 1982 nehmen die Prozente oberflächlich abfliessenden Wassers sukzessive zu.

b) Flächenspülung
R.-G.SCHMIDT unterscheidet zwischen einfacher "Flächenspülung" (F1) und "Flächenspülung durch dichte Scharung von Kleinstrillen" (F2). F1 tritt auf, wenn der Ao nicht konzentriert wird (glatte Hänge) und/oder die Erosionskraft des Wassers nicht ausreicht, Rillen zu bilden (schwache Hangneigung, kompakte Bodenoberfläche). F1 kommt besonders bei Getreide vor dem Schossen sowie bei Getreide-, Mais- und Kartoffelbrache vor (dazu Kap.6.3.5.2), ist aber eher selten, da die Hänge i.a. steil und hohl (oder voll) sind (Kap.6.3.4) und damit konzentrierten und in die Tiefe erodierenden Abfluss bewirken. Durch F1 werden nur einzelne Bodenpartikel bewegt, keine ganzen Aggregate. Die Menge des verlagerten Materials ist gering (Tab. 29).

Um F2 zu verursachen, braucht es Regen mittlerer bis grosser Intensität und glatte, relativ steile Hänge. F2 bildet eine Zwischenstufe zwischen F1 und Runsenspülung (siehe unten). Sie tritt auf wenig verfestigten, neu eingesäten Getreide- oder Maisäckern auf (im Gebiet Taanbach am 15.4.81 auf den Äckern 22,23,34,58 und 62; im Gebiet Flückigen am 6.10.81 und am 16.8.82 (Tab. 29)). Die verlagerten Materialmengen sind wesentlich grösser als bei F1.

7.3.3 **Lineare Formen**

Lineare Erosionsformen rühren vom konzentrierten Tagwasserabfluss her. G.ROSCHKE (1980) beschreibt die Einflussfaktoren und die wirkenden Kräfte. Nötig ist eine Konzentration des Wasserfilms, sei es durch die Rauhigkeit (z.B.Kartoffelfurchen) oder durch die Geländeform. Der Strömungsdruck (Kraft pro Fläche) ist proportional dem Quadrat der Fliessgeschwindigkeit, welche wiederum von der Hangneigung abhängt. Das Vermögen zu erodieren und zu schleppen wächst daher mit der Hangneigung. Daneben existiert ein Innendruck (statischer Druck), der bei Zunahme der Wassergeschwindigkeit als Sog wirksam wird. Da bei konvexen Hängen die Geschwindigkeit des Ao sukzessive wächst, herrscht im Wölbungsbereich ein kontinuierlicher

Sog. Dies führt dazu, dass Rillen und Rinnen bereits am Hangkopf ihren Anfang nehmen, manchmal sogar bei konvexen Vollhängen (Acker44 (Taanbach) während Schneeschmelze 81). Umgekehrt geht das Erosionsvermögen und die Schleppkraft bei Hangverflachungen zurück, die Erosionsformen werden flacher, dafür oft breiter, weil mehr Wasser zur Verfügung steht. Reicht die Schleppkraft nicht, wird sedimentiert. Es finden sich eigentlich Akkumulationsflächen (vgl. dazu die Bodenkarten), sei es in Tiefenlinien oder Verflachungen, häufig in Wegzwickeln (z.B. Acker 37 in Flückigen).

Bei linearer Bodenerosion wird Krumenmaterial ungeachtet der Korngrösse verlagert, oft im Aggregatverband. Sedimentiert werden natürlich vorerst und überwiegend die schweren Teile. Akkumulationen bestehen daher oft aus reinem Sand, während Ton- und Schluffpartikel im Vorfluter weggeführt werden (Kap.7.4.3).

c) Rillen- und Rinnenerosion

R.-G.SCHMIDT (1979) definiert die Rillen als Ausräumform bis 15 cm Tiefe und 25 cm Breite, während die Rinne tiefer oder breiter (bis 2 m) ist. Rillen und Rinnen sind die klassischen Formen linearer Erosion. Im Normalfall treten sie in Gelände-Tiefenlinien auf. Ihre Grösse richtet sich nach Wassermenge, Erosionsvermögen und Schleppkraft. Sie entstehen bei Dauerregen, Schneeschmelze oder Starkregen. Dies macht auch Tab.29 deutlich. Hier sind die linearen Formen überdies spezifiziert. Es zeigt sich nämlich, dass - gerade im Fall der Schneeschmelze - der überwiegende Teil dieser linearen Formen durch Fremd- oder Quellwasser verursacht wird. Der klassische Fall besteht darin, dass sich Wasser in einem Hohlhang oder Talschluss als oberflächlicher oder oberflächennaher Abfluss sammelt, um dann als Gerinne mit quasilaminarer oder turbulenter Strömung zu erodieren (z.B. Acker 24/25 Taanbach; 627 130/216 700). Tiefenerosion findet allerdings nur statt, wenn der Untergrund keine genügende Festigkeit hat. Ist eine Grasnarbe vorhanden, fliesst das Wasser ohne Schaden ab. Liegt jedoch ein Wintergetreideschlag in einer Tiefenlinie, kommt es im Frühling regelmässig zu Schäden (z.B. Acker 42 Taanbach und Acker 37 Flückigen).

d) Grabenerosion

G.RICHTER (1965, S.35 sowie Abb.10) nennt als typische Form bei grosser Hangneigung und mässiger bis grosser Wasserabflussmenge den

		Minimale Menge verlagerten Materials [Liter]				
		(1)	(2)	(3)	(4)	(5)
Taanbach	Schneeschmelze 1981	*3*[*] 3 045	*1* 720	*4* 385	*1* 30	
	Ereignis 15.4.1981	*3* 2 770	*1* 210	*1* 30	*5* 870	*3* 28 700
	Schneeschmelze 1982	*6* 6 920		*1* 5	*4* 25	
	Ereignis 18.5.1982			*2* 400	*4* 15	
Flückigen	Schneeschmelze 1981	*5* 1 445	*2* 1 550	*1* 440	*1* 20	
	Ereignis 15.4.1981			*2* 380	?	
	Ereignis 25.5.1981			*1* 60	?	
	Ereignisse Juni/Juli/August				*7 x 1* 90	
	Ereignis 6.10.1981	*2* 5 800		*1* 760	*3* 935	*3* 33 890
	Schneeschmelze 1982	*3* 2 190	*1* 1 000	*2* 20	*3* 44	
	Ereignisse Mai/Juni/Juli			*4 x 1/3 x 1* 320	*1* 50	
	Ereignis 16.8.1982			*2* 1 120	*3* 1 100	*3* 19 400
	Ereignisse 17./23.10.1982		*2 x 1* 220			

(1) Rillen und Rinnen durch Fremdwasser
(2) Rillen und Rinnen durch Quellaustritte
(3) Rillen und Rinnen in situ (inc. Schäden in Kartoffeläckern)
(4) Flächenspülung
(5) Runsenspülung
[*] Kursive Zahlen: Zahl der geschädigten Äcker

Tab. 29: Verlagerte Materialmengen auf den Äckern der Testgebiete anlässlich der hauptsächlichen Erosionsereignisse. Je nach dem Charakter der Niederschläge und dem Zustand der Felder entstehen verschiedene Arten von Erosion (dazu Kap. 7.3).

Graben (tiefer als 50 cm). Es erstaunt daher, dass selbst bei den stärksten Ereignissen (15.4.81 Taanbach; 6.10.81 und 16.8.82 Flückigen) nie solche Gräben gerissen wurden. Die tiefste Rinne (Acker 38/48 Flückigen am 6.10.81) mass lediglich knapp 30 cm. Ganz überwiegend messen die Ausräumungen weniger als 20 cm. Offenbar sind die Abflussmengen zu klein, als dass stärkere Schädigungen möglich wären. Der Anteil oberflächlich abfliessenden Wassers ist ja meist klein (Tab. 25 und 26) und die Einzugsgebiete sind von geringer Ausdehnung (höchstens einige Hektaren).

7.3.4 **Flächenhaft-lineare Formen**

Hier dominiert die Runsenspülung, von R.-G.SCHMIDT (1979, Abb.36) als "Netzwerk von Rillen und Rinnen" oder als "viele parallel verlaufende Rillen über den ganzen Acker hinweg" beschrieben. Aus Tab.29 ist zu entnehmen, dass die Runsenspülung nur bei Starkregen auftritt. Die zweite Bedingung ist eine instabile Bodenkrume, wie sie bei frisch bestellten Saatbetten angetroffen wird (vgl. Kap.6.3.5.2). Fast alle durch Runsenspülung geschädigten Äcker befanden sich in diesem Bearbeitungszustand (15.4.81 Taanbach: Äcker 27, 30, 62; 6.10.81 Flückigen: 38/48, 52; 16.8.82 Flückigen: 26,37, 51).

Rillennetzwerke treten auf - oft auch nur schwachen - Hohlhängen auf, über die ganze Ackerfläche verstreute Rillen bei glatten oder sogar vollen Hängen. Aus Tab.29 geht auch hervor, dass diese Erosionsform weitaus die grössten Schäden verursacht. Auf insgesamt nur 8 Äckern (bei 9 Schadenfällen) mit zusammen 550 Aren wurden ca. 82 m^3 Bodenkrume erodiert, während alle übrigen Schädigungen nur etwa 33 m^3 ausmachten.

7.3.5 **Andere Formen von Bodenmaterialverlagerung**

Neben der Verlagerung durch Spritzwirkung und Tagwasserabfluss gibt es weitere Gründe für Materialverlagerungen. G.RICHTER (1965, S.39) erwähnt die Frosthebung der Bodenteile, die dadurch bei jedem Frostwechsel etwas hangabwärts transportiert werden. Auf den Testparzellen T300 und T350 wurde Anfang und Ende Winter die Lage von je etwa

10 Steinen eingemessen. Auf T300, wo die Parzellen häufig aper waren, wurden die Steine etwa 2 cm talwärts verschoben, auf T350, wo der Boden ständig schneebedeckt war, betrug die Verlagerung nur einige Millimeter.

Erhebliche Bodenmengen werden durch Bodenwühler (Mäuse u.a.) umgesetzt. Sie sind v.a. unter der Schneedecke aktiv. Nach der Schneeschmelze sind die Hänge oft mit Erdhaufen übersät. Sicher ist, dass alles in allem die talwärts gerichtete Verlagerung überwiegt.

Das gleiche gilt für die Bodenbearbeitung durch Geräte und Maschinen. Das Pflügen bewirkt einen Ausgleich des Nanoreliefs. Dies ist z.B. im Bereich der Koordinaten 626 750/217 100 (Bodenkarte Flückigen) sichtbar, wo in welligem Gelände die Profilmächtigkeiten der Böden örtlich stark variieren.

7.3.6 **Flankenabtragung und Durchtransport**

Die Karten der Bodenmächtigkeiten im Anhang zeigen deutlich, dass erodierte Profile auf Rücken und Kuppen liegen. Hier geht kontinuierlich Material ohne Kompensierung verloren. An den Hängen hat, wie dies auch G.RICHTER (1965, S.69) feststellt, der Hangkopf die geringmächtigsten Profile. Auch hier ist die Materialbilanz negativ. Die Hänge selber haben, mit wenigen Ausnahmen, normale Profilmächtigkeiten. Mächtigere Profile und eigentliche Akkumulationen gibt es in Tiefenlinien und Verflachungen. Der Materialverlust durch Rillen und Rinnen, die meist in markanten Tiefenlinien erodiert werden, wird also überkompensiert durch die (Flanken-) Abtragung durch Flächen- und Runsenspülung. Das mengenmässige Überwiegen der Materialverluste durch die Runsenspülung, das in Kap.7.3.4 erwähnt wird, ist also nicht nur für die beiden Messjahre gültig, sondern - obwohl weniger krass - auch langzeitlich.

7.4 Die Textur des erodierten Bodenmaterials

7.4.1 Problematik

Bodenverlagerung durch Wasser bringt üblicherweise auch eine Texturänderung der verbleibenden Krume einerseits und des sedimentierten Bodenmaterials andererseits mit sich. Dies ist für die Bodenfruchtbarkeit nicht unerheblich, ist doch eine ausgeglichene Korngrössenverteilung für den Luft-, Wasser- und Nährstoffhaushalt von entscheidender Bedeutung. In der Literatur finden sich die verschiedensten Angaben über mobile und stabile Korngrössen. In vielen Fällen ist die Schlufffraktion besonders mobil (J.KARL u. M.PORZELT 1983, L.JUNG u. R.BRECHTEL 1980, R.-G.SCHMIDT 1979). D.WERNER (1968) unterscheidet zwischen Abflüssen mit geringer Energie, wo v.a. Schluff und Ton verlagert werden, und solchen mit grosser Energie, wo die Sandfraktion bevorzugt ist. W.SEILER (1983) fand auf lehmigen und tonigen Böden Feinsand und Grobschluff als stabilste Fraktionen. Generelle Aussagen sind wohl nicht möglich, da neben der Art des Transports auch die Bodenstruktur für die Texturselektion eine Rolle spielt. Während ein Teil des transportierten Materials im Einzugsgebiet wieder sedimentiert wird, wird der andere mit dem Vorfluter weggeführt und ist damit für das Gebiet verloren. Deshalb wird im Folgenden auch die Körnung des Gebietsaustrags erläutert.

7.4.2 Korngrössenverteilung im Ausgangs- und im Erosionsmaterial

In Tab.30 sind die statistischen Werte für das Ausgangsmaterial, also die gewachsene Bodenkrume, und für das erodierte Material der beiden Teststationen T300 (Taanbach) und T350 (Flückigen) aufgeführt. Die Abb.44 verdeutlicht den Sachverhalt anhand der Mittelwerte des Feinmaterials. Da die Textur- und Strukturverhältnisse innerhalb der Arbeitsgebiete ähnlich sind (vgl. Kap.5 und Kap.6.3), können die hier gefundenen Resultate als repräsentativ gelten.

Die Streuung der Werte sowohl des Ausgangs- wie des Erosionsmaterials ist erheblich. Die Interpretation wird sich deshalb vornehmlich auf die Mittelwerte beschränken.

Statistische Kennwerte der Korngrössenverteilung im Ausgangs- und im Erosionsmaterial														
			Boden-skelett	Feinmaterial = 100%			Feinmaterial = 100%							
				Sand	Schluff	Ton	GS	MS	FS	GU	MU	FU	T
T300	*Ausgangs-material*	**Mittelwert**	**21,6**	**55,5**	**29,3**	**15,2**	**8,1**	**17,7**	**29,7**	**9,5**	**12,2**	**7,6**	**15,2**
		KLW	7,0	41,4	16,7	12,0	5,2	15,0	17,7	3,5	4,5	5,8	12,0
		GRW	30,8	64,8	39,9	19,2	19,5	20,2	33,0	18,2	16,1	11,5	19,2
		SA	8,6	6,1	5,5	2,1	3,9	1,8	4,3	3,9	3,6	1,7	2,1
		n	11	11	11	11	11	11	11	11	11	11	11
	T300/1 Erosions-material	**Mittelwert**	**1,2**	**50,6**	**31,9**	**17,5**	**7,4**	**18,8**	**24,4**	**7,0**	**13,4**	**11,5**	**17,5**
		KLW	0,0	27,2	19,1	9,6	2,9	8,6	13,4	2,3	3,8	5,9	9,6
		GRW	14,3	67,4	56,2	29,5	13,3	28,4	33,6	10,7	24,0	23,7	29,5
		SA	2,9	10,4	7,5	4,8	2,8	5,4	5,3	2,4	4,9	4,0	4,8
		n	25	25	25	25	25	25	25	25	25	25	25
	T300/2 Erosions-material	**Mittelwert**	**0,7**	**48,6**	**33,3**	**18,1**	**7,2**	**18,1**	**23,3**	**7,0**	**14,8**	**11,5**	**18,1**
		KLW	0,0	29,7	26,6	4,2	2,4	8,8	15,5	2,5	9,9	6,2	4,2
		GRW	3,6	59,3	50,7	31,1	11,8	25,7	30,6	16,0	20,6	17,9	31,1
		SA	1,0	7,9	5,4	5,3	2,4	3,9	4,0	3,1	2,9	3,5	5,3
		n	25	25	25	25	25	25	25	25	25	25	25
	T300/3 Erosions-material	**Mittelwert**	**1,8**	**50,7**	**32,2**	**17,1**	**6,5**	**18,7**	**25,5**	**6,9**	**14,1**	**11,2**	**17,1**
		KLW	0,0	33,7	25,2	9,9	2,4	11,7	17,3	4,2	6,3	4,7	9,9
		GRW	28,8	63,0	47,5	24,8	12,9	27,0	36,2	14,4	22,6	19,9	24,8
		SA	5,6	8,4	6,2	3,9	2,5	3,8	4,3	2,2	3,5	3,2	3,9
		n	26	26	26	26	26	26	26	26	26	26	26
T350	*Ausgangs-material*	**Mittelwert**	**10,5**	**46,1**	**41,3**	**12,6**	**3,8**	**12,1**	**30,2**	**15,7**	**16,3**	**9,3**	**12,6**
		KLW	2,7	40,9	33,7	2,1	0,9	7,5	23,8	11,8	6,4	1,7	2,1
		GRW	28,3	48,7	53,2	18,1	6,3	22,8	34,5	29,5	22,3	17,5	18,1
		SA	8,1	2,4	5,8	5,5	1,6	4,1	3,0	5,7	4,9	4,5	5,5
		n	10	10	10	10	10	10	10	10	10	10	10
	T350/1 Erosions-material	**Mittelwert**	**1,1**	**44,0**	**38,9**	**17,1**	**3,3**	**13,0**	**27,7**	**14,2**	**16,0**	**8,7**	**17,1**
		KLW	0,0	26,6	33,0	12,8	0,3	1,3	22,2	7,9	7,6	4,0	12,8
		GRW	13,8	53,4	47,5	24,8	7,1	21,0	33,4	27,5	29,9	19,6	24,8
		SA	2,7	6,4	5,2	2,9	1,7	4,1	3,5	3,6	4,4	3,1	2,9
		n	27	27	27	27	27	27	27	27	27	27	27
	T350/2 Erosions-material	**Mittelwert**	**0,9**	**43,4**	**38,3**	**18,3**	**3,8**	**13,6**	**26,0**	**14,5**	**15,6**	**8,2**	**18,3**
		KLW	0,0	33,1	29,8	12,5	0,8	9,1	18,3	3,7	4,6	0,5	12,5
		GRW	7,6	53,6	47,6	30,8	11,8	18,6	32,8	26,4	28,2	14,6	30,8
		SA	1,8	5,1	4,9	3,7	2,3	2,6	3,4	5,4	4,6	3,2	3,7
		n	26	26	26	26	26	26	26	26	26	26	26

Boden-Skelett: Prozentanteil an Gesamtprobe
KLW: Kleinster Wert
GRW: Größter Wert
SA: Standartabweichung
n: Probenzahl

Tab. 30: Statistische Kennwerte der Korngrössenverteilung im Ausgangsmaterial (gewachsene Bodenkrume) und im Erosionsmaterial. Ort: Testparzellen.

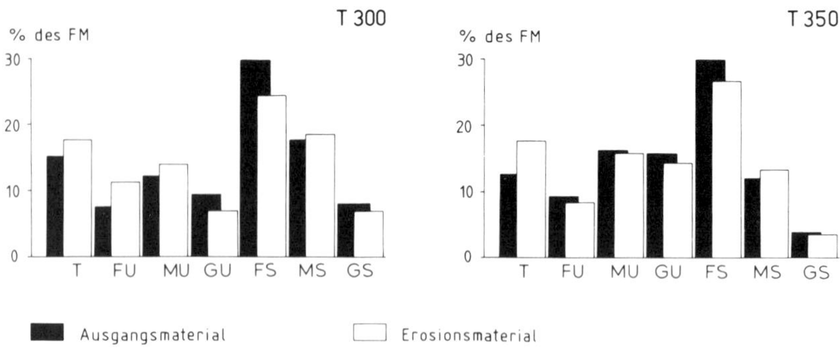

Abb. 44: Korngrössenverteilung auf den Testflächen.

Auffällig ist der geringe Skelettanteil im verlagerten Material. Dieser Anteil schwankt zudem von Ereignis zu Ereignis sehr stark. Auch unter Berücksichtigung des erheblichen Fehlers bei der Entnahme von Aliquot-Proben muss auf eine Anreicherung von Kies und Steinen geschlossen werden. Diesem unerwünschten Effekt wurde und wird auch heute noch durch das "Steinelesen" auf den Äckern begegnet.

Feinmaterial (<2 mm) hat insgesamt eine höhere Mobilität. Die Verhältnisse auf T300 und T350 liegen ähnlich. Interessant ist ein Vergleich zwischen den Mittelwerten der einzelnen Ereignisse, also ungeachtet der transportierten Materialmengen (in Tab.30 und Abb.44), mit den Prozentanteilen der einzelnen Korngrössenklassen an der verlagerten Bodenmaterialmenge. Tab.31 zeigt, dass die Verteilung etwa gleich ist. Auffallend ist höchstens der auf Kosten des Sands erhöhte Schluffanteil bei T300. Die Erklärung: Splashabtrag, bei dem Sand bevorzugt transportiert wird, fällt bei der Mittelwertbildung nach Ereignissen stärker ins Gewicht, als es ihm aufgrund der geringen Abtragsmengen zukommen würde.

		% S	% U	% T
T300	Ausgangsmaterial	55,5	29,3	15,2
	Mittelwert der Ereignisse	50,0	32,4	17,6
	Erosionsmaterial	45,0	36,2	18,8
T350	Ausgangsmaterial	46,1	41,3	12,6
	Mittelwert der Ereignisse	43,7	38,6	17,7
	Erosionsmaterial	45,3	38,4	16,3

Tab. 31: Korngrössenanteile im Ausgangsmaterial, im Erosionsmaterial (Mengenanteile) sowie als Mittelwerte der Einzelereignisse.

Im Einzelnen fällt auf, dass die Tonfraktion durchgängig überproportional transportiert wird. Schluff wird in einem Fall (T300) leicht über-, im anderen (T350) leicht unterproportional verlagert, Sand erweist sich (ausser Mittelsand (MS)) als stabil.

Bei der Betrachtung der Abb.44, zeigen sich innerhalb des Korngrössenspektrums Mobilitäts- und Stabilitätsbereiche. Bei T300 umfasst der mobile Bereich T, FU und MU, worauf ein relativ stabiler Bereich folgt, der nur bei MS unterbrochen wird. T350 hat einen mobilen T-Bereich, dem sich ein stabiler U- und FS-Bereich anschliesst; MS ist wiederum mobil.

Eine Erklärung hat davon auszugehen, dass es zwei Transportmechanismen gibt, den Spritztransport (splash) und den Schlepptransport (wash). Durch Spritztransport werden nur kleine Mengen verlagert. Hier besitzt die Sandfraktion, insbesondere MS, ein Übergewicht (dazu W.SEILER 1983, S.357). Beim Schlepp- oder Spültransport muss unterschieden werden zwischen dem Transport von Einzelkörnern und demjenigen von Aggregaten. Entscheidend, welche Korngrössen oder Aggregate bewegt werden, ist die Schleppkraft des Wassers (dazu D.WERNER 1968, S.574). Des weiteren ist wichtig, in welchem Zustand sich die Krumenoberfläche beim Eintritt von Ao befindet, wie gross die Bodenfeuchte, die Rauhigkeit und die Strukturstabilität sind und wie weit die Aggregate zerstört sind.

Bei grossen Abtragsereignissen mit hohen Abfussintensitäten (entspricht G-Ereignissen in Kap. 7.2.4) und mehreren Kilogramm Abtrag je Parzelle (= 10 m^2) werden überwiegend ganze Aggregate oder, soweit diese zerstört werden, alle Korngrössen weggeführt, im Extremfall (Rillenreissen) die ganze Krume. Hier ist natürlich eine geringe Korngrössenselektion gegeben. Diese Aussage deckt sich mit den Zahlen in Tab.30: bei T350, wo grosse Mengen (insgesamt je Parzelle 436 kg) anlässlich weniger Ereignisse verlagert wurden (Tab.28), differieren die Korngrössenanteile in Ausgangsmaterial und in Erosionsmaterial wenig; bei T300 (insgesamt je Parzelle nur 166 kg Abtrag) sind die Abweichungen erhelblich grösser (stärkeres Gewicht der selektiven Abtragsmechanismen!).

Zu klären bleibt noch die unterschiedliche Mobilität der Fein- und Mittelschlufffraktionen an den beiden Standorten. Bei ungefähr gleichen Erosivitätsbedingungen, ähnlichem Infiltrationsvermögen und gleicher Hangneigung muss dies an Unterschieden in der Krumenstruktur liegen. Dazu einige Angaben (vgl.Kap.6.3.3):

	% C	△ GMD	% Aggregate <0,5 mm u. lose Teile
T300	2,0	1,9	ca 20
T350	2,5	2,2	ca 10

T300 besitzt zwar eine höhere durchschnittliche Aggregatstabilität (=kleinerer △ GMD), der Anteil von Mikroaggregaten und losen Teilen ist aber grösser. Dies kann eine Erklärung der unterschiedlichen Selektionsverhältnisse sein.

7.4.3 **Korngrössenverteilung im Vorfluteraustrag**

Vorerst einige Worte zur Datengewinnung: Die Daten für die Korngrössenverteilung des Basisabflusses mussten von einer Gesamtprobe genommen werden. Die Werte der Hochwasserwellen beruhen auf einzelnen durch Stichproben erfasste Ereignissen. Ausserdem werden für jedes AG die Werte eines Einzelereignisses angeführt, bei dem die ganze Welle mit Proben abgedeckt worden ist (vgl.Kap.9.3.2).

Taanbach				Flückigen		
% S	% U	% T		% S	% U	% T
48,9	34,0	17,1	A-Horizont: ungefähres Gebietsmittel	46,0	40,5	13,5
31,6	53,0	15,3	*Basisabfluss	31,6	53,0	15,3
26,3	51,2	22,5	Hochwasserwellen	38,4	40,7	19,6
10,7	58,3	31,0	Hochwasserwelle vom 6.8.1982	20,9	59,1	20,0
*Basisabfluss: Aufgrund der geringen Probemengen mussten die Proben der beiden AG zur Analyse vereinigt werden.						

Tab. 32: Korngrössenverteilung im Austrag des Taan- und des Flückigenbachs.

Aufgrund der Datenlage ist deutlich ersichtlich, dass nur eine Trendaussage möglich ist. Da die Schwebstoffe des Basisabflusses überwiegend aus dem Bereich des Bachbetts stammen, lassen sie sich nur beschränkt mit dem Oberbodenmaterial des gesamten Einzugsgebiets vergleichen. Anders die Schwebstofffracht der Hochwasserwellen, die grossenteils durch Oberflächenabfluss in den Vorfluter gelangt. Beim Vergleich der Werte der Tabellen 31 und 32 zeigt sich eine stufenweise Anreicherung der kleinen Korngrössen Schluff und Ton, das erste Mal im erodierten Material gegenüber dem Ausgangsmaterial, ein zweites Mal im Austrag gegenüber dem erodierten Material. Dies bedeutet, dass das Einzugsgebiet insgesamt an Schluff und Ton verarmt und dass im resedimentierten Erosionsmaterial Sand angereichert ist (Nicht einbezogen in diesem Gedankengang ist natürlich die Neubildung von Schluff- und Tonpartikeln durch Verwitterung).

8. Laterale Transporte

8.1 Umlagerungsverluste von Bodenmaterial

8.1.1 Methodisches und Allgemeines

Im folgenden wird ein Überblick über die Mengen von verlagerter Bodensubstanz gegeben. Das durch Wassererosion verlagerte Material wird teilweise nur über kurze Strecken transportiert und dann wieder abgelagert. Ein Teil gelangt in suspendierter Form in den Vorfluter und geht dem Einzugsgebiet verloren. Es ist also grundsätzlich zu unterscheiden zwischen Umlagerungsverlusten und Gebietsverlusten. Wenn in der Forschung die Bodenfruchtbarkeit im Vordergrund steht, ist mit Umlagerungsverlusten zu argumentieren, da das wiederabgelagerte Material i.a. die Fruchtbarkeit der Akkumulationsbereiche nicht steigert (ungünstige Körnung und Bodenstruktur) und damit in der Bilanzierung der Verluste als wertlos taxiert werden muss. Auf der anderen Seite kann bei geomorphologischen Fragestellungen der Gebietsverlust die wichtigere Grösse sein (der Gebietsverlust wird in Kapitel 9 behandelt).

Die Umlagerungsverluste - um diese geht es in Kapitel 8 - wurden mit Hilfe von komplexen Schadenskartierungen (R.-G. SCHMIDT 1979, H.LESER u. R.-G.SCHMIDT 1980) ermittelt. Trotz der grossmassstäblichen Aufnahme (1:1000) sind die Fehler beträchtlich, wie W.SEILER (1983, S.339) feststellt. Die Angaben über umgelagerte Bodenmaterialmengen sind daher nur von grössenordnungsmässiger Richtigkeit. Immerhin sind so gefundene Werte realistischer als Hochrechnungen von Testflächendaten (dazu auch Kap. 8.1.4).

Den Umlagerungsverlusten wurden - wo möglich - die Volumina der Erosionsformen zugrundegelegt, obwohl diese laut W.SEILER (1983, S.339) regelmässig überschätzt werden. Deshalb wurden die Ausräumvolumina sehr zurückhaltend gemessen. Wo keine quantitativ erfassbaren Hohlformen vorlagen (Flächenspülung), wurden die Volumina der Akkumulationsformen eingeschätzt.

Die ermittelten Umlagerungsverluste der zwei Messjahre werden anschliessend dazu benutzt, eine Abschätzung jährlicher Umlagerungsraten vorzunehmen. Dies ist gerechtfertigt, wenn man sich vor Augen hält, dass es sich nur um grobe Grössenordnungen handelt und dass für den untersuchten Landschaftstyp keine anderen entsprechenden Daten vorliegen.

8.1.2 **Die Umlagerungsverluste in den beiden EZG**

Die folgende Diskussion erfolgt anhand der Tabellen 33 und 34. Im weiteren sei verwiesen auf die Kapitel 6.2.2.2 (Beschreibung der Witterung), 6.3.5.2 (Bearbeitungszustand) und 6.3.5.4 (Bedeckungsgrad) sowie auf die Tabellen 15, 25, 26 (Niederschlagsparameter) und 29 (Erosionsformen).

Betrachten wir vorerst die Situation im Gebiet **Taanbach** (Tab.33). Grössere Abtragsschäden traten jeweils im Zug der Schneeschmelze ein. 75% des gesamten Umlagerungsverlustes entfielen jedoch auf das schon mehrfach erwähnte Ereignis von Mitte April 1981. Vieles spricht dafür, dass der dadurch entstandene Schaden von einer für das Gebiet unüblichen Grösse war. Zum einen treten solche intensive Regen allenfalls alle zehn Jahre einmal auf (Kap.6.2.2.2), zum anderen ist die Erodibilität nur an wenigen Tagen im Jahr derart gross (Saatbettbedingungen), wie dies bei einigen Äckern zum Ereigniszeitpunkt der Fall war. Dass grosse Schäden nur bei bestimmten Randbedingungen eintreten, zeigt auch die Tatsache, dass jeweils nur kleine Teile der offenen Ackerfläche durch die Erosion geschädigt wurden (am 15.4.81 waren es 24%). Bezieht man die geschädigte Fläche gar auf die gesamte ackerfähige Gebietsfläche, waren es damals nur etwa 6%!

Überdies sind die Erosionsschäden auf den einzelnen betroffenen Schlägen verschieden gross. Eine nur 70 a grosse Fläche lieferte am 15.April fast 27m^3 erodierten Boden (von insgesamt knapp 34m^3). Ähnlich, wenn auch weniger krass, sind die Proportionen zwischen Schadensvolumen und Fläche bei den anderen Ereignissen.

Im Gebiet **Flückigen** bietet sich ein etwas anderes Bild. Zwar waren die Schneeschmelzen hier etwa gleich erosionswirksam wie im Taanbachgebiet. Daneben gab es aber eine Vielzahl von Erosionsereignissen, die nur an wenigen Orten Schäden verursachten. Herausragend die beiden Ereignisse vom 6.10.81 und 16.8.82 mit je ähnlich grossen

Parz. Nr.	Ereignisse Taanbach											
	Schneeschmelze 81			15.04.1981			Schneeschmelze 82			18.05.1982		
	G	Z	BA	G	Z	BA	G	Z	BA	G	Z	BA
22				30	KF	1725						
23	53	WG	35	53	WG	680	53	WG	10	53	WG	10
24				27	WG	24						
27/40							30	WG	3			
28				10	SGs	1580	15	p	5	7	RR	4
29							30	p	18			
30	40	p	2250	30	SGs	7120	35	p	3070			
32	15	p	20	15	SGs	972				5	K	300
34	35	WG	170	35	WG	90						
37				37	WG	24						
42	20	WG	640	20	WG	37	20	WG	144			
44	90	WG	160	90	WG	66						
57	38	WG	150									
58				20	WG	108						
59	52	WG	720									
60										5	RR	1
62				35	WG	1305				35	K	100
65				47	SGs	19736						
67				35	K	210	35	WG	2			
73							25	WG	10			
74							50	WG	150			
78							52	WG	107			
79							82	WG,p	3430			
Total	343		4145	484		33677	432		6949	100		415
1	1208 dm³/ha			6958 dm³/ha			1608 dm³/ha			415 dm³/ha		
2	236 dm³/ha			1675 dm³/ha			382 dm³/ha			21 dm³/ha		
3	54 dm³/ha			436 dm³/ha			90 dm³/ha			5 dm³/ha		

G: Grösse des Ackers [a], Z: Feldzustand, BA: Bodenabtrag [l ≡ dm³];
KF: Kunstfutter, WG: Wintergetreide, SG: Sommergetreide, S: Saatbett, K: Kartoffel, KB: Kartoffelbrache, RR: Runkelrüben, M: Mais, MB: Maisbrache, R: Rübsen;
1: Abtrag bezogen auf geschädigte Parzellenfläche; 2: Abtrag bezogen auf die offene Ackerfläche;
3: Abtrag bezogen auf die ackerfähige Fläche
(Angaben zur Ackerfläche Tab. 6; zur Lage der Parzellen Abb. 15 - 20)

Tab. 33: Umlagerungsvolumina in den einzelnen Parzellen des Gebiets Taanbach (vgl. dazu Abb. 42, Tab. 25 und Tab. 29).

Ereignisse Flückigen 1981

Parz. Nr.	20.12.			Schneeschmelze 81			15.04.			25.05.			28.06.			3.07.			11./13.07.			18.07.			22./24.07.			6.08.			6.10.		
	G	Z	BA	G	Z	BA	G	Z	BA	G	Z	BA	G	Z	BA	G	Z	BA	G	Z	BA	G	Z	BA	G	Z	BA	G	Z	BA	G	Z	BA
16				92	WG	440																											
18	46	WG	5	46	WG	20																											
24/25				18	WG	900																									118	KB	700
26				77	p	90	77	K	180	77	K	60																			77	WGs	3000
27				175	WG	550																											
28									?			?	57	M	5	57	M	20	57	M	50	57	M	6	57	M	5	57	M	3	57	MB	10
29	65	MB	2	65	MB	10																											
34				51	p	45																											
35/36							40	K	200																						40	KB	760
37				45	WG	720																											
38/48																															95	WGs	36000
42				185	WG	850																											
49																															47	KB	225
50																															57	WG	10
52																															21	WGs	800
Total	111		7	754		3625	117		380	77		60	57		5	57		20	57		50	57		6	57		5	57		3	512		41505
1	7 dm^3/ha			480 dm^3/ha			325 dm^3/ha			78 dm^3/ha			9 dm^3/ha			35 dm^3/ha			88 dm^3/ha			10 dm^3/ha			9 dm^3/ha			5 dm^3/ha			8106 dm^3/ha		
2	0,3 dm^3/ha			168 dm^3/ha			16 dm^3/ha			2,5 dm^3/ha			3,8 dm^3/ha																		1751 dm^3/ha		
3	0,1 dm^3/ha			51 dm^3/ha			5 dm^3/ha			0,8 dm^3/ha			1,2 dm^3/ha																		580 dm^3/ha		

Ereignisse Flückigen 1982

Parz. Nr.	5.01.			Schneeschmelze 82			19.05.			22.06.			26.06.			17.07.			23.07.			16.08.			20.08.			6.09.			17.10.		
	G	Z	BA	G	Z	BA	G	Z	BA	G	Z	BA	G	Z	BA	G	Z	BA	G	Z	BA	G	Z	BA	G	Z	BA	G	Z	BA	G	Z	BA
24/25				118	p	16																											
26	77	WG	60	77	WG	1250																77	KFs	7200									
34				60	WG	1700																											
37																						45	KFs	1700									
42				25	p	240				185	K	30	185	K	150	185	K	25				185	K	1100	185	K	250				185	KB	200
51																						170	Rs	11700									
56				30	p	16																											
57							63	K	13	63	K	5	63	K	2							63	K	20				63	KB	30			
62				5	p	27						?			?	5	M	50	5	M	2	5	M	1									
Total	77		60	315		3249	63		13	248		35	248		152	190		75	5		2	545		21720	185		250	63		30	185		200
1	78 dm^3/ha			1031 dm^3/ha			21 dm^3/ha			14 dm^3/ha			61 dm^3/ha			39 dm^3/ha			40 dm^3/ha			3985 dm^3/ha			135 dm^3/ha			48 dm^3/ha			108 dm^3/ha		
2	3 dm^3/ha			159 dm^3/ha			0,5 dm^3/ha			1,4 dm^3/ha			6 dm^3/ha			3 dm^3/ha						872 dm^3/ha			10 dm^3/ha			1,2 dm^3/ha			8 dm^3/ha		
3	1,0 dm^3/ha			45 dm^3/ha			0,2 dm^3/ha			0,5 dm^3/ha			2,1 dm^3/ha			1,0 dm^3/ha						304 dm^3/ha			3,5 dm^3/ha			0,4 dm^3/ha			2,8 dm^3/ha		

Erläuterungen siehe Tab. 33

Tab. 34: Umlagerungsvolumina in den einzelnen Parzellen des Gebiets Flückigen in den hydrologischen Jahren 1981 und 1982 (vgl. dazu Abb. 42, Tab. 15, Tab. 26 und Tab. 29).

Schäden wie am 15.4.81 in Taanbach. Art und Zustandekommen der Erosionsformen gleichen sich (Tab.29). Alle diese grossen Schäden rührten von heftigen Starkregen, die die frisch bestellten Getreide- resp. Kunstfutter- und Rübsenschläge verheerten.

Eigenheiten verursachten auf verschiedenen Parzellen eine Häufung von Abtragsereignissen. Im Sommer 81 lieferte der Maisacker 28 regelmässig bescheidene Erosionsmengen durch Abspülung in langen, sanft geneigten, verdichteten Abflussbahnen. Für den Sommer 82 ist insbesondere Acker 42 zu nennen, wo sogar bei intakter Bodenbedekkung (Kartoffelstauden) bei fast jeder Regenperiode erodiert wurde. Der Grund: stark geneigte senkrecht zum Hang angelegte Furchen, die austretendem Hang- und Quellwasser als Abflussleitlinien dienten (vgl. Kap. 2.2.4).

Zusammenfassend lässt sich für beide Gebiete sagen: das Gros der Umlagerungsverluste wird durch wenige, intensive Starkregen und durch die Schneeschmelzen verursacht. Die Schäden konzentrieren sich auf wenige Ackerschläge, die wegen ihrer Lage (v.a. bei linearer Erosion) oder ihres Zustandes besonders gefährdet sind.

8.1.3 **Langfristige Umlagerungsverluste**

Vorausgesetzt, die Jahre 1981 und 1982 seien bezüglich Erosivität und Erodibilität durchschnittlich gewesen, könnten auch die kartierten Abtragsmengen als durchschnittliche Erosionsraten gelten. Dies ist natürlich eine Fiktion, denn die Wahrscheinlichkeit grosser Erosionsereignisse ist nicht bekannt. Bedenkt man aber, dass alle grossen Schadensereignisse (15.4.81, 6.10.81, 16.8.82) in ihrer Wirksamkeit "optimal" waren, ebenso die Schneeschmelzen 1981 und 1982 (1980 brachte demgegenüber nur geringe Schäden, 1982 überhaupt keine!), so lässt sich mit gutem Grund annehmen, der untersuchte Zeitraum habe etwa die obere Grenze der Gebietserosionsleistung aufgezeigt. Dies heisst natürlich nicht, einzelne Jahre könnten nicht mehr Leistung aufweisen. Die Wahrscheinlichkeit dafür ist aber sicherlich klein!

Die langfristigen Erosionsraten dürften nach dem Gesagten etwas unter den Umlagerungsmengen der Jahre 81 und 82 liegen (Tab.35).

Taanbach		Flückigen
45 186 dm^3	Gesamtes Umlagerungsvolumen (1981 und 1982)	71 452 dm^3
585 dm^3/ha	Umlagerungsvolumen bezogen auf die ackerfähige Fläche (1981 und 1982)	999 dm^3/ha
293 kg/ha	Umlagerungsmenge pro Jahr bezogen auf die ackerfähige Fläche (Annahme: 1 $dm^3 \hat{=}$ 1 kg)	499 kg/ha
0,029 mm	ergibt eine Bodensäule von	0,050 mm

Tab. 35: Durchschnittliche Umlagerungsmengen und Profilverkürzungen.

Unter der theoretischen Annahme, dass im Lauf der Zeit die ackerfähige Fläche gleichmässig durch Erosion geschädigt wird, kann - die Wiederablagerung eines Teils des erodierten Bodens sei hier vernachlässigt - ein Bodenverlust von etwa 300 kg/ha für das Gebiet Taanbach bzw. von etwa 500 kg/ha für das Gebiet Flückigen angenommen werden. Dies entspricht einer jährlichen Erniedrigung der Bodensäule um 0,03 mm (Taanbach) bzw. 0,05 mm (Flückigen). (Zur Erniedrigung der Bodensäule durch Lösungsverluste siehe Kap.9). Dies sind bescheidene Werte, die durch die natürliche Bodenentwicklung kompensiert werden.

In der Realität sind - wie in der Arbeit verschiedentlich gezeigt wird (etwa in Kap.5) - nicht alle Orte in gleichem Ausmass von der Erosion betroffen. Dies erklärt, dass einige Prozent der ackerfähigen Fläche spürbar geschädigt sind (Kap.5.6; Bodenkarten; Bodenmächtigkeitskarten). Es ändert allerdings nichts an der Tatsache, dass die untersuchten Gebiete als ganzes wenig erosionsgefährdet sind.

8.1.4 Vergleich mit Literaturwerten

Ein Vergleich der Bodenverluste mit Literaturwerten ist schwierig, da diese häufig auf hochgerechneten Testflächen basieren. Ein Vergleich der Werte von Tab.28 (Bodenabtrag auf den Testflächen in kg/ha) mit den effektiven Umlagerungsmengen in Tab.35 illustriert die völlige Irrelevanz solcher Hochrechnungen! Die Literaturzusammenstellung von I.SAUNDERS u. A.YOUNG (1983) zeigt denn auch eine riesige Spannweite von "rates of surface wash".

Der durchschnittliche Verlust in der BRD wird auf 2000 kg/ha geschätzt (W.VOSS u. H.U.PREUSSE 1976). In den USA wird ein Bodenverlust von 2,2 t/ha als unbedenklich erachtet (G.GERSTER 1983). P.P.M VAN HOOFF u. P.D.JUNGERIUS (1984) errechneten für ein Keuper-Gebiet in Luxemburg eine jährliche Erniedrigung von 0,14 bis 0,34 mm.

W.SEILER (1983, S.346) kommt für die Jahre 79/80 im Ribachgebiet (TG Jura; Abb.1), auf einem tonreichen Substrat, auf jährliche Umlagerungsverluste von 1540 kg/ha; TH.STAUSS (1983, S.178) im Jahr 1982 im selben Gebiet auf Verluste von 4490 kg/ha.

8.2 Umlagerungsverluste von Nährstoffen

Nährstoffe werden lateral via Bodenmaterial oder via Wasser transportiert. Die im oberflächlich abfliessenden Wasser gelösten Stoffe gelangen sämtlich in die Vorfluter und gehen dem EZG damit verloren. Teilweise ist dies auch bei den Stoffen der abgeschwemmten Krume der Fall. Da die Stoffausträge mit dem Vorfluter im Kapitel 9 detailliert behandelt werden, bleibt an dieser Stelle nur die -bewusst summarische- Diskussion von Nährstoffkonzentrationen und -umlagerungsmengen. Summarisch müssen die Ausführungen bleiben, weil die Datenbasis detaillierte Schlüsse nicht erlaubt. So können keine Aussagen über den Jahresgang der Nährstoffkonzentration in der Bodenkrume gemacht werden und auch die Düngungseffekte sind nicht zu quantifizieren. Überdies streuen die Konzentrationswerte stark sowohl beim Material, das auf den Testflächen erodiert wurde wie auch bei demjenigen, das mit den Feldkästen gesammelt wurde. Diese Feststellung machte auch W.SEILER (1983,S.327). Die Gründe, generell Nutzung, Düngung, Mineralisierungsraten usw., sind im einzelnen nicht bekannt. Deshalb wird im Folgenden nur eine Auswahl von Mittelwerten genannt, um die Grössenordnungen aufzuzeigen.

In Tabelle 36 sind exemplarisch die Konzentrationsmittelwerte für die Testfläche T350 aufgeführt. Zum Vergleich sind zusätzlich die Nährstoffgehalte im Niederschlagswasser und im Vorfluter erwähnt.

Die Mittelwerte von Feldproben, die hier nicht genannt werden, liegen im gleichen Grössenbereich. Allerdings ist die Streuung grösser, da auch das Nährstoffangebot, bedingt durch die Düngung einerseits und den Pflanzenentzug andererseits, stärker schwankte (Testparzellen blieben ohne Düngung und Bepflanzung). Vergleicht man die Konzentrationen im Wasser (Niederschlag, Oberflächenabfluss, Vorfluterabfluss), fallen die unterschiedlichen Anreicherungsmechanismen der einzelnen Stoffe auf. Bei Ca, Mg und NO_3 bleiben die Konzentrationen im Ao weit hinter denjenigen im Vorfluter zurück, während bei K und PO_4-gelöst die Verhältnisse umgekehrt sind (vgl. Kap.9.2.3 und W.WALTHER 1979). Zu bedenken ist, dass die Konzentrationen im Ao abhängig sind von der Fliessstrecke des Wassers, was eine Abschätzung dieser Nährstofffracht verunmöglicht.

	Durchschnittliche Konzentrationen (dK)	C [%]	N [%]	Ca [ppm]	Mg [ppm]	K [ppm]	PO_4 [ppm]	NO_3 [ppm]
in der Bodensubstanz	dK an Krumenoberfläche auf T350	1,8	0,19	1 405	58	247	289	
	dK im Bodenabtrag auf T350	1,9	0,21	1 383	77	236	344	
	dK des Schwebstoffaustrags dreier Hochwasserwellen bei P350	6,7	0,40				270	
im Wasser	dK im Niederschlagswasser auf T350			2,5	0,17	0,46	0,09	0,7
	dK im Ao-Wasser auf T350 (Sommer)			7,7	0,51	6,05	1,60	2,7
	dK im Ao-Wasser auf T350 (Winter)			7,0	0,30	3,70	0,46	2,8
	dK im Vorfluterabfluss (P350)			54,7	9,30	3,70	*0,04	18,0

*Die geringe Durchschnittskonzentration von Phosphat im Vorfluter dürfte in dessen teilweiser Ausfällung im kalkhaltigen Gesteinsuntergrund begründet sein (M.KLETT 1965).

Tab. 36: Nährstoffkonzentrationen in der Bodenkrume, im BA und im Ao.

Zur Konzentration der Nährstoffe im festen Boden ist vorerst zu erwähnen, dass in der Analyse nur C und N total erfasst wurden. Die Werte von Ca, Mg, K, PO_4 haben konventionellen Charakter, da sie mit der in Kap.5.2.3 beschriebenen Jonen-Austausch-Methode ermittelt wurden.

Die Zahlen von Tab.36 zeigen nur geringfügige Unterschiede zwischen den obersten Bereichen der Krume und dem Erosionsmaterial. Anhand der hier nicht aufgezeichneten Werte der Feldproben zeigt sich aber die Tendenz, dass das abgespülte Material nährstoffreicher ist als die gewachsene Krume. W.SEILER (1983,S.268) diskutiert dieses Anreicherungsphänomen ausführlich. Vor allem bei geringen Abträgen aufgrund von Abspülung werden bevorzugt nährstoffreiche Kleinpartikel verlagert. Wird bei Tiefenerosion die gesamte Krume betroffen, gleichen sich die Konzentrationen im Ausgangs- und im Erosionsmaterial natürlich an. Erwähnt seien auch die hohen C- und N-Werte beim Schwebstoffaustrag (vgl. Kap 7.4.3 und Kap.9.3.2).

Multipliziert man die Konzentrationsmittelwerte mit der durchschnittlichen jährlichen Umlagerungsmenge aus Tab.35, für das Gebiet Flückigen also mit ca 500 kg/ha, erhält man grössenordnungsmässig die durch lateralen Oberflächentransport verlagerten Nährstoffmengen (ohne Ao-Lösungstransport, der mit Ausnahme von K nicht ins Gewicht fällt): C: 9,5 kg/ha; N: 1,0 kg/ha; Ca: 0,7 kg/ha; PO_4: 0,2 kg/ha; K: 0,1 kg/ha; Mg: 0,04 kg/ha . Die so verlagerten Nährstoffmengen sind also bescheiden und, mit Ausnahme von PO_4, gegenüber dem Vorfluterverlust an gelösten Stoffen vernachlässigbar (vgl. Tab. 39 und 40).

9. Vorfluteraustrag

9.1. Abflussverhalten

9.1.1 Methoden der Abflussmessung

Der oberflächliche Gebietsabfluss (Q) wurde in geeichten Abflusskanälen (P300 und P350 in Abb.13 und 14) erfasst. Diese wurden mit rechteckigem Abflussquerschnitt nach mündlichen Angaben von CH.LEIBUNDGUT, Bern, konstruiert. Der Registrierung des Wasserstands (W) diente ein mechanischer Schwimmerschreibpegel, der Messung der Fliessgeschwindigkeit (v) ein hydrometrischer Flügel. Das Messverfahren (Einpunktmethode) ist bei R.RÖSSERT (1969, S.99 ff) beschrieben. Q wurde durch graphische Integration ermittelt. Das Aufstellen der W-Q-Beziehung (Abflusskurve) gestaltete sich v.a. bei Hochwasser schwierig, da die Spitzen durch Eichmessungen schlecht abgedeckt werden konnten.

Mit erheblichen Eichfehlern ist also im Hochwasserbereich zu rechnen, aber auch bei Niedrigwasser (zu wenig Wasser für eine einwandfreie Flügelmessung, Veränderung der Sohlenfläche). Bei mittleren Wasserständen dürfte der Fehler dagegen klein sein. Abb. 47 und 48 zeigen, dass diese Wasserstände zeitlich stark dominieren, so dass die Abflusserfassungsgenauigkeit für Bilanzierungszwecke ausreicht (Literaturangaben über die Genauigkeit von Abflussmessungen bei CH.LEIBUNDGUT 1976, S.64).

9.1.2 Abflussgeschehen

Vorgängig zur Darstellung des Stoffaustrags soll auf das Abflussverhalten eingegangen werden. Dieses ist geprägt durch Einflüsse von Niederschlag und Verdunstung, von Bodenfeuchte, Relief, Bodenbedekkung, Bodeneigenschaften und Gesteinsuntergrund. Das Abflussverhalten ist somit eine hochintegrierte Grösse, die Rückschlüsse auf die naturräumliche Ausstattung der EZG zulässt. Die folgenden Ausführungen können damit als Ergänzung und Bestätigung der in den vorhergehenden Kapiteln gemachten Gebietscharakterisierung gelten. Im besonderen sei verwiesen auf Teile der Kapitel 2, 5 und 6.

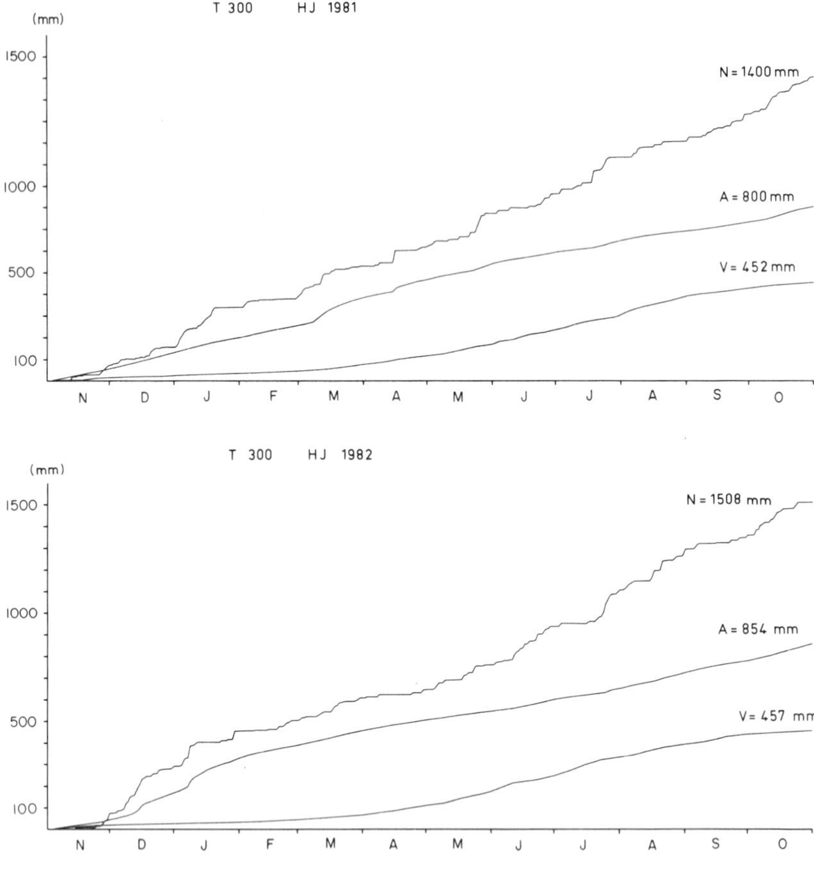

Abb. 45: Summenkurven von Niederschlag, Abfluss und Verdunstung bei T300 (Taanbach).

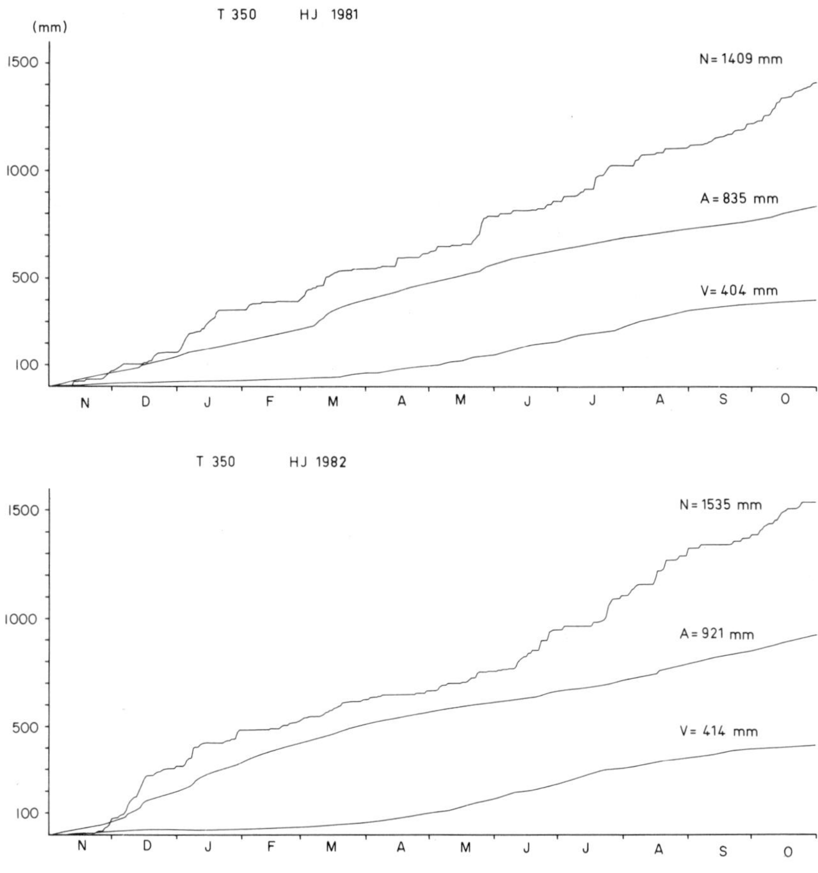

Abb. 46: Summenkurven von Niederschlag, Abfluss und Verdunstung bei T350 (Flückigen).

Die Abb.45 und 46 zeigen die Summenkurven von Niederschlag(N), Abfluss (A) und Verdunstung (V) für die hydrologischen Jahre 81 und 82. In beiden nassen Jahren wurde eine Rücklage gebildet. Der Abflussfaktor AF (A/N) betrug im Gebiet Taanbach in beiden Jahren 0,57, im Gebiet Flückigen in HJ 81 0,59, im HJ 82 0,60. Diese Werte sind allerdings etwas zu tief, da der unterirdische Abfluss unberücksichtigt blieb. Die Abflussfaktoren liegen im Bereich, den V.BINGGELI (1974, S.87) anhand verschiedener Quellen für schweizerische Mittelgebirgsverhältnisse nennt (0,4 bis 0,6). Die Verläufe der Kurven beider Gebiete ähneln sich aufgrund der ähnlichen Naturraumausstattung. Auffallend ist der gedämpfte Verlauf der Abflusskurven. Hier zeigt sich die grosse Retentionsfähigkeit des oberflächennahen Untergrunds. Der zeitliche Verlauf der Kurven ist natürlich stark durch die Witterung der beiden Jahre beeinflusst. Immerhin ist auffällig, wie untergeordnet der Verdunstungsanteil in diesem kühlhumiden Gebiet ist. 1981 und 1982 lag er nur je 3 Monate über demjenigen des Abflusses. Im Winterhalbjahr wird das Abflussgeschehen stark durch Schneerücklage und -schmelze geprägt. Schneeschmelze und Niederschlagsarmut verursachten in beiden Jahren im zweiten Quartal (Februar, März, April) einen Aufbrauch. Im Gegensatz dazu bildete sich während der nassen Sommermonate eine Rücklage.

Der Feuchtezustand des Speicherraums Boden moduliert (zusammen mit der Niederschlagsintensität) im wesentlichen das Abflussverhalten. Dies führt dazu, dass sommerliche Gewitterregen oft vom Boden "geschluckt" werden und überhaupt keinen Direktabfluss verursachen. Im Winter und Frühling, bei gefrorener oder übersättigter Bodenoberfläche, reagiert die Abflussganglinie dagegen sofort auch bei kleinen Ereignissen. Schneeschmelzen (März 81, Dez./Jan. 82), besonders wenn sie mit Niederschlägen verbunden sind, erbringen die grössten Abflussmengen und mit die grössten Abflussspenden. Sommerliche Regen, auch wenn sie ergiebig sind, bringen vergleichsweise bescheidene Abflussmengen.

Sommerliche Starkregen bleiben so zwar punkto Abflussmenge beträchtlich hinter den winterlichen Hochwässern zurück, ihre Spenden können aber kurzzeitig ebenso hoch sein (höchste stündliche Abflussspenden bei P350: Schneeschmelze und Regen am 8.12.81: 1378 $l/km^2 \cdot s$; Starkregen am 17.8.82: 1295 $l/km^2 \cdot s$; höchste stündliche Abflussspenden bei P300: Schneeschmelze und Regen am 8.1.82: 1220 $l/km^2 \cdot s$; Starkregen am 15.4.81: 723 $l/km^2 \cdot s$).

Als Anteil des Direktabflusses am Gesamtabfluss bzw. am Niederschlag ergiebt sich anhand der hydrographischen Ganglinien folgendes (vgl.dazu den Anteil des Ao am N, der in Kap.7 diskutiert wurde):

		$\frac{Q_D \cdot 100}{Q}$	$\frac{Q_D \cdot 100}{N}$
P300	HJ 81	3,3	1,9
	HJ 82	8,3	4,7
P350	HJ 81	7,1	4,2
	HJ 82	10,6	6,4

Q_D: Direktabfluss; Q: Gesamtabfluss; N: Gebietsniederschlag (vgl. dazu W.SEILER 1983, S.357 ff)

Der kleine Anteil von Q_D (entspricht dem kleinen Anteil von Ao in Tab.27) kommt auch in den Abb.47 und 48 zum Ausdruck. Diese zeigen die Abflussdauerlinien bei P300 und P350. Wenige Tage pro Jahr haben Abflussspenden über 5 mm. Die meiste Zeit betragen die täglichen Spenden zwischen 1 mm und 3 mm. 1982 weist im Vergleich zu 1981 mehr Tage mit Hochwasser auf, eine Folge des regnerischen Winters. Im Bereich der mittleren und kleinen Spenden sind die Dauerlinien der beiden EZG fast deckungsgleich.

Zusammenfassend: Die beiden Arbeitsgebiete resp. EZG sind in ihrem hydrologischen Verhalten ähnlich, was in ähnlichen geologischen, pedologischen und Reliefeigenschaften begründet ist. Der grösste Teil des Wassers verlässt das Gebiet als Basisabfluss. Hochwasserabflüsse sind im Winter ergiebiger als im Sommer, wo sich bei Dauerregen lange, niedrige, bei Starkregen aber extrem kurze, hohe Wellen einstellen.

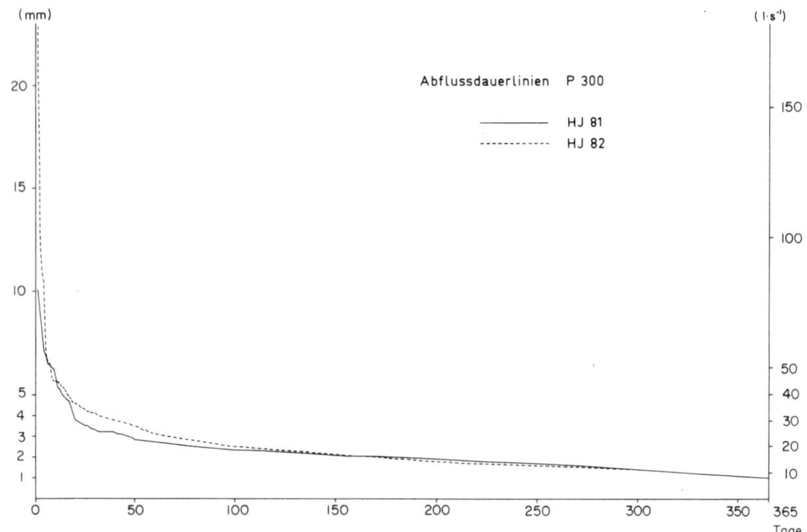

Abb. 47: Abflussdauerlinien bei P300 (Taanbach).

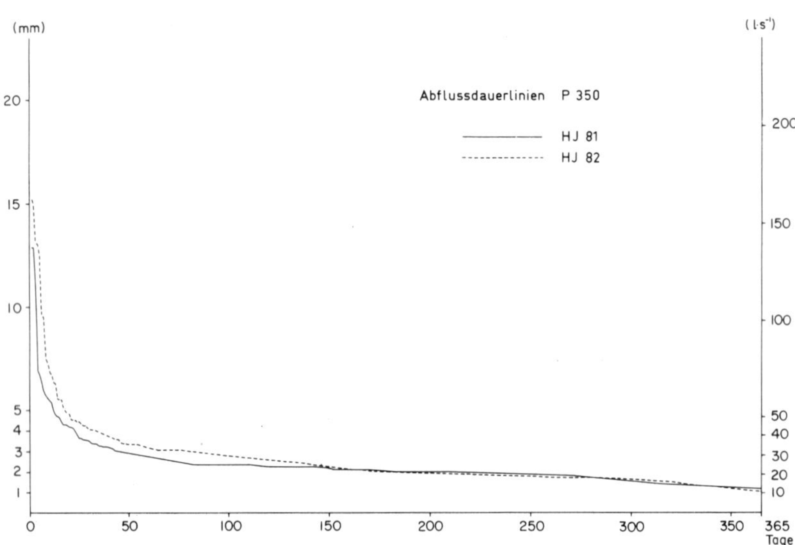

Abb. 48: Abflussdauerlinien bei P350 (Flückigenbach).

9.2 Austrag an gelösten Stoffen

9.2.1 Allgemeines und Methodisches

Der Stoffaustrag mit dem Vorfluter ist eine methodisch gut erfassbare Bilanzgrösse, die sowohl geomorphologisch (Gebietsabtrag) wie auch landschaftshaushaltlich (Nährstoffverluste u.a.) etwas aussagt. Grundsätzlich können Lösungsfracht und Feststofffracht unterschieden werden. Die Feststoffe wiederum gliedern sich in Schwebstoffe und Geschiebe. Letzteres wurde im Rahmen der Arbeit nicht erfasst, da seine Menge vergleichsweise gering ist.

Zur Probenentnahme dienten Zweiliterflaschen, die im Wasserüberfall gefüllt wurden (Schöpfproben). Die Entnahme geschah beim wöchentlichen Feldaufenthalt, ungeachtet der Pegelhöhe. Ausserdem wurden möglichst viele Hochwasserwellen durch Proben abgedeckt (mit bis zu 13 Proben innerhalb einer Stunde). Durch diesen Entnahmemodus wurden alle Abflusssituationen abgedeckt. Für die Konzentrationsberechnung wurden nur die periodischen Proben verwendet, für die Ermittlung von "rating curves" (siehe weiter unten) auch die Hochwasserproben. Eine ausführliche Diskussion zur Problematik der Probenentnahme gibt O.PREUSS (1977,S.14ff). Die Wasserproben wurden im Labor filtriert (Feststellen des Schwebstoffgehalts und Gewinnung von Schwebstoffproben) und absorptionsspektrophotometrisch auf Ca, Mg, K analysiert. Die Bestimmung der Härte, des Nitrats und des Phosphats erfolgte nach den Vorschriften der "Deutschen Einheitsverfahren für Wasseruntersuchung".

Da eine kontinuierliche Konzentrationsbestimmung des Abflusses i.a. nicht möglich ist, muss zur Bestimmung der Fracht anhand von Stichproben (siehe oben) eine Beziehung zwischen den Grössen Abfluss, Konzentration und Fracht hergestellt werden. Einerseits besteht die Möglichkeit der arithmetischen Durchschnittsbildung der im Berechnungsintervall vorliegenden Stichprobenkonzentrationen. Diese durchschnittliche Konzentration wird mit der abfliessenden Wassermenge multipliziert. Dabei wird angenommen, dass die Konzentrationen während eines Messintervalls nicht nennenswert schwanken oder dass die Wahrscheinlichkeit des Ausgleichs der Schwankungen hoch ist. Je mehr Messungen innerhalb des Berechnungintervalls vorhanden sind, desto eher treffen diese Annahmen zu.

Eine zweite Möglichkeit sieht die Konzentration als Funktion verschiedener Variabler. Die wichtigste ist die Abflussspende,daneben spielen auch die Temperatur, die Bodenbearbeitung u.a. eine Rolle. Der Abflussspende (q) resp. dem Abfluss (Q) wird jetzt als abhängige Variable die Konzentration zugeordnet. Die Beziehung ist i.a. nicht linear (vgl. Kap.9.2.3). Sie wurde deshalb auf graphischem Weg durch eine "rating curve" dargestellt. Wie W. SEILER (1983,S.451) feststellt, können die Fehler dieses Verfahrens der Konzentrations- und damit indirekt auch der Frachtbestimmung bei kurzen Berechnungsintervallen (Stunden oder Tage) gross sein; bei Monats- und Jahreswerten darf jedoch angenommen werden, dass sich die Fehler ausgleichen.

Da die Probendichte z.T. gering war und der Abfluss im monatlichen Berechnungsintervall oft stark schwankte, erfolgt die Berechnung der monatlichen Frachten anhand der "rating curves". Damit erscheint im Jahresgang der Frachten nur der Jahresgang des Abflusses, nicht aber die jahreszeitlichen Konzentrationsschwankungen, wie sie v.a. bei NO_3 in der Literatur erwähnt werden (z.B. O. PREUSS 1977, W. WALTHER 1979). Dieser Fehler muss aber wegen der beschränkten Zahl von Analysewerten (verunmöglichte das Aufstellen saisonaler Konzentrations-Abfluss-Beziehungen) in Kauf genommen werden. Die Frage, ob bei der Ermittlung der Frachten Basisabfluss und Direktabfluss getrennt zu behandeln sind, ist differenziert zu beantworten. Die auswaschungsbeeinflussten Stoffe Ca, Mg, NO_3 (vgl. Kap 9.2.3) hängen stark vom Basisabfluss ab, der über 90% des Gesamtabflusses ausmacht. Was die erosionsbeeinflussten Stoffe betrifft, so ist K bei Spitzenabflüssen nur etwa dreimal so konzentriert wie bei Niedrigwasser und PO_4-gelöst wird nur in geringem Mass ausgetragen. Bei diesen Stoffen kann ohne grossen Fehler auf eine getrennte Berechnung der Frachten verzichtet werden.

Anders beim Schwebstoffaustrag! Konzentrationen von Hochwasserspitzen liegen bis zu mehrere hundert Mal höher als die Durchschnittskonzentration des Basisabflusses. TH. STAUSS (1983,S.223) bemerkt dazu, dass einzelne Grossereignisse den Hauptanteil an der gesamten jährlichen Suspensionsfracht ausmachen. Dies macht ein differenziertes Vorgehen notwendig. Der Schwebstoffaustrag wird deshalb in Kap.9.3 separat abgehandelt.

9.2.2 Stoffkonzentrationen

Die Konzentrationsmittelwerte der analysierten Stoffe sind in den Tabellen 37 und 38 aufgeführt. Es sind arithmetische Mittel anhand der regelmässig gewonnenen Wasserproben (vgl. Kap.9.2.1; vgl. entsprechende Werte bei T.MOSIMANN 1980, W.SEILER 1983, TH.STAUSS 1983).

Ca und Mg:
Der mittlere Konzentrationspegel wird durch den Gesteinsuntergrund determiniert und ist somit gebietsabhängig. Die Konzentrationen sind denn auch im Taanbach (P300) höher als im Flückigenbach (P350), was in den kalk- und dolomithaltigen Nagelfluhfacies im Raum Eriswil begründet ist. Das deutliche Ansteigen der Ca-Werte vom 4. Quartal 81 an muss auf einer Änderung im Laboranalyseverfahren beruhen.

K:
Die Jahresdurchschnitte (2,4 bis 3,7 mg/l) übertreffen die Werte von M.KLETT (1965,S.86) (Einzelwerte bis 3 mg/l) und O.PREUSS (1977,S.102) (Mittelwerte bis 2,4 mg/l). TH.STAUSS erhielt im Jura einen Schnitt von 0,9 mg/l. Die hohen Konzentrationen können mit der Anwesenheit von Kalifeldspäten im anstehenden bunten Molassematerial begründet werden. Die grösseren Werte von P350 gegenüber P300 lassen sich durch die intensivere Jauche-Düngung, eine Folge der Schweinemast, erklären.

NO_3-N:
In landwirtschaftlich genutzten Gebieten ist der Anteil des Ammonium-N am Gesamtstickstoffaustrag klein. M.KLETT (1965,S.51) nennt 0,01 bis 0,05 mg/l. Daran ändert auch nichts, dass durch ungünstige Bewirtschaftung (z.B. das Güllen auf Schnee) erhebliche Mengen von NH_4 in die Vorfluter gelangen können. Die Konzentration von NO_3 nimmt mit der Intensivierung der Bewirtschaftung zu. Die Nutzungsverhältnisse der beiden EZG sind fast gleich und entsprechen etwa denen des Riedmattbachgebiets im Testgebiet Jura (vgl. Abb.1). TH.STAUSS (1983,S.227) nennt für jenes Gebiet eine Durchschnittskonzentration von 2,1 mg/l. W.STAUFFER u. O.J.FURRER (1982) stellen für reines Ackerland Dränkonzentrationen von ca. 10 mg/l fest, für Naturwiese solche von 1,3-1,9 mg/l. Die Konzentration im Taanbach

		1.Q.	2.Q.	3.Q.	4.Q.	WHJ	SHJ	HJ81	1.Q.	2.Q.	3.Q.	4.Q.	WHJ	SHJ	HJ82
Ca	Mittelwert	50.9	38.9	46.4	57.9	44.1	52.6	49.4	57.6	65.7	64.1	66.6	62.1	64.9	63.6
	KLW	29.0	31.0	42.0	39.0	29.0	39.0	29.0	31.0	51.0	41.0	47.0	31.0	41.0	31.0
	GRW	83.0	60.0	59.0	75.0	83.0	75.0	83.0	73.0	70.0	80.0	85.0	73.0	85.0	85.0
	SA	21.1	9.9	5.0	12.5	16.4	11.3	13.9	14.6	4.9	9.5	15.3	10.9	11.5	11.2
	n	7	9	12	14	16	26	42	11	14	18	9	25	27	52
Mg	Mittelwert	12.0	9.6	9.9	13.8	10.6	12.1	11.5	13.9	14.7	15.1	15.7	14.4	15.3	14.8
	KLW	8.0	5.1	7.1	8.3	5.1	7.1	5.1	3.8	8.9	7.0	2.5	3.8	2.5	2.5
	GRW	13.6	12.3	12.5	18.9	13.6	18.9	18.9	18.5	16.9	22.5	22.7	18.5	22.7	22.7
	SA	1.9	2.7	1.8	3.5	2.6	3.5	3.2	4.3	2.1	3.5	6.5	3.2	4.6	4.0
	n	7	10	10	13	17	23	40	11	14	18	9	25	27	52
K	Mittelwert	2.5	2.3	3.4	2.5	2.4	2.4	2.4	2.0	1.5	2.4	6.4	1.7	3.8	2.7
	KLW	1.5	1.2	1.7	1.5	1.2	1.5	1.2	1.1	1.1	1.1	2.3	1.1	1.1	1.1
	GRW	3.5	3.5	3.6	4.9	3.5	4.9	4.9	5.0	3.5	8.0	16.4	5.0	16.4	16.4
	SA	0.8	0.9	0.7	1.0	0.8	0.9	0.9	1.1	0.6	1.7	4.1	0.9	3.3	2.6
	n	7	9	10	14	16	24	40	11	15	17	9	26	26	52
NO_3	Mittelwert								7.9	7.7	7.0	8.0	7.8	7.4	7.6
	KLW								2.0	1.4	3.6	5.0	1.4	3.6	1.4
	GRW								13.8	12.3	10.6	12.0	13.8	12.0	13.8
	SA								4.5	3.2	2.2	2.5	3.7	2.3	3.1
	n								11	14	16	9	25	25	50
PO_4	Mittelwert								0.01	0.01	0.06	0.37	0.01	0.16	0.09
	KLW								0.00	0.00	0.00	0.00	0.00	0.00	0.00
	GRW								0.03	0.05	0.70	0.70	0.05	0.70	0.70
	SA								0.01	0.01	0.16	0.21	0.01	0.23	0.18
	n								11	14	18	9	25	27	52
Schweb	Mittelwert	8.8	7.7	11.2	26.4	8.2	20.3	13.8	7.6	12.0	27.5	15.9	10.1	24.8	16.3
(Basis-	KLW	4.7	5.7	6.0	2.0	4.7	2.0	2.0	0.6	0.4	8.5	6.5	0.4	6.5	0.4
abfluß)	GRW	12.3	9.0	20.0	54.0	12.3	54.0	54.0	41.0	52.0	88.0	32.0	52.0	88.0	88.0
	SA	2.4	1.3	4.7	17.9	2.0	15.8	12.2	12.4	15.1	21.5	11.3	13.8	19.9	18.0
	n	9	9	6	9	18	15	33	10	13	13	4	23	17	40
pH	Mittelwert	7.8	7.8	7.7	7.7	7.8	7.7	7.7	7.8	7.7	7.8	7.5	7.8	7.7	7.7
	KLW	7.4	7.5	7.3	7.1	7.4	7.1	7.1	7.7	7.5	6.9	7.2	7.5	6.9	6.9
	GRW	8.1	8.1	8.0	8.1	8.1	8.1	8.1	8.0	8.0	8.3	8.2	8.0	8.3	8.3
	SA	0.3	0.2	0.2	0.3	0.3	0.2	0.3	0.1	0.1	0.3	0.3	0.1	0.4	0.3
	n	7	12	18	16	19	34	53	11	14	18	8	25	26	51

KLW: Kleinster Wert
GRW: Größter Wert
SA: Standartabweichung
n: Probenzahl

Dimension: mg/l ≡ ppm
1 mg NO_3 ≙ 0,23 mg N
1 gm PO_4 ≙ 0,32 mg P

Tab. 37: Konzentration verschiedener Stoffe im Wasser des Vorfluters Taanbach.

		1.Q.	2.Q.	3.Q.	4.Q.	WHJ	SHJ	HJ81	1.Q.	2.Q.	3.Q.	4.Q.	WHJ	SHJ	HJ82
Ca	Mittelwert	39.6	37.5	37.9	53.8	38.7	47.1	43.6	52.9	55.2	53.9	59.4	54.2	55.2	54.7
	KLW	30.0	30.0	17.0	33.0	30.0	17.0	17.0	45.0	46.0	8.0	42.0	45.0	8.0	8.0
	GRW	63.0	48.0	48.0	62.0	63.0	62.0	63.0	61.0	59.0	70.0	70.0	61.0	70.0	70.0
	SA	10.4	6.9	9.4	8.7	8.9	11.9	11.4	5.6	3.7	12.9	13.7	4.6	12.9	9.5
	n	8	6	8	11	14	19	33	10	13	17	5	23	22	45
Mg	Mittelwert	9.4	6.3	6.4	8.8	8.1	7.8	7.9	8.8	9.0	9.4	10.5	8.9	9.7	9.3
	KLW	8.2	4.7	4.8	7.4	4.7	4.8	4.7	6.3	6.4	6.8	5.1	6.3	5.1	5.1
	GRW	12.5	7.4	7.5	10.8	12.5	10.8	12.5	10.6	10.1	11.5	13.6	10.6	13.6	13.6
	SA	1.4	1.2	0.9	1.2	2.0	1.6	1.8	1.4	1.0	1.3	3.2	1.2	1.9	1.6
	n	8	6	8	11	14	19	33	10	13	17	5	23	22	45
K	Mittelwert	2.7	3.5	3.9	3.6	3.1	3.7	3.4	5.7	2.0	3.4	5.2	3.6	3.8	3.7
	KLW	1.8	1.8	1.7	2.0	1.8	1.7	1.7	1.9	1.4	1.7	3.3	1.4	1.7	1.4
	GRW	3.7	8.2	6.2	8.5	8.2	8.5	8.5	18.7	3.5	7.0	8.0	18.7	8.0	18.7
	SA	0.6	2.2	1.5	2.0	1.6	1.8	1.7	6.0	0.6	1.6	1.8	4.3	1.8	3.3
	n	8	7	8	11	15	19	34	10	13	17	5	23	22	45
NO_3	Mittelwert								18.9	20.3	16.8	14.0	19.7	16.2	18.0
	KLW								3.2	2.5	3.0	0.0	2.5	0.0	0.0
	GRW								42.0	50.0	40.0	30.0	50.0	40.0	50.0
	SA								14.6	15.4	10.2	11.0	14.7	10.2	12.7
	n								10	13	17	5	23	22	45
PO_4	Mittelwert								0.06	0.01	0.04	0.07	0.03	0.05	0.04
	KLW								0.00	0.00	0.00	0.02	0.00	0.00	0.00
	GRW								0.35	0.01	0.30	0.10	0.35	0.30	0.35
	SA								0.12	0.01	0.08	0.04	0.08	0.07	0.08
	n								10	13	17	5	23	22	45
Schweb	Mittelwert	9.7	9.3	34.6	30.1	9.5	31.7	19.6	23.3	26.3	32.8	30.7	25.0	32.1	27.9
(Basis-	KLW	7.6	6.3	3.3	10.4	6.3	3.3	3.3	1.0	9.0	7.2	7.9	1.0	7.2	1.0
abfluß)	GRW	12.2	17.6	50.4	51.0	17.6	51.0	51.0	53.0	37.0	91.1	45	53.0	91.1	91.1
	SA	1.5	3.6	19.9	16.7	2.6	17.2	16.1	19.2	8.9	27.0	15.9	13.8	23.6	18.4
	n	9	8	5	9	17	14	31	8	11	9	4	19	13	32
pH	Mittelwert	7.7	7.7	7.8	7.6	7.7	7.7	7.7	7.7	7.8	7.8	7.1	7.7	7.6	7.7
	KLW	7.3	7.4	7.6	6.6	7.3	6.6	6.6	7.4	7.4	6.8	7.0	7.4	6.8	6.8
	GRW	8.4	8.1	8.2	8.1	8.4	8.2	8.4	7.9	8.3	8.3	7.2	8.3	8.3	8.3
	SA	0.4	0.2	0.2	0.4	0.3	0.3	0.3	0.2	0.2	0.4	0.1	0.2	0.4	0.3
	n	8	10	10	11	18	21	39	9	13	17	5	22	22	44

KLW: Kleinster Wert
GRW: Größter Wert
SA: Standartabweichung
n: Probenzahl

Dimension: mg/l ≡ ppm
1 mg NO_3 ≙ 0,23 mg N
1 gm PO_4 ≙ 0,32 mg P

Tab. 38: Konzentration verschiedener Stoffe im Wasser des Vorfluters Flückigenbach.

liegt mit 1,7 mg/l vergleichsweise gleich, im Flückigenbach jedoch massiv höher (4,1 mg/l). Hier wird, wie bei K, der Effekt der Schweinemast deutlich.

PO_4-P:
P wird in gelöster Form nur in geringen Mengen weggeführt, dies aufgrund der hohen Sorptionsneigung von PO_4. Für die Bilanz ist es daher wichtig, auch den P-Austrag in fester Form zu kennen (siehe Kap.9.3.2).

9.2.3 **Stoffkonzentration als Funktion der Abflussmenge**

W.WALTHER (1979) scheidet mit einer Faktorenanalyse die Frachtstoffe in zwei Gruppen:
(1.) Stoffe, deren Konzentrationsverhalten im Vorfluter stark durch die mit dem Sickervorgang einhergehende Auswaschung geprägt ist, die relativ schwache Konzentrationsschwankungen aufweisen und die durch die Abflusskomponenten Oberflächenabfluss und oberflächennahen Abfluss lediglich verdünnt werden. Von den in dieser Arbeit untersuchten Stoffen sind dies NO_3, Ca, Mg.
(2.) Stoffe, deren Konzentrationsverhalten im Vorfluter stark durch den vom oberflächlichen Abfluss verursachten Austrag von Bodenbestandteilen geprägt ist (erosionsbeeinflusste Stoffe). Im Prinzip steigt hier die Konzentration gleichsinnig mit der Abflussspende. Diese Stoffgruppe umfasst nach WALTHER K, PO_4 und Schweb (vgl. Kap.9.3).

Die Konzentrations-Abfluss-Beziehungen (rating curves) der einzelnen Stoffe folgen obiger Charakterisierung. Ca- und Mg-Konzentrationen (und auch die Gesamthärte) nehmen mit wachsendem Abfluss ab. Bei diesen Stoffen dominiert die gesteinsbürtige Grundlast des Basisabflusses erheblich gegenüber dem bodenbürtigen Zuschuss (vgl. auch Tab.36). Der Typus der erosionsbeeinflussten Stoffe dagegen ist in klarster Form bei K ausgebildet. Der erosiv-bodenbürtige Anteil der Fracht überlagert die gesteinsbürtige Grundlast und bestimmt bei höheren Abflussspenden den Kurvenverlauf. Dementsprechend nimmt die Konzentration mit wachsendem Abfluss zu.

Eine Zwischenstellung nimmt die "rating curve" von NO_3 ein. Die Streuung der Werte ist hier besonders hoch, was auf viele, z.T. unbekannte Einflussgrössen schliessen lässt. Im Bereich kleiner Abflussmengen steigt die Konzentrationskurve vorerst an, um nach Erreichen eines Maximums bei grossen Abflüssen wieder abzunehmen. Den gleichen Konzentrationsverlauf stellen W.WALTHER (1979) und TH.STAUSS (1983) fest. WALTHER interpretiert dies folgendermassen: im steigenden Kurvenast wird die zunehmende Abflussspende von der Konzentrationszunahme übertrumpft, die aus der Verdrängung von NO_3-haltiger Bodenlösung in den Vorfluter resultiert; im sinkenden Kurvenast überwiegt, gleich wie bei Ca und Mg, die Verdünnung mit Oberflächenwasser.

9.2.4 **Nährstofffrachten**

Die Nährstofffrachten sind in den Tabellen 39 und 40 aufgeführt, ebenso die Gesamtlösungsfracht (aus der Gesamthärte). Überdies sind die Monatswerte in den Abbildungen 49 und 50 graphisch dargestellt. Weil der Gebietsabfluss in den beiden nassen Jahren 81 und 82 sicherlich über dem Schnitt lag, dürften auch die Frachten grösser als üblich sein.

Die Ca-Frachten sind mit beinahe 500 kg/ha in Taanbach und fast 400 kg/ha in Flückigen vergleichsweise hoch. Einen ähnlichen Wert nennt TH.STAUSS (1983,S.229) im HJ 82 für das Dübachtalgebiet (TG Jura/Abb.1), während W.SEILER (1983,S.465) für das gleiche Gebiet wesentlich kleinere Werte erhält (um 200 kg/ha). Wegen des dolomithaltigen Untergrunds sind auch die Mg-Frachten höher als im TG Jura (dort sind es zwischen 15 und 40 kg/ha). Der kalkreiche Untergrund bewirkt grosse Gesamthärten. Die hohen Abflusswerte akzentuieren zusätzlich die Tendenz zu hohen Lösungsfrachten (bis über 1500 kg/ha). Für das gesamte Einzugsgebiet der Langete gibt V.BINGGELI (1974,S.125) einen Wert von ca. 600 kg/ha. Die K-Frachten sind mit über 20 kg/ha sehr hoch (Werte im TG Jura: 4 - 8 kg). Auch hier kann der hohe Gebietsabfluss als Erklärung dienen.

Frachten																			P 300 (Taanbach)
		N	D	J	F	M	A	M	J	J	A	S	O	1.Q.	2. Q.	3. Q.	4. Q.	WHJ	SHJ	HJ
Hydrologisches Jahr 1981	Abfluss (mm)	56,6	73,6	69,2	56,0	125,4	84,9	74,7	51,0	55,4	44,1	39,2	69,8	199,4	266,3	181,1	153,1	465,7	334,2	799,9
	Ca^{++}	34,4	42,5	40,5	33,3	63,9	46,4	42,5	31,1	32,9	27,2	24,3	40,2	117,4	143,6	106,5	91,7	261,0	198,2	459,2
	Mg^{++}	7,7	9,1	8,8	7,4	11,9	9.9	9,2	7,1	7,6	6,5	5,9	8,7	25,6	29,2	23.9	21,1	54,8	45,0	99,8
	$^{*}PO_4^{3-}$ - P	16,6	21,4	20,2	16,3	36,2	24,6	21,4	14,7	16,0	12,8	11,2	20,2	58,2	77,1	52,1	44,2	135,3	96,3	231,6
	NO_3^- - N	1,0	1,2	1,2	1,0	1,9	1,5	1,2	0,9	0,9	0,7	0,6	1,2	3,4	4,4	3,0	2,5	7,8	5,5	13,3
	K^+	1,3	1,9	1,7	1,3	4,3	2,6	2,0	1,1	1,3	0,9	0,8	1,8	4,9	8,2	4,4	3,5	13,1	7,9	21,0
	Lösungsfracht	114,3	140,5	134,7	110,4	209,0	155,8	141,4	103,2	111,6	91,5	81,8	134,7	389,5	475,2	356,2	308,0	864,7	664,2	1528,9
Hydrologisches Jahr 1982	Abfluss(mm)	44,7	122,4	160,1	59,9	69,2	47,4	42,8	53,4	49,3	73,5	55,1	76,6	327,2	176,5	145,5	205,2	503,7	350,7	854,4
	Ca^{++}	27,9	62,6	77,1	35,2	40,6	29,3	27,0	32,5	30,4	42,7	33,1	44,1	167,6	105,1	89,9	119,9	272,7	209,8	482,5
	Mg^{++}	6,6	11,9	13,9	7,7	8,8	6,8	6,4	7,4	7,0	9,1	7,5	9,4	32,4	23,3	20,8	26,0	55,7	46,8	102,5
	$^{*}PO_4^{3-}$ - P	12,8	35,5	46,1	17,3	20,2	13,8	12,5	15,4	14,1	21,1	16,0	22,1	94,4	51,3	42,0	59,2	145,7	101,2	246,9
	NO_3^- - N	0,7	1,9	2,4	1,0	1,2	0,8	0,7	0,9	0,8	1,2	0,9	1,3	5,0	3,0	2,4	3,4	8,0	5,8	13,8
	K^+	0,9	4,2	5,9	1,5	1,7	1,0	0,9	1,2	1,0	1,9	1,2	2,0	11,0	4,2	3,1	5,1	15,2	8,2	23,4
	Lösungsfracht	92,6	199,2	243,2	116,7	133,6	97,1	89,8	107,4	100,8	139,9	110,1	144,3	535,0	347,4	298,0	394,3	882,4	692,3	1574,7

Dimensionen: Abfluss [mm] = [lm^{-2}]; Frachten [kg ha^{-1}] mit Ausnahme von $^{*}PO_4^{3-}$ - P [g ha^{-1}]

Tab. 39: Nährstofffrachten (monatlich, vierteljährlich, halbjährlich, jährlich) im Vorfluter Taanbach.

Frachten																			P 350 (Flückigen)
		N	D	J	F	M	A	M	J	J	A	S	O	1. Q.	2. Q.	3. Q.	4. Q.	WHJ	SHJ	HJ
Hydrologisches Jahr 1981	Abfluss (mm)	63,4	74,2	66,4	58,7	138,9	78,1	86,3	64,7	58,9	41,5	38,0	65,5	204,0	275,7	209,9	145,0	479,7	354,9	834,6
	Ca^{++}	28,6	32,2	29,8	26,4	54,2	33,2	36,4	28,9	27,2	20,1	19,4	29,4	90,6	113,8	92,5	68,9	204,4	161,4	365,8
	Mg^{++}	5,2	6,0	5,4	4,8	9,2	6,0	6,6	5,3	5,0	3,6	3,5	5,3	16,6	20,0	16,9	12,4	36,6	29,3	65,9
	$^*PO_4^{3-}$ - P	7,4	8,6	7,7	6,7	16,0	9,0	9,9	7,7	6,7	4,8	4,5	7,7	23,7	31,7	24,3	17,0	55,4	41,3	96,7
	NO_3^- - N	2,3	2,6	2,3	2,1	4,7	2,7	3,0	2,3	2,1	1,4	1,4	2,3	7,2	9,5	7,4	5,1	16,7	12,5	29,2
	K^+	1,7	2,1	1,8	1,6	4,7	2,2	2,7	1,7	1,5	1,0	0,9	1,7	5,6	8,5	5,9	3,6	14,1	9,5	23,6
	Lösungsfracht	91,7	105,5	95,8	84,6	169,9	108,5	117,9	93,4	86,1	61,5	59,4	94,2	293,0	363,0	297,4	215,1	656,0	512,5	1168,5
Hydrologisches Jahr 1982	Abfluss (mm)	60,0	139,2	135,7	86,9	89,3	54,6	45,8	50,0	52,0	74,8	59,6	72,8	334,9	230,8	147,8	207,2	565,7	355,0	920,7
	Ca^{++}	27,0	54,5	52,7	35,9	37,5	25,3	22,1	23,6	24,3	32,5	27,1	31,9	134,2	98,7	70,0	91,5	232,9	161,5	394,4
	Mg^{++}	4,9	9,0	8,9	6,5	6,8	4,6	4,0	4,3	4,5	5,9	4,9	5,8	22,8	17,9	12,8	16,6	40,7	29,4	70,1
	$^*PO_4^{3-}$ - P	7,0	16,0	15,7	9,9	10,2	6,4	5,4	5,8	6,1	8,6	7,0	8,3	38,7	26,5	17,3	23,9	65,2	41,2	106,4
	NO_3^- - N	2,1	4,7	4,6	3,0	3,2	1,9	1,6	1,8	1,8	2,6	2,1	2,6	11,4	8,1	5,2	7,3	19,5	12,5	32,0
	K^+	1,6	5,1	4,8	2,6	2,6	1,4	1,1	1,2	1,3	2,1	1,6	2,0	11,5	6,6	3,6	5,7	18,1	9,3	27,4
	Lösungsfracht	85,6	167,2	167,9	117,5	122,9	80,0	68,5	73,9	75,7	104,4	86,1	103,0	420,7	320,4	218,1	293,5	741,1	511,6	1252,7

Dimensionen: Abfluss [mm] = $[lm^{-2}]$; Frachten $[kg\ ha^{-1}]$ mit Ausnahme von $^*PO_4^{3-}$ - P $[g\ ha^{-1}]$

Tab. 40: Nährstofffrachten (monatlich, vierteljährlich, halbjährlich, jährlich) im Vorfluter Flückigenbach.

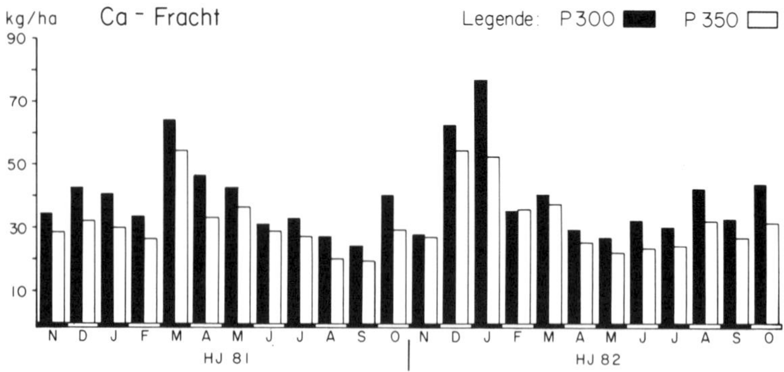

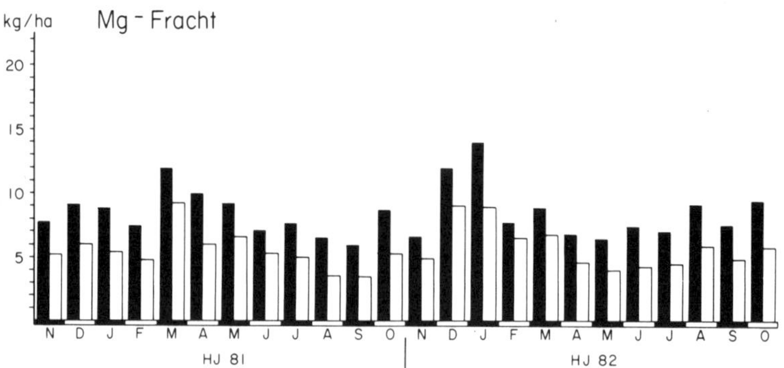

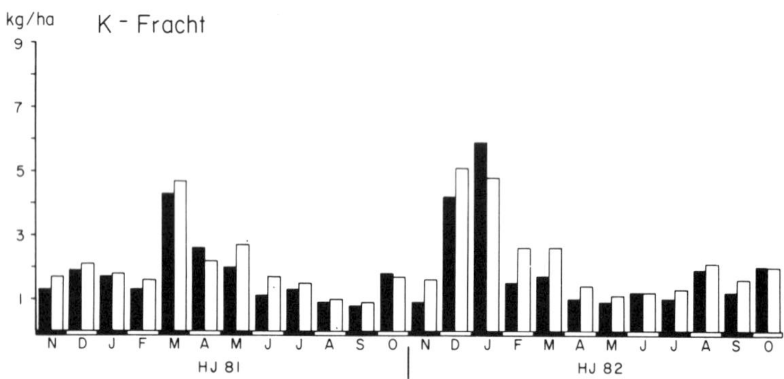

Abb. 49: Monatliche Stofffrachten.

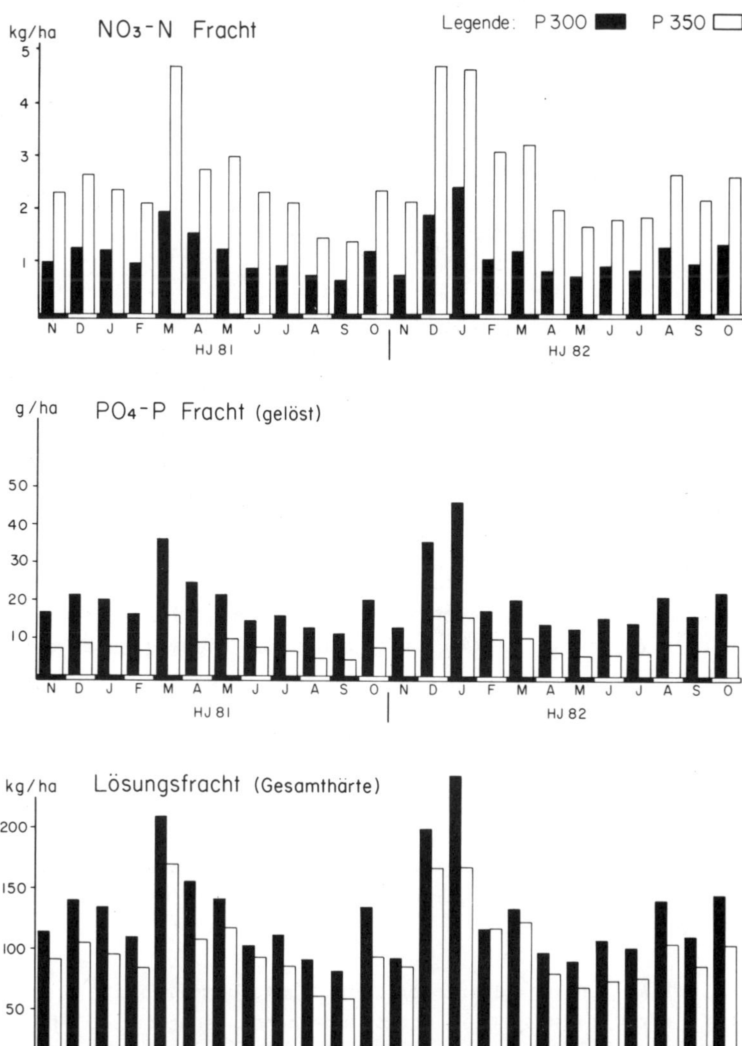

Abb. 50: Monatliche Stofffrachten.

Der Nitrat-N -Austrag bei P300 beträgt ca. 13 kg/ha, bei P350 fast 30 kg/ha. B.SCHEFFER u.a.(1984) referieren Literaturdaten, die bei Grünland bis zu 95 kg/ha N-Auswaschungsverluste angeben. O.J.FURRER u. R.GÄCHTER (1972) nennen für die Schweiz Lysimeterwerte bis >100 kg/ha. TH.STAUSS (1983,S.229) erhielt demgegenüber im Jura Vorfluterwerte <10 kg/ha. Die Frachten an gelöstem PO_4-P sind relativ bescheiden. Sie übertreffen aber die Frachten an gebundenem PO_4-P beträchtlich (20 bis 50 g/ha ; Kap.9.3.2).

9.3 Schwebstoffaustrag

9.3.1 Allgemeines

Der Schweb (die Trockensubstanz) gehört nach W.WALTHER (1979) zu den Stoffen, deren Konzentration allein erosionsabhängig ist. Hier fehlt der Anteil des Sickerwassers völlig und bei Trockenwetterabfluss wirkt nur der Bachbettbereich als Stofflieferant. Die Konzentrationen können denn auch bei ruhigem Basisabfluss sehr klein werden (bis 1 mg/l). Im Schnitt bewegen sie sich zwischen 10 und 30 mg/l (Tab.37 und 38). V.BINGGELI (1974, S.117) nennt für Niedrigwasser der Langete 10 mg/l.

In Übereinstimmung mit TH.STAUSS (1983, S.216) ist ein Zusammenhang zwischen Abfluss und Schwebgehalt bei Basisabfluss zu verneinen. Entsprechende Berechnungen ergaben Korrelationskoeffizienten von nahezu Null. Ein Jahresgang ergibt sich durch die wechselnde Intensität von Aktivitäten am Vorfluter. So können Bauarbeiten, Feldbestellung oder Weidegang zu einer sprunghaften Erhöhung des Schwebstoffgehalts führen.

Auch bei Wellen von Dauerregen oder Schneeschmelzen mit ausschliesslichem oder überwiegendem oberflächennahen (subcutanen) Abfluss ist der Feststoffgehalt nur wenig erhöht (z.B. Dauerregen vom 27.5.81: P300: Abflussspende (AS) 70 l/qkm.s, Konzentration (K) 42 mg/l; P350: AS 80 l/qkm.s, K 93 mg/l). Bei längeren Hochwasserwellen treten grosse Schwankungen auf (vgl. W.WALTHER 1979, S.94), die nicht an die Abflussspende gebunden sind. Dagegen spielt der Wellenverlauf eine Rolle. Scheitelwerte liegen höher als Sohlenwerte.

Entscheidend ist auch das Verhältnis zwischen oberflächlich zufliessendem schwebstoffreichem und subcutan zufliessendem schwebstofffreiem Wasser. Als Illustration einer unsteten Schwebstoffführung mag das folgende Ereignis wechselnder Niederschlagsintensität bei gesättigtem Boden gelten: Tab.41.

Schneeschmelzen können ganz unterschiedliche Konzentrationen aufweisen. Am 9.3.81 beispielsweise, um 1330 h bei steigendem Pegel und einer AS von 138 l/qkm.s, waren es 438 mg/l (P300). Bei Mitwirken von Regen dürften die Spitzenwerte noch höher sein (leider liegen dazu nicht genügende Messungen vor). Allgemein kann aber beobachtet werden,dass Schmelzwässer oberirdisch abfliessen können, ohne nennenswert zu erodieren (vgl. Kap.7). Der Grund ist das Fehlen von Aggregatzertrümmerung und Verschlämmung, die bei Starkregen das Bodenmaterial für die Abspülung vorbereiten.

Durch Starkregen verursachte Abflüsse führen denn auch am meisten Schweb. Die höchste Konzentration wurde mit 6,6 g/l gemessen (siehe Tab.43). V.BINGGELI (1974,S.116) erwähnt für die Langete bei Langenthal einen Spitzenwert von 3 g/l. Die Konzentrationspeaks verlaufen synchron mit den Abflusswellen, wie die Abb. 51 schön zeigt. Aus der Abbildung wird auch deutlich, dass die Niederschlagsintensität die entscheidende Steuergrösse für den Schwebstoffgehalt ist.

Zusammenfassend: Die Schwebstoffkonzentration ist direkt abhängig von der Niederschlagsintensität und dem Anteil oberflächlich abfliessenden Wassers. Vom Abfluss ist sie einzig insofern abhängig, dass grössere Abflüsse mehr Schleppkraft haben. Zum gleichen Schluss kommen auch A.C.IMESON (1977) und TH.STAUSS (1983, S.219f). Es lässt sich daher bezweifeln, ob in kleinen EZG, wo Schmelzwässer und Basisabfluss den grössten Teil des gesamten Abflusses ausmachen, mit einfachen Regressionsbeziehungen zwischen Schwebgehalt und Abfluss (wie etwa bei R.J.LOUGHRAN 1976) die Trockensubstanz-Frachten befriedigend errechnet werden können (vgl. auch W.SEILER 1983, S.471).

9.3.2 **Schwebstofffrachten**

Obige Überlegungen führen dazu, die Basisfrachten von den Hochwasserfrachten zu trennen, wie dies auch H.R. VERWORN (1977, S.81) macht. Zur Berechnung der Basisfrachten werden die jährlichen Konzentrationsmittel des Basisabflusses beigezogen (aus Tab. 37 und 38). Da kein eigentlicher Jahresgang des Basisschwebgehalts besteht, kann dies ohne grossen Fehler gemacht werden. Der so berechnete Schwebstoffaustrag des Basisabflusses ist der Tabelle 42 zu entnehmen.

Die Hochwasserfrachten können nur exemplarisch für den Pegel P300 (Taanbach) und das hydrologische Jahr 1982 gegeben werden, da für P350 und das HJ 1981 zuwenig Hochwasserproben zur Verfügung stehen. Es kann angenommen werden, dass die Frachten in diesen Fällen höher waren, da der aus intensiven Starkregen resultierende Abfluss im HJ 1981 und bei P350 einen grösseren Anteil am Gesamtabfluss bildete.

Beim Direktabfluss wird im folgenden unterschieden zwischen Hochwasser infolge Dauerregens, infolge von Schneeschmelze und Regen mittlerer Intensität und schliesslich infolge intensiver Starkniederschläge. Als Unterscheidungskriterien gelten die Form der Hochwasserwelle, die maximale Niederschlagsintensität und die Tatsache, ob auf der Testfläche T300 erodiert wurde oder nicht. Im einzelnen ist die Zuordnung relativ willkürlich, doch das Vorgehen scheint vertretbar, wenn das Ungefähre des ganzen Verfahrens mitbedacht wird. Jeder Kategorie wird eine durchschnittliche Konzentration zugeordnet, die wie folgt gefunden wird:

Für die Hochwasserereignisse, deren Verlauf durch Proben lückenlos abgedeckt wurde, wird die Trockensubstanzfracht =Schwebstofffracht berechnet (vgl. Tab.43). Von der Gesamtfracht wird die hypothetische Fracht des Basisabflusses abgezogen. Deren Berechnung basiert auf der Konzentration des Trockenwetterabflusses unmittelbar vor dem Ereignis. Die verbleibende Fracht des Direktabflusses wird nun durch diesen dividiert, wodurch man die (hypothetische) durchschnittliche Konzentration des Direktabflusses der Hochwasserwelle erhält.

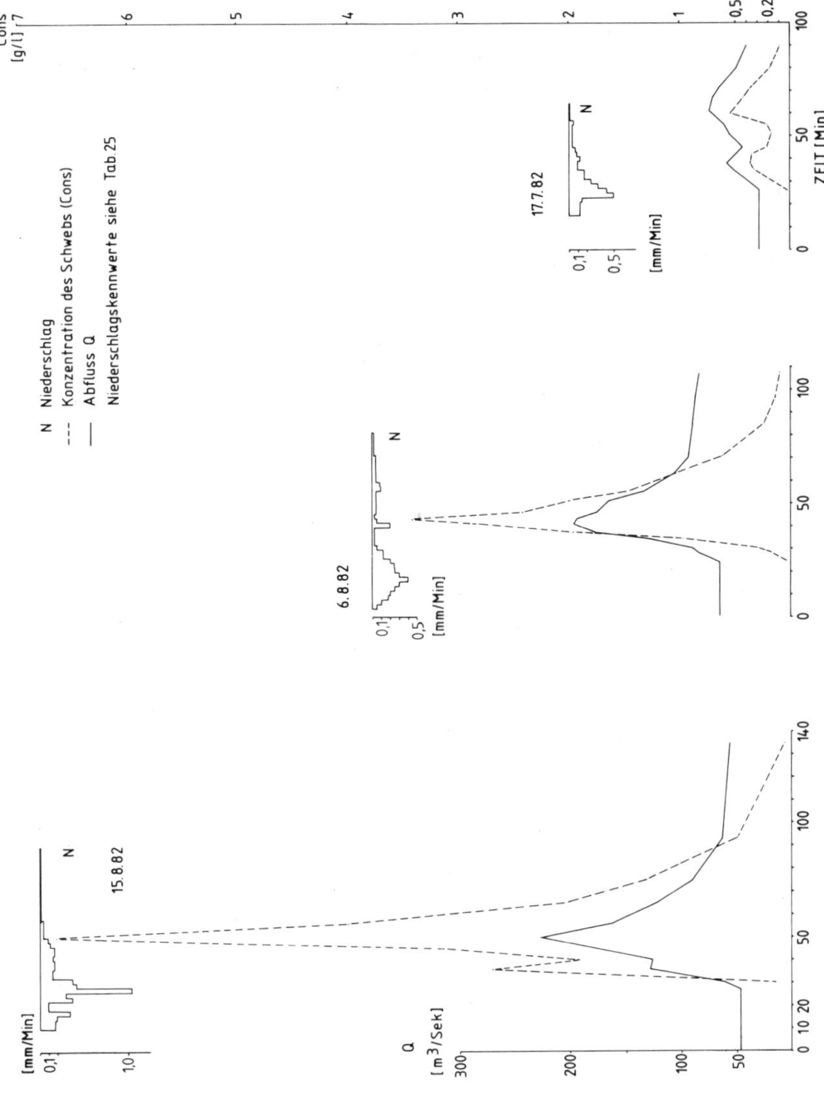

Abb. 51: Abflusswellen und Trockensubstanz-Konzentrationswellen dreier ausgewählter Ereignisse beim Pegel P300 (Taanbach).

Zeit	14.30	15.00	15.30	16.00	16.30	17.00	17.45	20.40	21.10
Abflussspende [$l \cdot km^{-2} \cdot s^{-1}$]	29	37	29	36	41	43	36	104	69
Lage in der Welle	st	Sch	So	st	Sch	Sch	So	fa	fa
Schweb [$mg \cdot l^{-1}$]	85	160	60	113	128	94	46	125	343

Erklärung: Sch: Scheitel; So: Sohle; st: steigend; fa: fallend

Tab. 41: Zusammenhang zwischen Abflussspende und Schwebstoffführung während eines Dauerniederschlags (27.5.81; P300).

	P300		P350	
	HJ 1981	HJ 1982	HJ 1981	HJ 1982
ø Konzentration Basisabfluss [mg/l]	13,8	16,3	19,6	27,9
Schwebstoffaustrag mit Basisabfluss [kg]	7 290	8 720	14 030	21 200
[kg/ha]	107	128	137	208

Tab. 42: Schwebstoffaustrag mit dem Basisabfluss in Taanbach (P300) und Flückigenbach (P350).

Aufgrund des eben beschriebenen Prozederes wird für jede der drei Kategorien von Direktabflüssen eine Konzentration postuliert. Diese Konzentration ist notwendigerweise ungenau; sie ist aber zumindest ihrer Grössenordnung nach plausibel. Für den Taanbach ergeben sich so die in Tabelle 44 wiedergegebenen Schwebstofffrachten ("Direktfracht").

Addiert man die "Direktfracht" zum Basisaustrag (dieser ist in Tab.42 gegeben), kommt man auf 350 bis 450 kg/ha. Dies trifft den von V.BINGGELI (1974, S.117) genannten Wert (450 kg/ha) für die Langete bei Lotzwil. Wie bereits erwähnt, dürfte aber der Gesamtaustrag in Jahren mit ausgesprochenen Grossereignissen, wie z.B. jenem vom 15.4.81 mit einem Abflussvolumen von 4000 m^3, grösser sein.

Beim Vergleich des im Vorfluter ausgetragenen Bodenmaterials mit der mittels Kartierung gefundenen Bodenumlagerungsmenge (Tab. 33,34,35) erstaunt, dass letztere geringer ist. Mehrere Gründe können angeführt werden: Der Vorfluteraustrag schliesst eine beträchtliche Bachbetterosion ein. Auch bei Regenereignissen ohne sichtbare Erosionsspuren ist das Bachwasser stark getrübt, z.T. sicherlich durch quantitativ nicht fassbare Abspülung. Ein Teil des Gebietsaustrags

Datum	N[mm]	I_{Max}[mm·min^{-1}]	Direktabfluss [m^3]	Durchschnittl. Konzentration des Gesamtabflusses [g/l]	Max. Konzentration des Gesamtabflusses [g/l]	Fracht des Gesamtabflusses [kg]
12.6.82	21	0,30	280	0,7	2,4	229
17.7.	6	0,47	19	0,3	0,6	17
22.7.	14	0,26	149	1,3	5,5	310
31.7.	14	0,09	127	0,07	0,12	24
6.8.	13	0,31	53	1,3	3,4	187
15.8.	14	0,73	80	2,2	6,6	377
16./17.8.	32	0,60	640	1,4	>3,2	1385

Tab. 43: Daten zur Schwebstofffracht einiger Abflussereignisse bei P300. (Während der ganzen Hochwasserwelle wurden in kurzen Abständen Proben entnommen). Weitere Erklärungen im Text (Kap. 9.3.2).

rührt von unbefestigten Wegen, die weit stärker erodiert werden als die Ackerkrume, was den regelmässigen Ersatz von einigen Tonnen Wegmaterial erforderlich macht. Schliesslich ist anzunehmen, dass bei Grossereignissen umgelagertes Bodenmaterial später sukzessive in den Vorfluter transportiert wird.

Mit den Feststoffen werden auch Humus- und Nährstoffe ausgetragen. Da vorzugsweise die kleinen, humus- und nährstoffreicheren Partikel dem Gebiet verloren gehen, müssen diese Frachtkomponenten beachtet werden. Bei einem durchschnittlichen Humusgehalt des Schwebs von etwa 12% betragen die Gebietsverluste allerdings nur unbedeutende 50 kg/ha. Unbedeutend ist der Feststoffaustrag auch für alle Nährstoffe mit Ausnahme des Phosphors.Bei einem Gehalt von 200 bis 250 ppm austauschbarem PO_4 ergeben sich Frachten von etwa 20 bis 50 g P je ha, also weniger als in gelöster Form (100 bis 250 g/ha; Tab.39 und 40).

Abschliessend sei gesagt, dass in kleinen EZG mit extrem kurzfristigen Pegelschwankungen nur mit automatischen Probennehmern zufriedenstellende Austragsdaten, v.a. beim Schweb, erhalten werden können. Der "Handbetrieb" erbringt selbst bei stärkstem Engagement eine zu geringe Datenmenge, als dass dem komplizierten Abflussgeschehen beizukommen wäre.

	Direktabfluss [m³]	Angenommene ø-Konzentration des Direktabflusses [mg/l]	Schwebstoffaustrag [kg]
Intensive Starkregen	4 500	2 000 bis 3 000	9 000 bis 13 500
wenig intensive Starkregen und Schmelzwässer	28 000	200 bis 300	5 600 bis 8 400
Dauerregen	15 000	50 bis 100	750 bis 1 500
Total	47 500		15 350 bis 23 400
Schwebstoffaustrag mit Direktabfluss			225 kg/ha bis 340 kg/ha

Tab. 44: Trockensubstanzfrachten des Direktabflusses Q_D im Taanbach (P300) während des hydrologischen Jahres 1982.

10. Gebietsbilanz

10.1 Allgemeines

Das Kapitel hat zum Ziel, beispielhaft den Haushalt der wichtigsten Nährstoffe zu beschreiben. Zusätzlich wird anhand der in den Kapiteln 8 und 9 erarbeiteten Daten die Grössenordnung der jährlichen Gebietserniedrigung gegeben.

Für die Nährstoffbilanz wurde das Einzugsgebiet des Flückigenbachs gewählt, da hier die Input- und Outputwerte relativ rationnell und sicher erfahrbar waren (grossenteils arrondierte Betriebe, deren gesamte Nutzfläche zum EZG gehört). Die einjährige Erhebungsperiode (1982) zeigt selbstverständlich nur Grössenordnungen auf, da die einzelnen Grössen (etwa Vorfluterfrachten, Mengen an ausgebrachtem Dünger, Ernteergebnisse u.a.) von Jahr zu Jahr beträchtlich schwanken.

Einige Grössen (mikrobieller N-Umsatz) sind grobe Schätzwerte (F.SCHEFFER u. P.SCHACHTSCHABEL 1976), andere basieren auf den von den Landwirten deklarierten Mengenangaben (Mineraldünger). Die Nährstoffmengen in den tierischen und pflanzlichen Produkten (Futtermittel, Fleisch, Milch) ergeben sich aus den angegebenen Produktmengen und Durchschnittsnährstoffgehalten (L.GISIGER 1972, Lebensmittelinspektorat Basel). Niederschlagsinput und Vorfluteroutput wiederum erhält man nach den Methoden, die in Kap. 10.1 resp. Kap. 9.2 beschrieben werden. Die eingegebenen Bilanzgrössen haben damit völlig verschiedenartige Entstehungsgeschichten und Genauigkeiten. Oft ist die Fehlermarge des einen Werts grösser als ein anderer Wert insgesamt.

Die Bilanz benützt nur Grössen, die im gleichen Zeitraum in das Gebiet ein- resp. aus dem Gebiet ausgetragen wurden. Alle Vorgänge innerhalb des Gebiets, die internen Stoffflüsse, die Puffergrössen Boden- und Landwirtschaftsbetriebe (Tiere, Futter, Dung), das Festlegen und die Mobilisierung von Stoffen u.s.w. bilden eine "black box", bleiben also unbeachtet. Die Bilanz kann somit "Verzerrungen" aufweisen, die nur bei langjähriger Erfassung ausgeglichen werden könnten. Unbekannt ist zudem die Grösse der Stoffquelle durch die chemische Verwitterung des Untergrunds.

10.2 **Nährstoffinput mit dem Niederschlag**

Während des HJ 1982 wurde das Niederschlagseinkommen bei T350 (Flückigen) analysiert. Die Proben wurden in einem Kunststoffbehälter mit einem Auffangtrichter von ca 500 cm^2 gewonnen. Mit einer solchen Auffangfläche ergaben sich genügende Probenmengen für eine wöchentliche Analyse. Auf diese Weise konnten mikrobielle Reaktionen minimiert werden.

Die Tabelle 45 zeigt die monatlichen Einträge der untersuchten Nährelemente. Die Monatswerte sind Summen der Wochenwerte, die wiederum durch Multiplikation der wöchentlichen Konzentration mit der Niederschlagsmenge gebildet wurden. Die Resultate dürften auch für das Gebiet Taanbach in Eriswil gelten (5 km entfernt), da in der ländlichen Gegend Grossemittenten fehlen. Eine Zusammenstellung von Literaturwerten findet sich bei U.STEINHARDT (1973).

Ca und Mg:
Mit jährlich 38 kg/ha liegt das Ca-Einkommen im oberen Bereich der in Mitteleuropa gemessenen Werte. Höher liegen die Werte im Tafeljura (bis 55 kg/ha) (W.SEILER 1983, TH.STAUSS 1983), etwa gleich sind jene im Raum Basel (T.MOSIMANN 1980). Die Konzentration liegt mit 2,5 mg/l erheblich unter den Angaben der vorgenannten Arbeiten (jene um 4 mg/l). Die Konzentrationen korrelieren mit den Niederschlagsmengen (r = -0,75). Der Mg-Input von 2,6 kg/ha liegt im Bereich des in Mitteleuropa üblichen.

K:
Übereinstimmend mit den Werten im Tafeljura (6,6 bis 22,8 kg/ha) wurde ein hoher K-Input gemessen (7,2 kg/ha). Nach U.STEINHARDT (1973) waren es in Bern-Liebefeld während des Messzeitraums 1957 bis 61 nur 1,3 kg/ha per annum. Die Konzentration lag mit durchschnittlich 0,5 mg/l im Bereich des von W.SEILER (1983) auf T20 (Tafeljura) gemessenen Werts (0,6 mg/l).

NO_3-N:
Der Nitrat-Input beträgt 11 kg/ha, was etwa 2,5 kg/ha Stickstoff macht. Nur ein Teil des Stickstoffs liegt aber in oxidierter Form vor, wobei die Anteile am gesamten N-Einkommen offensichtlich schwanken. R.HÜSER (1971, zit. in TH.STAUSS 1983, S.201) gibt den

	Nov.	Dez.	Jan.	Febr.	Mrz.	Apr.	Mai	Juni	Juli	Aug.	Sept.	Okt.	1.Q.	2.Q.	3.Q.	4.Q.	WHJ	SHJ	HJ 1982	
Niederschlag (mm ≙ l · m^{-2})	76,0	238,2	169,2	45,0	94,8	42,1	86,9	193,5	162,0	215,5	63,7	148,5	483,4	181,9	442,4	427,7	665,3	870,1	1535,4	
Durchschnittliche pH-Werte													6,2	5,6	6,4	6,1	5,9	6,3	6,1	
	kg/ha	kg/ha	kg/ha	kg/ha	kg/ha	kg/ha	kg/ha	kg/ha	kg/ha	kg/ha	kg/ha	kg/ha	kg/ha	kg/ha	kg/ha	kg/ha	kg/ha	kg/ha	kg/ha	mg/l*
Ca^{++}	2,6	2,9	3,0	2,9	1,4	1,4	2,8	8,6	4,5	3,1	2,4	2,2	8,5	5,7	15,9	7,7	14,2	23,6	37,8	2,46
Mg^{++}	0,3	0,3	0,3	0,2	0,1	0,1	0,1	0,5	0,3	0,2	0,1	0,1	0,9	0,4	0,9	0,4	1,3	1,3	2,6	0,17
K^{+}	1,0	0,5	0,3	0,1	0,6	0,2	0,3	2,1	0,2	0,8	0,1	1,0	1,8	0,9	2,6	1,9	2,7	4,5	7,2	0,46
PO_4^{3-}	0,0	0,0	0,0	0,0	0,0	0,0	0,0	0,1	0,3	0,6	0,2	0,2	0,0	0,0	0,4	1,0	0,0	1,4	1,4	0,09
PO_4^{3-} - P																			0,5	0,03
NO_3^-	0,2	0,4	0,5	1,0	1,6	1,0	1,1	1,9	0,2	1,9	0,8	0,4	1,1	3,6	3,2	3,1	4,7	6,3	11,0	0,72
NO_3^- - N																			2,5	0,16

* mittlere Jahreskonzentration

Tab. 45: Monatliche, viertel- und halbjährliche sowie jährliche Nährstoffeinkommen durch den Niederschlag bei T350 (Flückigen) im Hydrologischen Jahr 1982.

NO_3-Anteil mit etwa 63 % an. Es darf angenommen werden, dass in den letzten Jahren der Anteil des oxidierten Stickstoffs erheblich zugenommen hat (Explosionsmotor). Die Werte im stadtnahen Bereich (T.MOSIMANN 1980, Basel: bis 5 kg/ha; TH.STAUSS, Tafeljura: bis 8 kg/ha) sind bezeichnenderweise deutlich höher. Die Annahme, dass im ländlichen Milieu des Testgebiets Stickstoff je hälftig in oxidierter und reduzierter Form einkommt, dürfte zutreffen. Somit ergäbe sich ein Totalinput von etwa 5 kg N je ha.

PO_4-P:
Der Phosphor-Eintrag liegt mit 0,45 kg/ha nahe bei Werten, die im Solling (Eberswalde BRD; U.STEINHARDT 1973), im Tafeljura (TH.STAUSS 1983) oder in Basel (T.MOSIMANN 1980) gemessen wurden. Die Probenwerte lagen allerdings häufig an der Nachweisgrenze. Auffallend sind die gesteigerten Sommerkonzentrationen, die u.U. auf Düngerstaub (Thomasmehl) zurückgehen.

10.3 Nährstoffbilanz

10.3.1 Methoden

Um die anthropogenen Bilanzgrössen zu erhalten, wurde bei denjenigen Betrieben[1], deren landwirtschaftliche Nutzfläche (LN) sich ganz im EZG Flückigen befindet, der relevante externe Güteraustausch erfragt: Zukauf an mineralischem und organischem Dünger, an Futtermitteln und anderen organischen Stoffen, Verkauf an pflanzlichen und tierischen Produkten (Milch, Fleisch, Getreide, Kartoffeln u.a.) sowie an Dünger. Die Mengenangaben wurden, wie bereits erwähnt, mit Gehalts-Normwerten verrechnet, um die Nährstoffmengen zu erhalten.

Ca. 14% der LN des EZG werden von Betrieben bewirtschaftet, die ausserhalb des Gebiets liegen. Hier wurde summarisch der durchschnittliche Ernteentzug und die Normdüngung der einzelnen Kulturen errechnet. Da der Anteil de so behandelten Areale an der gesamten Landnutzungsfläche klein ist, dürften die Mängel des Verfahrens nicht ins Gewicht fallen.

---

[1]Diese Betriebe hielten 1982 78 Milchkühe und 320 Schweinemastplätze

10.3.2 **Bilanzen**

Tab.46 gibt die Input- und Outputgrössen sowie die Bilanz der einzelnen Nährstoffe. Es sei nochmals erwähnt, dass die Zahlenwerte Grössenordnungen aufzeigen und deshalb cum grano salis gelesen werden sollen! Im weiteren ist zu sagen, dass die Bilanzwerte nichts aussagen über die kurzfristig verfügbaren Nährstoffmengen, die für die Düngeplanung entscheidend sind.

Die meisten Bilanzgrössen weist der Stickstoff auf, da der mikrobielle N-Umsatz im Boden u.a. auch die Bindung resp. Freisetzung von atmosphärischem Stickstoff umfasst (H.FLEIGE u.a. 1971). W.WALTHER (1979, S.240) gibt in seiner Arbeit eine Stickstoffbilanz; H.HOFER (1980) nennt Bilanzzahlen für die gesamte schweizerische Landwirtschaft (für das Jahr 1975). Beide basieren auf wenigen Grössen (Nährstoffzufuhr durch Dünger, Nährstoffentzug durch Pflanzen; WALTHER nennt zusätzlich Niederschlagsinput und Vorfluteroutput) und weisen ein N-Defizit aus. Für den Bereich Flückigen resultiert ein beträchtlicher Überschuss von ca 30 kg/ha. Wie auch bei den Nährstoffen P und K ist dieser Überhang durch die intensive Schweinemast zu begründen, die den Zukauf erheblicher Futtermengen erfordert. Der jährliche N-Zuwachs ist in Beziehung zu setzen zur Gesamt-N-Reserve der Bodenkrume, die ungefähr 6000 kg/ha betragen dürfte.

Die Phosphorbilanz weist einen starken Überschuss auf. Hier wird der Effekt der Tiermast- und der Milchwirtschaft besonders deutlich, da das Futter einen höheren Phosphorgehalt hat als die Veredelungsprodukte Fleisch und Milch. Da der überschüssige Phosphor fast gänzlich im Boden festgelegt wird (der Vorfluteraustrag ist verschwindend), kommt es zu einer beträchtlichen Anreicherung, zumal grosse Mengen von Thomasmehl ausgebracht werden (enthält v.a. P und Ca), um auch der Bodenversauerung entgegenzuwirken. Gesamtschweizerisch ist laut H.HOFER (1980) ebenfalls eine positive P-Bilanz zu verzeichnen.

Einen Überschuss, wenn auch in bescheidenerem Rahmen, trifft man bei Kalium an. Auch hier weisen tierische Produkte kleinere Gehalte auf als pflanzliche Stoffe, was - wie bei P - zu einem Anreicherungseffekt im EZG führt. Allerdings sind bei K die Verluste durch Vorfluteraustrag gross und übertreffen die Mengen der mineralischen Düngung.

Bilanzgrössen [kg]	N		P		K^+		Ca^{++}		Mg^{++}	
	+	-	+	-	+	-	+	-	+	-
Input mit dem Niederschlag	465		45		670		3 515		240	
Input mineralischer Dünger	4 050		1 400		1 610		7 025		155	
Input durch Futtermittel	5 875		2 190		2 015		2 300		380	
Output pflanzlicher Produkte		640		270		450		45		70
Output tierischer Produkte (Fleisch)		1 800		800		150		2 100		80
Output tierischer Produkte (Milch)		1 220		130		70		300		40
Output von Hofdünger		375		105		150		150		45
Output durch den Vorfluter		2 980		10		2 550		37 000		6 500
geschätztes Düngeeinkommen auf nicht erfassten Feldern	1 400		360		2 700		750		150	
geschätzter Nährstoffentzug auf nicht erfassten Feldern		1 950		340		2 200		900		150
Mikrobielle N-Bindung	3 000									
Mikrobielle N-Verluste		3 000								
	14 790	11 965	3 995	1 655	6 995	5 570	13 590	40 495	925	6 885
	2 825		2 340		1 425			26 905		5 960
Überschüsse/Defizite [kg/ha]	+33		+27		+17		-289		-64	

Tab. 46: Nährstoffbilanz im Einzugsgebiet des Flückigenbachs im HJ 1982.

Völlig verschieden von den N-P-K-Stoffen sind die Verhältnisse bei Ca und Mg. Hier machen die Einkommen nur einen Bruchteil der Auswaschungsverluste aus. Eine Nährstoffbilanz hat nur akademischen Wert, da die beiden Jonen überschüssig pflanzenverfügbar sind und die Auswaschung v.a. im Unterboden und im Gesteinsuntergrund stattfindet.

Zusammenfassend lässt sich sagen, dass die Nährstoffe N, P, K bei der heutigen Wirtschaftsweise im Gebiet angereichert werden. Der Input durch die Niederschläge ist bei allen Stoffen relativ unbedeutend. Der Stoffaustrag im Vorfluter ist beim Kalium bedeutend, weniger beim Stickstoff.

10.4 Gebietserniedrigung

In Kap. 8.1.3 wurde bereits die Grössenordnung der durchschnittlichen Gebietserniedrigung, die sich aufgrund der kartierten Umlagerungsmengen ergibt, diskutiert (Tab. 35). In Kap.9.3.2 sind zudem die Trockensubstanzverluste des EZG Taanbach aufgeführt. Schliesslich zeigen die Tab.39 und 40 die Lösungsfrachten der beiden Messjahre.

Werden diese Zahlen hochgerechnet, kommt man auf eine durchschnittliche jährliche Gebietserniedrigung durch Lösungsverluste von 0,15 mm (Taanbach) resp. 0,12 mm (Flückigen). Die Gebietserniedrigung durch Feststoffverluste dürfte demgegenüber je nach Schätzung zwischen 0,03 und 0,06 mm per annum ausmachen (ohne Geröllfracht). Als Vergleich seien die Werte angeführt, die V.BINGGELI (1974,S.119 ff) für das Einzugsgebiet der Langete nennt: 0,022 mm (Schweb-) und 0,06 mm (Lösungsfracht).

	Taanbach		Flückigen	
	HJ 1981	HJ 1982	HJ 1981	HJ 1982
Lösungsfracht [kg · ha^{-1}]	1529	1575	1169	1253
Schwebstofffracht im Basisabfluss [kg · ha^{-1}]	107	128	137	208
Schwebstofffracht im Direktabfluss [kg · ha^{-1}]		225 - 340		
Menge des umgelagerten Bodenmaterials während beider Jahre (Grundlage: Schadenskartierung) [kg · ha^{-1}]	586		998	

Tab. 47: Daten zum Stoffhaushalt der beiden Einzugsgebiete. Vergleich der in den Vorflutern ausgetragenen Frachten mit den umgelagerten Bodenmaterialmengen (vgl. Tab. 39/40: Lösungsfrachten; Tab. 42: Schwebstoffe im Basisabfluss; Tab. 44: Schwebstoffe im Direktabfluss; Tab. 35: Kartierte Umlagerungsmengen).

11. Zusammenfassung, Résumé, Summary

11.1 Zusammenfassung

Die vorliegende Arbeit ist Teil des vom Nationalfonds unterstützten Bodenerosionsprojekts des Geographischen Instituts Basel. Während drei Jahren (1980 - 82) wurde in zwei je ca. 1 km^2 grossen Gebieten das Erosionsgeschehen auf Ackerflächen beobachtet. Die Gebiete liegen im extramoränischen Napfhügelland, das für seinen Ackerbau in Steillagen bekannt ist.

Geologisch der flachliegenden Molasse angehörend, ist das AG geprägt durch Sandstein- und Nagelfluhformationen, manchmal abgelöst durch Mergellinsen. Der oberflächennahe Untergrund ist weitgehend entkalkt. Das Klima ist kühl-humid; der Grossteil der Niederschläge rührt von Westwindlagen. Die durchschnittlichen Regenintensitäten sind überwiegend gering, doch ist die Gegend für schwere Gewitter bekannt.

Das herrschende landwirtschaftliche **Nutzungs**system ist die "bernische Kleegraswirtschaft", die geprägt ist durch einen Wechsel von Getreide-, Hackfrucht- und Futterbau. Der Anteil der offenen Ackerfläche an der LN liegt zwischen 20 und 25%. Obwohl die Äcker z.T. sehr steil sind, ist die Bestellung weitgehend mechanisiert. Die heutige Nutzung ist das Resultat einer Entwicklung, die mit der Rodung im Frühmittelalter begann und über die ackerbaulich ausgerichtete Zelgenwirtschaft zur Vergrünlandung im 18. Jh. führte. Die Erosionsneigung schwankte im Lauf der Zeit.

Methodisch geschah die Untersuchung auf drei Ebenen. Einmal wurde das Prozessgeschehen untersucht (v.a. durch Testflächendaten). Sodann wurden die Verluste an Boden- und Nährstoffsubstanz durch Kartierung und Auffangkästen im Gelände erfasst (Flächenhaushalt). Schliesslich wurde auch der Gebietshaushalt betrachtet, wobei das Schwergewicht auf den Stofffrachten der Vorfluter lag. Begleitet wurde das Ganze von einer Bodenaufnahme, die speziell auf Fragen der Erosion acht gab.

Das Substrat des **Bodens** ist in beiden AG ähnlich und besteht vorwiegend in wechselnd skeletthaltigem Sand, Salm und Lehm. Als zonaler Bodentyp der unteren montanen Stufe dominiert die saure Braunerde. Gehemmte Sickerung führt zu Stauvergleyung. Erosionsbodentypen (Ranker) beschränken sich auf übersteile Hänge, Rücken, Kuppen und Sporne. Den einzelnen Bodenformen lassen sich tendenzielle Erosionsdispositionen zuordnen: Rendzinen sind erosionsresistent, ebenso skelettreiche Braunerden. Geringe Erosionsneigung haben bindige Braunerden und Braunerde-Staugleye. Uneinheitlich ist das Verhalten von Sand- und Schluff-Braunerden sowie von Staugleyen. Ranker sind aufgrund ihrer Lage im Relief am stärksten gefährdet.

Die Horizontmächtigkeiten zeigen, dass die Erosionstätigkeit in der Vergangenheit gering war. Ein Grossteil der Gebietsfläche besteht aus kaum erodierten Böden. Die kleinen labilen Bereiche sind strukturell, wasserhaushaltlich oder durch das Relief bedingt.

Erklärt wird die schwache Erosionsneigung durch eine Analyse der **Prozessparameter** des Bodenabtrags. Die **Erosionsfähigkeit des Niederschlags** wird v.a. durch die Intensität und den R-Wert der USLE beschrieben. Das niederschlagsreiche Gebiet wies im Messzeitraum Jahres-R-Werte von 137 bis 160 auf, was für mitteleuropäische Ackerbaugebiete hoch ist. 80% des Erosionsvermögens des Regens entfallen auf das SHJ. Bei Niederschlägen mit einer I30 >0,3 mm/min tritt auf Schwarzbrache (Testflächen) stets Erosion ein. Die Menge des abgetragenen Materials wächst dabei mit der Regenintensität.

Die Erosionsanfälligkeit des Bodens ist von seiner Textur, seiner Struktur und seiner Durchlässigkeit abhängig. Die Textur der Oberböden im AG ist ziemlich einheitlich (v.a. lS bis sL). Einzelne Profile wurden auf die Aggregatform, den Aggregierungsgrad, die Aggregatgrössenverteilung und die **Aggregatstabilität** (AS) untersucht. Der Aggregationsgrad und die AS sind allgemein hoch. Die guten Gefügeeigenschaften bewirken eine hohe Durchlässigkeit (Ausnahme: vernässte Standorte). Das Infiltrationsvermögen wird durch Körnung und Steingehalt, ein gut entwickeltes Porensystem, stabile Aggregate und häufige Pflanzenbedeckung günstig beeinflusst.

Was den **Bearbeitungszustand** des Bodens betrifft, sind frisch bearbeitete Saatbette am gefährdetsten. Der **Bedeckungsgrad** mit Pflanzen ist fast immer der entscheidende Regelfaktor der Erosion. Gefährdet sind v.a. jene Kulturen, die im Sommerhalbjahr zeitweise schüttere Bedeckung aufweisen (Kartoffel, Mais, Winterrüpse).

Wassererosion ist durch Oberflächenabfluss bedingt. Dieser ist wegen des hohen Infiltrationsvermögens im AG gering, infolge der grossen Hangneigung jedoch sehr wirksam. Die **Bodenfeuchte** ist bei wenig intensiven Dauerniederschlägen bedeutsam, bei intensiven und ergiebigen Starkregen, die die Quantität der Gebietserosion bestimmen, tritt sie aber in den Hintergrund.

Die **Erosionsformen** hängen von der Intensität der N und der Konzentration des Ao ab. Lineare Formen (Rillen und Rinnen) dominieren. Die grössten Verluste entstehen allerdings durch flächenhafte Runsenspülung. Die Korngrössen werden selektiv verlagert. Das Einzugsgebiet verarmt an Schluff und Ton, in resedimentierten Bereichen wird Sand angereichert. Im Schnitt der beiden HJ 81 und 82 betrugen die durch Kartierung erfassbaren **Umlagerungsmengen** 300 kg/ha im AG Taanbach und 500 kg/ha im AG Flückigen. Die Schäden konzentrierten sich auf wenige Ereignisse und Äcker.

Beim **Gebietsaustrag** wurden die Schwebstoffe und die gelösten Nährstoffe erfasst. Die Grösse der Nährstofffrachten ist teils durch Gebietseigenschaften (Gestein), teils durch die Nutzung bestimmt. Der hohe Gebietsabfluss hat dabei verhältnismässig hohe Frachten zur Folge. Beim Schwebstoffaustrag muss zwischen dem Anteil des Basis- und demjenigen des Direktabflusses unterschieden werden, da die Konzentration des Schwebs nicht direkt vom Abfluss, sondern bei Hochwasser v.a. von der Intensität der N abhängt. Der Gesamtaustrag an Trockensubstanz betrug im HJ 82 bei P300 zwischen 350 und 500 kg/ha.

Für das Gebiet Flückigen und das HJ 1982 ergibt die **Nährstoffbilanz** bei N, P und K z.T. beträchtliche Überschüsse, während sie für Ca und Mg wegen der hohen Lösungsverluste defizitär ist.

11.2 Résumé

Le présent travail entre dans le programme de recherche sur l'érosion des sols en cours à l'Institut de géographie de Bâle et subventionné par le Fonds national. Pendant trois années (1980 à 1982), l'érosion des sols labourés à été observée sur deux aires de 1 km^2 chacune environ. Ces aires sont situées dans le pays extramorainique du Napf, connu pour son agriculture sur pentes raides.

Faisant partie géologiquement de la région molassique à couches tabulaires, la zone étudiée est marquée par des formations de grès et de conglomérat (nagelfluh) qui font parfois place à des lentilles de marne. Le substrat subfacial est grandement décalcifié. Le climat est frais et humide; la majeure partie des précipitations proviennent de l'ouest. L'intensité moyenne des pluies est minime dans l'ensemble, mais la région est connue pour ses violents orages.

Le faire-valoir agricole est dominé par l'assolement à patûres temporaires qui fait alterner les cultures de céréales, de plantes sarclées et de fourrages. 20 à 25 % de la surface agricole sont laissés en friche. Bien que les champs soient parfois très raides, le travail est largement mécanisé.Le faire-valoir actuel est l'aboutissement d'une évolution qui a commencé au haut Moyen-Age par le défrichement, a passé par l'agriculture sur soles, et a mené aux herbages au 18e siècle. L'érodibilité a été variable au cours des temps.

L'étude a été réalisée sur trois plans. D'une part, a été étudié le processus (voir les données sur les surfaces tests). Ensuite ont été recensées les pertes de terre et de substances nutritives au moyen de levés et de pièges placés sur le terrain (bilan de surfaces données). Finalement a été pris en considération le bilan du bassin versant, l'accent étant mis sur les charges en suspension des cours d'eau récepteurs. Le tout a été assorti d'un levé pédologique tenant compte des questions touchant à l'érosion.

Le substrat du sol est semblable dans les deux aires étudiées et se compose principalement de sable à teneur variable en squelette, de sable limoneux et de limon. Le sol brun acide domine en tant que type de sol zonal de l'étage montagnard inférieur. Les types de sol érodible (ranker) sont ceux des versants abrupts, des croupes, coupoles et éperons. Aux diverses formes du sol correspondent diverses tendances à l'érosion: les rendzines y résistent, de même les sols bruns squelettiques. Peu tendance à l'érosion ont les sols bruns cohésifs et les sols bruns à pseudogleys. Non uniforme est le comportement des sols bruns sablo-limoneux ainsi que des pseudogleys. Du fait de leur position dans le relief, les rankers sont les plus menacés.

L'épaisseur des horizons nous montre que l'érosion a été faible autrefois. Une grande partie des sols de la région sont à peine érodés. La labilité de quelques petites zones s'explique par leur structure, leur bilan hydrologique ou leur relief.

L'analyse des paramètres de l'érosion du sol explique la faible tendance à l'érosion. Le pouvoir érosif des précipitations est déterminé par l'intensité et la valeur R de la USLE (Universal Soil Loss Equation). La région, très pluvieuse, a accusé, pendant la période des mesures, des valeurs R annuelles de 137 à 160, ce qui est beaucoup pour une région agricole centre-européenne. 80% de l'érosivité de la pluie incombent aux précipitations du semestre d'été. Les précipitations à I30 >0,3 mm/min causent toujours l'érosion des jachères nues (surfaces témoins). La quantité de matière entraînée augmente proportionnellement à l'intensité de la pluie.

L'érodibilité du sol dépend de sa texture, de sa structure et de sa perméabilité. La texture de la couche supérieure des sols des aires étudiées est assez uniforme (essentiellement sable limoneux à limon sableux). La forme, le degré, la répartition de la dimension et la stabilité des agrégations de certains profils ont été analysés. Le degré et la stabilité de l'agrégation sont généralement élevés. Les bonnes propriétés structurelles produisent une grande perméabilité (exception: endroits détrempés). La capacité d'infiltration est favorablement influencée par la grosseur des grains et par la teneur en pierres, par une bonne porosité, par la stabilité de l'agrégation et souvent par une couverture végétale.

En ce qui concerne la vulnérabilité du sol, les platebandes nouvellement ensemencées sont les plus menacées. La couverture végétale est presque toujours le facteur réglant l'érosion. Sont particulièrement menacées les cultures qui n'ont qu'une maigre couverture en été (pommes de terre, mais, cultures intercalaires).

L'érosion produite par l'eau est conditionnée par le ruissellement superficiel. Dans l'aire étudiée, ce ruissellemment est minime du fait de la forte infiltration, mais très efficace du fait de la forte déclivité. Lorsque les pluies permanentes sont faibles, l'humidité du sol joue un grand rôle dans l'érosion; lorsque les pluies sont fortes et abondantes et qu'elles déterminent l'ampleur de l'érosion, son influence est minime.

Les formes produites par l'érosion sont fonction de l'intensité des précipitations et de la concentration du ruissellement superficiel. Les formes linéraires (rigoles et chenaux) prédominent. Les pertes les plus grandes cependant sont causées par le ruissellement par ravines. Les grosseurs de grain sont déplacées sélectivement. Le bassin versant perd une partie de son silt et de son argile; dans les zones resédimentées, la teneur en sable augmente. Au cours des deux années 1981 et 1982, les quantités déplacées, recensées par levé, ont atteint la moyenne de 300 kg/ha dans l'aire Taanbach, et de 500 kg/ha dans l'aire Flückigen. Les dommages se concentrent sur quelques rares événements et champs.

Pour faire le compte du transport hors de la région, ont été recensées les matières en suspension et les substances nutritives dissoutes. La quantité de substances nutritives transportées est déterminée en partie par le caractère régional (roche), en partie par l'utilisation du sol. L'important écoulement emporte d'assez importantes quantités de matières en suspension. On distingue entre écoulement de base et écoulement direct, la concentration de la suspension ne dépendant pas directement de l'écoulement, mais, en cas de crue, surtout de l'intensité des précipitations. Le transport total de substances sèches a été de 350 à 500 kg/ha au point d'étiage P300 pendant l'année 1982.

Pour l'aire Flückigen et l'année 1982, le bilan des substances nutritives se solde par des excédents considérables de N, P et K, alors que le bilan de Ca et de Mg est déficitaire du fait des fortes pertes de solutions.

11.3 Summary

The present study is part of the soil erosion project of the Institute of Geography, Basel (Switzerland), supported by the Swiss National Science Foundation. Erosion was monitored over three years (1980-82) on farmland of two sites each covering approximately 1 km^2. The study sites are situated in the extramorainic Napf hill country which is known for its farming in steep locations.

The study area, which geologically belongs to the flat-lying molasse, is characterized by formations of sandstone and nagelfluh which sometimes are interrupted by marl lentils. The substrate is mostly decalcified.

The climate is cool-humid; the main part of the precipitation originates from west wind conditions. The average intensities of precipitations are low, but the area is reknown for its heavy thunderstorms.

The agricultural cultivation system used is the "bernische Kleegraswirtschaft" (Bernese clover farming system) characterized by alternated cultivation of wheat, row crop and feed crops. The proportion of open arable land on the total agricultural area varies between 20 and 25%. Although the fields are partly very steep their cultivation is extensively mechanized. The recent cultivation is the result of a development which started with clearing land in the early middle ages and led over the three field system to a grassland management in the 18th century. The disposition for erosion varied with time.

Methodically the investigation was carried out on three levels. The process of erosion was studied (mainly by data from test plots). Then the loss of soil and nutrients was recorded by mapping and sediment trapping in the field (surface balance). Eventually the balance in the catchment area was monitored with the main emphasis on the load of the suspended and soluted material in the receiving stream. This was done together with a soil map with particular emphasis on the problems of erosion.

The soil substrate of both study sites is similar, consisting mainly of sand, sandy loam and loam with changing skeleton. Brown earth dominates the lower mountain zone as (zonal) soil type. Inhibited drainage leads to similigley. Erosion soil types (ranker) are confined to very steep slopes, crests and tops. A potential disposition for erosion can be attributed to single soil forms: rendzinas are resistent to erosion as well as skeleton-rich brown earths. The tendency for erosion is small for brown earths and brown earth-similigleys. The behaviour of sand- and silt-brown earths and similigleys is variable. Because of their position in the relief, ranker soils are most susceptible.

The horizons show little erosion in the past. A big part of the area exhibits hardly eroded soils. The small unstable parts are conditioned by the structure, water balance or relief.

An erosion process parameter analysis explains the area's week tendency for erosion. The erosion capability at rainfall is mainly described by the intensity and the R-value of the USLE (universal soil loss equation). In the course of the study the area had annual R-values between 137 and 160, which is high for middle European farming areas. 80% of the rainfall erosion takes place in summer. Erosion always occurs on tilled and kept free of vegetation areas (test plots) when rain falls with a I30 >0.3mm/min. The quantity of the eroded material increases with rain intensity.

The erodibility of the soil depends on the texture, the structure and the permeability of the soil. The texture of the upper soils in the study area is comparatively uniform (mainly lS to sL). Some profiles were investigated in respect to their aggregate form, aggregate degree, aggregate size distribution and aggregate stability. Aggregate degree and stability are generally high. The good structure causes a high permeability (exception: wet sites). The infiltration capacity is positively influenced by the texture and stone content, by a well developed pore system, stable aggregates and frequent vegetation cover.

Freshly cultivated seedbeds exhibit the highest erosion risk. The degree of plant cover is almost exclusively the determining factor for erosion regulation. Mainly cultures with a poor plant cover in summer are endangered (e.g. potatoes, maize).

Erosion through water is caused by surface run-off. Because of the high infiltration capacity in the study area, surface run-off is low but very efficient due to the steep slopes. If long rainfalls of low intensity occur, soil moisture is important, but is minor if intensive and strong rainfalls occur. These rainfalls determine the quantity of the erosion in the area.

The erosion forms depend on the intensity of the rainfalls and the concentration of the sheet wash. Linear forms (rills and channels) dominate. The highest losses, however, are caused by superficial channel erosion and rill flush. The grains are shifted according to size. The catchment area looses silt and loam, and sand is accumulated in resedimented parts. The displaced sediments which could be recorded through mapping during the two hydrological years 81 and 82 averaged 300 kg/ha on the Taanbach area and 500 kg/ha on the Flückigen area. The damage is concentrated on a few events and fields.

The suspension load and the dissolved nutrients were recorded in the receiving stream. The size of the nutrient load is partly determined by the properties of the area (rocks), partly by the cultivation system. The high discharge of the area causes relatively high loads. The discharge of suspended matter is divided into the proportion of the base run-off and the direct run-off. The concentration of the suspension depends mainly on the intensity of the rain, not on the discharge.The total loss of dry matter was between 350 and 500 ka/ha at P300 water-gauge in the hydrological year 1982.

For the area of Flückigen the nutrient budget for N,P and K shows a substancial surplus whereas for Ca and Mg there is a deficit because of the high solution losses.

12. Literaturverzeichnis

Annalen der SMA 1979, 1980, 1981

BADER,S.u.U.SCHWERTMANN: Die Erosivität der Niederschläge von Hüll (Bayern). (R-Faktor der Bodenabtragsgleichung nach Wischmeier). In: Z.f. Kulturtechn.u.Flurber.,21(1980),S.1-7

BALDERER,W.: Die obere Süsswassermolasse als hydrogeologisches Gesamtsystem. In: Bulletin du Centre d'Hydrogéologie, 3(1979), S.27-39

BECHER,H.u.W.VOGL: Aggregatstabilitätsunterschiede in ausgewählten Lössböden. In: Z.f.Kulturtechn.u.Flurber.,24(1983), S.101-107

BINGGELI,V.: Hydrologische Studien im zentralen schweizerischen Alpenvorland, insbesondere im Gebiet der Langete. = Beiträge zur Geologie der Schweiz - Hydrologie, Nr. 22, Bern 1974, 163 S.

BOLLINNE,A.: Study of the importance of splash and wash on cultivated loamy soils of Hesbaye (Belgium). In: ESP,3 (1978), S.71-84

BORK,H.R.: Die holozäne Relief- und Bodenentwicklung in Lössgebieten. In: Catena Supplement, 3(1983), S.1-93

BOSSHARD,W.(Hrsg.): Physikalische Eigenschaften von Böden der Schweiz, Bd.1, Birmensdorf/Zürich 1978,256 S.

BRYAN,R.B.: The development, use and efficiency of indices of soil erodibility. In: Geoderma, 2(1968/1969), S.5-26

BRYAN,R.B.: Considerations on soil erodibility-indices and sheetwash. In: Catena, 3 (1976), S.99-111

BUTZ,R.: Vergleichende geographische Untersuchungen am schweizerischen Voralpenrand. = Diss. ETH, Zürich 1968, Nr.4181, 227 S.

DELLA VALLE,G.: Geologische Untersuchungen in der miozänen Molasse des Blasenfluhgebiets (Emmental,Kt.Bern). = Diss. Bern 1965. In: Sonderdruck aus Mitt.Naturforsch.Ges. Bern, N.F., Bd.22, S.87-181

DE PLOEY,J.u.J.SAVAT: The differential impact of some soil loss factors on flow, runoff creep and rainwash. In: ESP, 1 (1976), S.151-161

DIEZ,TH.: Wassererosion - eine zunehmende Gefahr für unsere Böden. In: Z.f.Kulturtechn. u.Flurber.,25 (1984), S.249-256

DIEZ,TH.u.U.HEGE: Acker- und pflanzenbauliche Massnahmen zur Eindämmung der Bodenerosion beim Anbau von Mais.In: Mitt.Dt.Bodenkdl.Ges., 30 (1981), S.403-410

DUNNE,TH.: Evaluation of erosion conditions and trends. =FAO Conservation Guide 1, Guidelines for watershed management, Rom 1977, S.53-83

DYCK,S.: Angewandte Hydrologie, Teil 2: Der Wasserhaushalt der Flussgebiete.Berlin 1978,544 S.

EGGELSMANN,R.: Ökohydrologische Apekte von anthropogen beeinflussten und unbeeinflussten Mooren Norddeutschlands. =Diss. Niedersächs. Landesamt für Bodenforschung, Bodentechnisches Institut, Bremen 1981,175 S.

EIMERN,J.VAN: Die Häufigkeit erosionsauslösender Stark- und Dauerregen in Freising-Weihenstephan. In: Bayer.Landwirtsch. Jb.49(1972), S.918-926

ESTLER,M.: Beiträge der Landtechnik zur Erosionsverminderung. In: Mitt.Dt.Bodenkdl.Ges.,39 (1984),S.117-122

FLÜCKIGER,O.: Morphologische Untersuchungen am Napf. Habilitationsschrift. Bern 1919,34 S.

FLEIGE,H.,B.MEYER u.H.SCHOLZ: Bilanz und Umwandlung der Bindungs-Formen von Boden- und Dünger-Stickstoff (15 N) in einer Acker-Parabraunerde aus Löss. In: Göttinger Bodenkdl.Ber., 18 (1971), S.39-86

FLÜGEL,W.A.: Untersuchungen zum Problem des Interflow. = Heidelberger Geogr.Arb., H.56, Heidelberg 1979, 170 S.

FREI,E.: Gefügeuntersuchungen an landwirtschaftlichen Kulturböden. In: Landwirtsch. Jb. Schweiz, 62(1948),S.20-35

FREI,E.u.P.JUHASZ: Eigenschaften und Vorkommen der Sauren Braunerde in der Schweiz. Die Bodenkarte Landiswil-Rüderswil, Emmental BE. In: Schweiz.landwirtsch.Forsch., 6(1967), S.371-393

FREY,O.: Talbildung und glaziale Ablagerungen zwischen Emme und Reuss. Zürich 1907, 525 S.

FURRER,O.J.u.R.GÄCHTER: Der Beitrag der Landwirtschaft zur Eutrophierung der Gewässer in der Schweiz (II). In: Schweiz. Z. f. Hydrol., 34 (1972), S.71-94

GASSER,A.: Die Landwirtschaft im Kanton Bern. Hrsg.:Landwirtschaftsdirektion des Kantons Bern, Bern 1978,176 S.

GEERING,J.: Beitrag zur Kenntnis der Braunerdebildung auf Molasse im schweizerischen Mittelland. = Diss. ETH, Zürich 1935,73 S.

GERBER,F.:Wandel im ländlichen Leben. =Diss.ETHZ, Bern1974, 363 S.

GERBER,M.E.u.J.WANNER: Erläuterungen zum Blatt Langenthal des Geologischen Atlas der Schweiz 1:25000, 1984,37 S.

GERMANN,P.: Bedeutung der Makroporen für den Wasserhaushalt eines Bodens. In: Bull. BGS, 4 (1980),S.13-18

GERMANN,P.: Infiltration in Böden mit Makroporen. In: Bull.BGS, 6(1982), S.18-23

GERMANN,P.u.P.GREMINGER: Wassersickerung in den gröbsten Hohlräumen des Bodens. In: Mitt.Dt.Bodenkdl.Ges.,30 (1981), S.169-180

GERSTER,G.: NZZ, Sa/So, 3./4. Dez. 1983

GISIGER,L: Düngerlehre. Aarau 1972, 142 S.

GRIEVE,I.C.: The magnitude and significance of soil structural stability declines under cereal cropping. In: Catena,7 (1980) S.79-85

GROSJEAN,G.: Planungsatlas des Kantons Bern, 3. Lieferung: Historische Planungsgrundlagen. Hrsg.: Kantonales Planungsamt. Bern 1973, 328 S.

GUYER,H.J.: Untersuchungen über die Wirkung einiger Verfahren der Bodenbearbeitung auf Bodenstruktur und Pflanzenertrag mit methodischem Beitrag zur serienmässigen physikalischen Bodenanalyse. =Diss. ETHZ, Zürich 1954, 103 S.

HÄUSLER,F.: Das Emmental im Staate Bern bis 1798, Bd.1. Bern 1958, 338 S.

HÄUSLER,F.: Das Emmental im Staate Bern bis 1798, Bd.2. Bern 1968, 380 S.

HANTKE,R.: Eiszeitalter Bd.1. Thun 1978, 468 S.

HANTKE,R.: Eiszeitalter Bd.2. Thun 1980, 702 S.

HARD,G.: Exzessive Bodenerosion um und nach 1800. In: Bodenerosion in Mitteleuropa. =Wege der Forschung, Bd.CCCCXXX, 1976, S.195-239

HARTGE,K.H.: Die physikalische Untersuchung von Böden. Eine Labor- und Praktikumsanweisung. Stuttgart 1971,168 S.

HARTGE,K.H.: Warum befriedigen die Methoden zur Bestimmung von Struktur- bzw. Aggregatstabilitäten so selten? In: Mitt.Dt.Bodenkdl.Ges., 22 (1975 a),S.61-64

HARTGE,K.H.: Die Strukturstabilität in Böden. In: Mitt.Eidg.Anst.f. d.forstl.Versuchswesen 51(1975 b),S.225-231

HAUDE,W.: Zur Bestimmung der Verdunstung auf möglichst einfache Weise. In: Mitt.d.Dt.Wetterdienstes, 11, Bd.2 (1955), S.1-24

HEGER,K.: Bestimmung der potentiellen Evapotranspiration über unterschiedlichen landwirtschaftlichen Kulturen. In: Mitt.Dt. Bodenkdl.Ges.,26(1978), S.21-40

HEMPEL,L.: Flurzerstörungen durch Bodenerosion in früheren Jahrhunderten. In: Bodenerosion in Mitteleuropa. = Wege der Forschung Bd.CCCCXXX,1976, S.181-194

HOFER,H.: Führt die heutige Düngungspraxis zu einer Umweltgefährdung? In: Schweiz. Landw. Mh., 58 (1980), S.77-97

HOLY,M.,J.VASKA u.K.VRANA: Mathematisches Modell des oberirdischen Abflusses zur Bewertung von Erosionsprozessen. In: Z.f.Kulturtechn.u.Flurber., 23 (1982), S.269-279

HORN,R.: Die Bedeutung der Aggregierung für die Druckfortpflanzung im Boden. In: Z. f. Kulturtechn. u. Flurber.,24 (1983), S.238-243

HORN,R.u.K.H.HARTGE: Die Bedeutung der Aggregierung für die mechanische Belastbarkeit des Bodens. In: Mitt.Dt.Bodenkdl.Ges.,32 (1981), S.43-50

IMESON,A.C.: Studies of erosion thresholds in semiarid areas: Field measurements of soil loss and infiltration in Northern Marocco. In: Catena Suppl., 4 (Braunschweig 1983), S.79-89

IMESON,A.C.: Splash erosion, animal activity and sediment supply in a small forested Luxembourg catchment. In: ESP, 2 (1977), S.153-160

IMESON,A.C.u.P.D.JUNGERIUS: Aggregate stability and colluviation in the Luxembourg ardennes; an experimental and micro morphological study. In: ESP, 1 (1976), S.259-271

JEANNERET,F.u.P.VAUTIER: Kartierung der Klimaeignung für die Landwirtschaft in der Schweiz. = Geographica Bernensia G6, Bern 1977, 108 S. und Karten

JOHNSTON,H.T.,E.M.ELSAWY u.S.R.COCHRANE: A study of the infiltration characteristics of undisturbed soil under simulated rainfall. In: ESP, 5 (1980), S.159-174

JUNG,L.: Zur Frage der Nomenklatur erodierter Böden. In: Mitt.a.d. Inst.f.Raumforsch. Bonn, 20 (1953), S.61-72

JUNG,L.u.R.BRECHTEL: Messungen von Oberflächenabfluss und Bodenabtrag auf verschiedenen Böden der Bundesrepublik Deutschland. =DVWK H.48,1980,139 S.

KARL,J.: Erosionsgefahren und Abhilfen in Süddeutschland. In: Z.f.Kulturtechn.u.Flurber, 20 (1979), S.374-380

KARL,J.u.M.PORZELT: Erosionsversuche mittels einer transportablen Beregnungsanlage. In: Ber. Landw., 55 (1977/78), S.606-611

KARL,J.u.M.PORZELT: Erosionsmindernde Anbaumethoden bei Mais. In: Z.f.Kulturtechn.u.Flurber.,24 (1983),S.11-18

KELLER,E.R.: Ausdehnung des Ackerbaus - Teil I: Pflanzenkundliche Betrachtungen über Fragen der Fruchtfolge. In: Schweiz. Landwirtsch. Mh.,57 (1979), S.73-90

KELLER,H.M.: Die Bestimmung der Evapotranspiration von Waldbeständen aus forsthydrologischer Sicht. In: Beitr.z.Geologie d.Schweiz - Hydrologie, 25 (1978),S.49-52

KLETT,M.: Die boden- und gesteinsbürtige Stofffracht von Oberflächengewässern. = Arb.d.Landwirtsch.Hochschule Hohenheim, Bd.35, Stuttgart 1965,135 S.

KOHL,F.(Red.): Kartieranleitung, Anleitung und Richtlinien zur Herstellung der Bodenkarte 1:25000.Hannover 1971,169 S.

KOPP,E.: Die Permeabilität durchlässiger Böden, die Gliederung des Makroporenraums und die Beziehungen zwischen Permeabilität und Bodentypen. In: Z. f. Kulturtechn. u. Flurber., 6(1965), S.65-90

KRAMER,M.: Bodenerosion und Flurordnung im mittelsächsischen Lössgebiet. In: Nutzung und Veränderung der Natur. = Tagungsband III. Geographen-Kongress der DDR 1981, Leipzig 1981, S.211-220

KULLMANN,A.: Über die Wasserbeständigkeit der Bodenkrümel besonders in Abhängigkeit von Zeit und Bodenfeuchtigkeit. III. Mitteilung: Über den Einfluss der Bodenfeuchtigkeit auf die Krümelanteile getrockneter Bodenproben.In:Albrecht-Thaer-Archiv 9(1965),S.27-45

KULLMANN,A.: Zur Dynamik der Bodenaggregate und deren Beeinflussung durch einige organische Substanzen. In: Dt.Akad.d.Landwirtschaften, Sitzungsber. 15 (1966),S.2-18

KURON,H.: Bodenerosion und Nährstoffprofil. In: Mitt. a.d. Inst. f. Raumforsch. Bonn,20 (1953), S.73-91

KURON,H.: Berücksichtigung des Bodenschutzes bei Beratung und Umlegung. In: Mitt.a.d.Inst.f.Raumforsch. Bonn, 20 (1953), S.1-14

KURON,H.,L.JUNG u.H.SCHREIBER: Messungen von oberflächlichem Abfluss und Bodenabtrag auf verschiedenen Böden Deutschlands. =Schriftenrh. d.Kuratoriums f.Kulturbauwesen, H.5, Hamburg 1956, 88 S.

LESER,H.: Landschaftsökologie.= UTB 521,Stuttgart 1976,432 S.

LESER,H.: Probleme der quantitativen Aufnahme der Landschaft im Forschungsprogramm der Physischen Geographie an der Universität Basel. In: Regio Bas.,19 (1978), S.45-55

LESER,H.: Geoökologische Bodenerosionsforschung. In: Bull.Bodenkdl. Ges.Schweiz, 6 (1982), S.7-12

LESER,H.: Das achte "BGC": Bodenerosion als methodisch-geoökologisches Problem. In: Geomethodica, 8 (1983), S.7-22

LESER,H.u.R.-G.SCHMIDT: Probleme der grossmassstäblichen Bodenerosionskartierung. In: Z.f.Kulturtechn.u.Flurber., 21(1980),S.357-365

LESER,H.,R.-G.SCHMIDT u.W.SEILER: Bodenerosionsmessungen im Hochrheintal und Jura (Schweiz). In: Pet.Geogr.Mitt. 125(1981),S.83-91

LEIBUNDGUT,CH.: Die Berechnung der Verdunstung aus der Wasserbilanz von Einzugsgebieten. In: Beitr.z.Geologie der Schweiz - Hydrologie, 25(1978), S.63-67

LEIBUNDGUT,CH.: Zum Wasserhaushalt des Oberaargaus und zur hydrologischen Bedeutung des landwirtschaftlichen Wiesenbewässerungssystems im Langetental. = Beiträge zur Geologie der Schweiz - Hydrologie, Nr.23, Bern 1976, 106 S.

LEUTENEGGER,F.: Untersuchungen über die physikalischen Eigenschaften einiger Bodenprofile der Braunerdeserie des Schweizerischen Mittellandes, mit methodischem Beitrag zur physikalischen Bodenanalyse.= Diss. ETHZ, Zürich 1950,61 S.

LIEBEROTH,I.: Bodenkunde, Bodenfruchtbarkeit. Berlin 1969, 336 S.

LOUGHRAN,R.J.: The calculation of suspended-sediment transport from concentration v.discharge curves: Chandler River N.S.W. In: Catena, 3(1976), S.45-61

LOW,A.J.: The Study of Soil Structure in the Field and the Laboratory. In: J.of Soil Sci.,5 (1954), S.57-74

LUFT,G.: Abfluss und Retention im Löss, dargestellt am Beispiel des hydrologischen Versuchsgebietes Rippach, Ostkaiserstuhl. = Beitr.z. Hydrologie, Sonderheft 1 (1980), 241 S.

LUK,S.H.: Effect of soil properties on erosion by wash and splash. In: ESP, 4 (1979), S.241-255

MATTER,A.: Sedimentologische Untersuchungen im östlichen Napfgebiet. In: Eclog.Geol.Helv.,57/2 (1964), S.315-429

MAURER,H.u.a.: Sedimentpetrographie und Lithostratigraphie der Molasse im Einzugsgebiet der Langete. In: Eclog.Geol.Helv.,75/2 (1982),S.381-413

MORGAN,R.P.C.: Field studies of rainsplash erosion. In: ESP, 3(1978), S.295-299

MOSIMANN,T.: Boden, Wasser und Mikroklima in den Geosystemen der Löss-Sand-Mergel-Hochfläche des Bruderholzgebietes (Raum Basel). =Physiogeographica 3 (1980), 267 S. u. Kartenband

MÜCKENHAUSEN,E.: Form, Entstehung und Funktion des Bodengefüges. In: Z.f.Kulturtechn., 4(1963), S.102-114

MÜCKENHAUSEN,E.: Die Bodenkunde. Frankfurt 1982, 579 S.

MÜLLER,W.,P.BENECKE u.M.RENGER: Bodenphysikalische Kennwerte wichtiger Böden. Erfassungsmethodik, Klasseneinteilung und kartographische Darstellung. In:Beih.geol.Jb., Bodenkdl.Beitr. 99/2(1970), S.13-70

MÜLLER,S.u.K.MOLLENHAUER: Oberflächenabfluss, Bodenabtrag und Abschwemmung gelöster Stoffe unter dem Einfluss unterschiedlicher Bodennutzungsbedingungen. In: Mitt.Dt.Bodenkdl.Ges., 34 (1982), S.169-172

NUSSBAUM,F.: Talbildung im Napfgebiet. In: Verh. Schweiz.Naturforsch.Ges., 93 Jahresversamml. Basel,1910, S.212-215

PETRASCHECK,A.: Die Berechnung des Oberflächenabflusses von Flächenelementen. In: Z. Österr. Wasserwirtsch, 30 (1978), S.65-72

PREUSS,O.: Über den Nährstoffab- und austrag aus landwirtschaftlich genutzten Flächen - dargestellt an einem definierten Wassereinzugsgebiet eines für die mitteldeutsche Gebirgslandschaft typischen Fliessgewässers 3. Ordnung. =Diss. Inst.Agrikulturchem.d. Univ.Göttingen 1977,167 S.

PROBST,M.: Wirkung verschiedener Bodenbearbeitung auf Wasserabfluss, Boden- und Phosphatabträge. In: Z.f.Kulturtechn. u. Flurber.,17 (1976), S.266-276

PULVER,E.E.: Von der Dreizelgenordnung zur bernischen Kleegraswirtschaft. Schaffhausen 1956, 147 S.

RENGER,M.,O.STREBEL u.W.GIESEL: Beurteilung bodenkundlicher, kulturtechnischer und hydrologischer Fragen mit Hilfe von klimatischer Wasserbildung und bodenphysikalischen Kennwerten. 5. Bericht: Stauwasserbildung. In: Z.f.Kulturtechn. u. Flurber., 16(1975), S.160-171

RICHARD,F.: Böden auf sedimentären Mischgesteinen im schweizerischen Mittelland. In: Mitt.Eidg.Anst.f.d.forstl. Versuchswesen, 26(1950), S.751-836

RICHTER,G.: Die Bodenerosion im Ackerland. Untersuchungen in der Bundesrepublik Deutschland. =Forschungen z.Dt.Landeskde.152(1965), 520 S.

ROGLER,H.u.U.SCHWERTMANN: Erosivität der Niederschläge und Isoerodentkarte Bayerns. In: Z.f.Kulturtechn.u.Flurber.,22(1981),S.99-112

ROHRER,J.: Bodenerosion auf Ackerflächen im extramoränalen Napfhügelland.In: Materialien z.Physiogeographie,H.4, Basel 1981, S.47-57

ROSCHKE,G.: Lineare Bodenerosion. In: Z.f.Kulturtechn.u.Flurber., 21(1980), S.171-181

RÖSSERT,R.: Grundlagen der Wasserwirtschaft und Gewässerkunde. München 1969, 302 S.

SAUNDERS,I.u.A.YOUNG: Rates of surface processes on slopes, slope retreat and denudation. In: Earth Surface Processes and Landforms, 8 (1983), S.473-501

SCHÄFER,R.: Möglichkeiten der Bilanzierung und Minderung der Bodenerosion und der Oberflächenabflüsse von landwirtwirtschaftlichen Nutzflächen. = Bayerisches Landesamt für Wasserwirtschaft, H.6, München 1981, 107 S.

SCHAFFER,G.: Die Strukturzerfallsneigung der Ackerkrume in Abhängigkeit vom Wassergehalt des Bodens. In: Z. Acker- u. Pflanzenbau, 110(1960), S.255-266

SCHAFFER,G.: Veränderungen der Bodenstruktur als Folge ackerbaulicher Massnahmen. =Arb.d.landwirtsch.Hochschule Hohenheim, Bd.6, Stuttgart 1961, 76 S.

SCHAFFER,G.u.H.J.COLLINS: Eine Methode zur Messung der Infiltrationsrate im Felde. In: Z.f.Kulturtechn.u.Flurber., 7(1966), S.193-199

SCHEFFER,B.u.a.: Zum Einfluss der Bodennutzung auf den Nitrataustrag In: Z. f. Kulturtechn. u. Flurber.,25 (1984), S.227-235

SCHEFFER,F.u.P.SCHACHTSCHABEL: Lehrbuch der Bodenkunde, Stuttgart 1976, 394 S.

SCHEFFER,F.u.B.ULRICH:Humus und Humusdüngung.Stuttgart 1960,266 S.

SCHIEBER,M.: Bodenerosion in Südafrika. Vergleichende Untersuchungen zur Erodierbarkeit subtropischer Böden und zur Erosivität der Niederschläge im Sommerregengebiet Südafrikas. = Giessener Geographische Schriften,H.51 (1983),143 S.

SCHLICHTING,E.u.H.P.BLUME: Bodenkundliches Praktikum. Hamburg/Berlin 1966, 209 S.

SCHMIDT,R.-G.: Probleme der Erfassung und Quantifizierung von Ausmass und Prozessen der aktuellen Bodenerosion (Abspülung) auf Ackerflächen. Methoden und ihre Anwendung in der Rheinschlinge zwischen Rheinfelden und Wallbach (Schweiz). =Physiogeographica 1, Basel 1979, 240 S.

SCHMIDT,R.-G.: Quantitative Bodenerosionsforschung im Hochrheintal (Möhliner Feld). In: Mitt. Dt. Bodenkdl. Ges.,30 (1981), S.261-270

SCHMIDT,R.-G.: Das Projekt "Quantitative Bodenerosionsforschung auf Agrarflächen".In: Regio Bas.,23 (1982),S.225-236

SCHÜEPP,M.: Niederschlag 9.-12. Teil. = Beih.Annalen der SMA,H.16/E, Zürich 1976, 149 S.

SCHÜEPP,M.: Gewitter und Hagel. =Beih. Annalen der SMA,H.25/K,Zürich 1980, 48 S.

SCHÜEPP,M.,G.GENSLER u.M.BOUET: Schneedecke und Neuschnee. =Beih. Annalen der SMA,H.24/F, Zürich 1980,63 S.

SCHWERTMANN,U.: Die Vorausschätzung des Bodenabtrags durch Wasser in Bayern. o.J., 126 S.

SCHWERTMANN,U.,K.AUERSWALD u.M.BERNARD: Erfahrungen mit Methoden zur Abschätzung des Bodenabtrags durch Wasser. In: Geomethodica, Bd.8, (1983), S.87-116

SEILER,W.: Messeinrichtungen zur quantitativen Bestimmung des Geoökofaktors Bodenerosion in der topologischen Dimension auf Ackerflächen im Jura (südlich Basel). In: Catena,7 (1980), S.233-250

SEILER,W.: Der Einfluss der Bodenfeuchte auf das Erosionsverhalten und den Gesamtabfluss in einem kleinen Einzugsgebiet auf der Hochfläche von Anwil (Tafeljura, südöstlich Basel). In:Z.Geomorph.N.F., Suppl.Bd 39 (1981), S.109-122

SEILER,W.: Bodenwasser- und Nährstoffhaushalt unter Einfluss der rezenten Bodenerosion am Beispiel zweier Einzugsgebiete im Basler Tafeljura bei Rothenfluh und Anwil. =Physiogeographica 5, Basel 1983, 510 S. und Kartenband

SEVRUK,B.: Methodische Untersuchungen des systematischen Messfehlers der Hellmann-Regenmesser im Sommerhalbjahr in der Schweiz. = Mitt. d.Versuchsanst.f.Wasserbau, Hydrol.u.Glaziol., Nr.52, Zürich 1981, 290 S.

SHARMA,P.K.u.G.C.AGGARWAL: Soil structure under different land uses. In: Catena, 11 (1984), S.197-200

SIEGERT,K.: Oberflächenabfluss von landwirtschaftlichen Nutzflächen infolge von Starkregen. = Diss. TU, Braunschweig 1978, 218 S.

SLUPIK,J.: Forschungsergebnisse über den Wasserkreislauf und die Abspülung der Hänge in Szymbark. In: Földrajzi Ertesitö, 23(1974), S.131-134

SLUPIK,J.: Potential for change in the water cycle on cultivated slopes. In: Geographia Polonica, 41 (1979), S.55-62

SOKOLLEK,V.u.W.SÜSSMANN: Einfluss von Bodennutzung und Standorteigenschaften auf Oberflächenabfluss, Bodenabtrag und Nährstoffaustrag bei simulierten Starkregen. In: Mitt. Dt.Bodenkdl.Ges., 30(1981), S.361-378

STÄHLI,H.: Der Ackerbau im Kanton Bern, Bern 1944, 371 S.

STAUFFER,W.u.O.J.FURRER: Nitratauswaschung aus landwirtschaftlich genutzten Gebieten. In:Bull.BGS, 6(1982),S.57-62

STAUSS,TH.: Bodenerosion, Wasser- und Nährstoffhaushalt in der Bodenerosionstestlandschaft Jura I im Hydrologischen Jahr 1982 =Diplomarbeit, Geographisches Institut Basel 1983, 270 S. (unveröff.Ms.)

STEFFEN,H.P.: Maisuntersaaten. In: Die Grüne 110 (1982), S.15-17

STEINHARDT,U.: Input of chemical elements from the atmosphere. A tabular review of literature. In: Göttinger Bodenkdl.Berichte, 29(1973), S.93-132

STEINMETZ,H.J.: Die Nutzungshorizontkarte. In: Mitt. a.d.Inst. f. Raumforsch. Bonn, 20, 2. erweiterte Auflage (1956), S.165-177

THOMAS,M.: Die Klassifikation der Durchlässigkeit von Böden mit Hilfe quantitativ zu fassender Bodenmerkmale. In: Wiss.Z.Univ. Halle, 14(1975), S.105-116

THUN,R.,R.HERRMANN u.E.KNICKMANN: Die Untersuchung von Böden. =Handbuch der landwirtschaftlichen Versuchs- und Untersuchungsmethodik (Methodenbuch), Bd. 1. Radebeul und Berlin 1955, 271 S.

URFER,CH.u.a.: Regionale Klimabeschreibungen, 2.Teil = Beih. Annalen der SMA, H.19/Bd.II, Zürich 1978, 192 S.

UTTINGER,H.: Die Niederschlagsmengen in der Schweiz 1901-1940. Zürich 1949, 27 S.

UTTINGER,H.: Niederschlag 5.- 8. Teil. =Beih. Annalen der SMA, H.10/E, Zürich 1969, 164 S.

VAN HOOFT,P.P.M.u.P.D.JUNGERIUS: Sediment source and storage in small watersheds on the Keuper Marls in Luxembourg. In: Catena, 11(1984), S.133 - 144

VEZ,A.: Werden unsere Böden noch richtig bearbeitet? In: Schweiz. Landwirtsch.Mh., 58(1980),S.501-519

VERWORN,H.-R.: Analyse und Synthese der Nährstoffbelastung kleiner Wasserläufe. = Mitt. Inst. f. Wasserwirtsch., Hydrologie u. landwirtschaftl. Wasserbau. TU Hannover, H.42, Hannover 1977, 177 S.

VOSS,W.u.H.-U.PREUSSE: Die Gewässerbelastung durch den Oberflächenaustrag gelöster und fester Substanzen. In: Forschung und Beratung, Reihe C, 30(1976), S.229-237

WALTHER,W.: Beitrag zur Gewässerbelastung durch rein ackerbaulich genutzte Gebiete mit Lössböden. = Veröff. Inst.f.Stadtbauwesen TU Braunschweig, H.28, Braunschweig 1979, 372 S.

WEGENER,H.R.: Die K-Werte (Erodierbarkeit) einiger Böden Bayerns - Ermittlung, Anwendung - In: Mitt. Dt. Bodenkdl.Ges., 30(1981), S.279-296

WERNER,D.: Der Bodenabtrag als profilprägender und reliefgestaltender Faktor auf Ackerböden in Thüringen. In: Geogr. Ber. 25(1962), S.378-395

WERNER,D.: Zur Beurteilung der Erodierbarkeit verschiedener Böden am Beispiel der Sand-Braunerde und Tonmergel-Rendzina. In:Albrecht-Thaer-Archiv, 12(1968),S.569-589

WISCHMEIER,W.: A rainfall Erosion Index for a universal soil loss Equation. In: Soil sci.amer.proc., 23(1959), S.246-249

WISCHMEIER,W.,C.JOHNSON u.B.CROSS: A soil erodibility nomograph for farmland and construction sites. In: J.Soil and Water Conservaton, 26(1971), S.189-193

WISCHMEIER,W.u.J.MANNERING: Relation of Soil Properties to its Erodibility. In: Soil sci.soc.amer.proc., 33(1969), S.131-137

WISCHMEIER,W.u.D.SMITH: Rainfall energy and its relationship to soil loss. In: Transactions of the American Geophysical Union, 39 (1958),S.285-291

WISCHMEIER,W.u.D.SMITH: Predicting rainfall erosion losses - a guide to conservation planning. US Dep. of Agricul. =Agriculture Handbook, No.537 (1978), 58 S.

ZELLER,J.,H.GEIGER u.G.RÖTHLISBERGER: Starkniederschläge des schweizerischen Alpen- und Alpenrandgebietes, Bd.3, Birmensdorf 1978

ZELLER,J.,H.GEIGER u.G.RÖTHLISBERGER: Starkniederschläge des schweizerischen Alpen- und Alpenrandgebietes, Bd.4, Birmensdorf 1979

ZIMMERMANN,H.W.: Die Eiszeit im westlichen zentralen Mittelland (Schweiz) = Diss. Univ., Zürich 1961, 146 S.

ZIMMERMANN,H.W.: Zur Landschaftsgeschichte des Oberaargaus. In: Jahrbuch des Oberaargaus, 12(1969), S.25-55

Div.Autoren: Die Verdunstung in der Schweiz. =Beiträge zur Geologie der Schweiz - Hydrologie, Nr. 25, Bern 1978, 95 S.

Div.Autoren: Bodenbearbeitung =DLG-Mitteilungen spezial, Frankfurt 1981, 48 S.

ANHANG

T350	Hydrologisches Jahr 1981						
Abtrag	Datum	Dauer des N	r	I_{30}	I_5 (mm/min)	I_{Max}	NΣ (mm)
	2.11.	3h49′	.00	.001	.001	.001	.3
	11.11.	3h12′	.00	.002	.002	.002	.3
	12.11.	3h17′	.00	.001	.001	.001	.2
	12.11.	19h29′	.40	.024	.024	.024	21.8
	15.11.	4h36′	.01	.009	.009	.009	2.5
	18.11.	1h53′	.01	.009	.009	.009	1.0
	18.11.	8h48′	.04	.010	.010	.010	5.5
	26.11.	3h14′	.13	.028	.028	.028	5.5
	27.11.	13h7′	.06	.011	.011	.011	8.5
	28.11.	12h35′	.39	.047	.047	.047	11.1
	29.11.	10h30′	.03	.010	.010	.010	6.1
	30.11.	13h23′	.09	.013	.013	.013	10.5
	2.12.	6h52′	.17	.037	.037	.037	6.3
	3.12.	6h59′	.09	.024	.024	.024	5.2
	4.12.	3h43′	.01	.009	.009	.009	1.9
	4.12.	9h13′	.03	.011	.011	.011	4.4
	5.12.	14h1′	.37	.038	.038	.038	12.1
	8.12.	2h0′	.01	.009	.009	.009	1.1
	13.12.	4h59′	.00	.004	.004	.004	1.3
	16.12.	6h20′	.04	.013	.013	.013	4.8
	18.12.	11h53′	.11	.019	.019	.019	8.6
	20.12.	32h36′	.42	.021	.021	.021	28.4
	22.12.	6h59′	.08	.018	.018	.018	6.5
	25.12.	4h34′	.01	.008	.008	.008	2.1
	26.12.	9h15′	.00	.002	.002	.002	1.3
	27.12.	2h51′	.00	.007	.007	.007	1.2

T350	Hydrologisches Jahr 1982						
Abtrag	Datum	Dauer des N	r	I_{30}	I_5 (mm/min)	I_{Max}	NΣ (mm)
	14.11.	8h30′	.19	.038	.038	.038	7.0
	23.11.	6h58′	.02	.009	.009	.009	3.6
	24.11.	9h33′	.06	.012	.012	.012	7.0
	26.11.	0h32′	.00	.011	.011	.011	.3
	27.11.	97h56′	4.36	.091	.091	.091	60.9
	2.12.	5h60′	.00	.004	.004	.004	1.4
	4.12.	1h14′	.00	.005	.005	.005	.4
	4.12.	24h17′	.12	.017	.017	.017	11.7
	6.12.	50h35′	5.65	.139	.256	.256	47.8
	9.12.	8h32′	.07	.015	.015	.015	7.4
	10.12.	57h10′	.17	.011	.011	.011	27.4
	14.12.	48h57′	6.59	.103	.156	.156	71.5
	16.12.	25h20′	.67	.056	.088	.088	17.2
	18.12.	24h12′	.02	.005	.005	.005	.7.5
	21.12.	8h14′	.04	.012	.012	.012	5.8
	22.12.	11h23′	.05	.011	.011	.011	7.0
	22.12.	8h0′	.06	.020	.020	.020	4.9
	23.12.	5h43′	.00	.004	.004	.004	1.2
	24.12.	9h17′	.05	.012	.012	.012	6.5
	25.12.	5h48′	.00	.005	.005	.005	1.7
	25.12.	12h52′	.00	.004	.004	.004	2.8
	27.12.	12h23′	.00	.001	.001	.001	.9
	29.12.	3h58′	.00	.001	.001	.001	.3
	31.12.	2h19′	.01	.011	.011	.011	1.5
	31.12.	13h12′	.41	.055	.055	.055	10.1

Tab. 15: Erklärungen siehe Schluss der Tabelle

	25.06.	13h25′	.65	.063	.221	.221	12.6
	26.06.	3h30′	.01	.008	.008	.008	1.8
	27.06.	0h32′	.02	.028	.028	.028	.9
TF	28.06.	5h44′	2.53	.151	.295	.561	15.6
TF	03.07.	11h32′	3.31	.150	.375	.375	22.0
	09.07.	2h56′	.12	.040	.040	.040	3.7
	10.07.	2h27′	.50	.075	.292	.292	6.2
F	11.07.	3h25′	3.03	.247	.612	.612	9.5
F	13.07.	5h2′	1.66	.113	.271	.347	13.7
TF	18.07.	38h55′	14.03	.248	.914	.914	57.2
	20.07.	4h18′	.01	.009	.009	.009	2.3
	20.07.	8h14′	.04	.014	.014	.014	5.1
F	22.07.	19h19′	1.28	.079	.158	.218	19.3
TF	24.07.	15h30′	2.47	.116	.394	.432	21.9
	25.07.	0h24′	.07	.048	.061	.061	1.4
	26.07.	1h3′	.12	.049	.185	.185	2.4
	27.07.	6h59′	.00	.004	.004	.004	1.6
	02.08.	2h12′	.00	.004	.004	.004	.6
TF	06.08.	2h20′	15.93	.477	1.595	1.595	23.3
T	08.08.	8h28′	1.71	.100	.382	.726	17.0
	09.08.	3h52′	1.88	.184	.878	.878	7.9
	10.08.	5h45′	.00	.006	.006	.006	1.9
	12.08.	1h8′	.01	.013	.013	.013	.9
T	16.08.	0h16′	.41	.090	.258	.258	3.4
	17.08.	0h8′	.49	.105	.333	.537	3.2
	20.08.	12h28′	.99	.061	.061	.061	19.1
	23.08.	3h39′	.01	.008	.008	.008	1.7
	31.08.	10h53′	1.32	.095	.360	.684	15.0
	08.09.	5h16′	.23	.034	.043	.043	8.3
	10.09.	9h52′	.32	.051	.161	.161	7.7
	11.09.	0h50′	.40	.098	.267	.267	3.2

TF	12.06.	16H19′	.84	.061	.077	.077	17.6
	14.06.	8h29′	1.49	.154	.160	.160	8.9
	16.06.	14h54′	1.13	.078	.078	.078	16.8
	18.06.	3h15′	1.09	.093	.340	.646	10.6
	19.06.	0h39′	.03	.028	.028	.028	1.1
TF	22.06.	11h35′	17.68	.325	1.008	1.008	46.3
TF	26.06.	39h20′	9.37	.234	.911	.911	41.7
	28.06.	6h47′	.24	.045	.045	.045	6.6
	02.07.	2h11′	.01	.012	.012	.012	1.6
	04.07.	6h24′	1.05	.079	.115	.115	13.8
	16.07.	0h13′	.26	.082	.188	.188	2.5
TF	17.07.	0h60′	14.74	.530	1.240	1.850	17.9
	21.07.	2h22′	.31	.054	.054	.054	5.9
	22.07.	1h30′	.19	.047	.047	.047	4.2
	22.07.	1h6′	.23	.058	.058	.058	3.8
TF	23.07.	48h58′	6.23	.084	.147	.147	80.5
	26.07.	18h40′	.65	.048	.055	.055	17.3
	30.07.	0h12′	.54	.115	.278	.278	3.4
	31.07.	5h49′	.39	.040	.040	.040	11.8
	03.08.	1h48′	.22	.046	.046	.046	5.0
	03.08.	9h19′	.15	.061	.064	.064	3.6
	04.08.	8h42′	1.38	.090	.090	.090	16.0
T	06.08.	0h27′	1.25	.175	.496	.496	5.2
T	06.08.	2h8′	3.61	.251	.607	.900	10.8
	07.08.	1h25′	.05	.026	.026	.026	2.1
	07.08.	1h40′	.13	.038	.038	.038	3.8
	08.08.	0h18′	.42	.105	.172	.172	3.2
	13.08.	1h21′	.00	.004	.004	.004	.3
	14.08.	5h15′	.00	.002	.002	.002	.6
T	15.08.	6h0′	6.29	.324	.639	.861	15.3
TF	16.08.	7h37′	20.14	.336	1.165	1.165	46.5
TF	20.08.	15h9′	6.60	.134	.348	.624	47.1
	26.08.	26h7′	1.46	.088	.092	.092	21.8
TF	31.08.	11h42′	4.28	.118	.193	.193	34.2
	05.09.	0h29′	.13	.065	.067	.067	1.9
TF	06.09.	9h14′	2.31	.158	.704	.704	13.5
	07.09.	3h22′	.01	.009	.009	.009	1.7

	23.03.	2h48′	.00	.005	.005	.005	.8
	23.03.	2h0′	.03	.017	.017	.017	2.1
	26.03.	12h32′	.16	.029	.029	.029	7.7
	30.03.	25h20′	.01	.009	.009	.009	2.1
	05.04.	42h29′	.61	.118	.447	.447	4.4
	08.04.	9h4′	.68	.103	.103	.103	6.3
F	15.04.	4h23′	14.97	.309	.357	.362	38.7
	19.04.	4h54′	.00	.002	.002	.002	.6
	20.04.	1h50′	.02	.016	.016	.016	1.7
	25.04.	1h53′	.00	.003	.003	.003	.3
	26.04.	3h30′	.10	.024	.024	.024	5.1
	27.04.	6h3′	.68	.083	.086	.086	8.9
	28.04.	7h43′	.01	.011	.011	.011	1.2
	28.04.	0h16′	.05	.041	.078	.078	1.2
	29.04.	2h38′	.01	.015	.015	.015	1.1
	01.05.	5h55′	.10	.039	.070	.070	3.1
	01.05.	7h40′	.06	.014	.014	.014	6.5
	02.05.	4h36′	.00	.003	.003	.003	.8
	03.05.	6h37′	.00	.005	.005	.005	1.8
	04.05.	33h13′	.47	.033	.033	.033	20.1
	11.05.	4h57′	.04	.014	.014	.014	4.2
	15.05.	0h37′	.00	.013	.013	.013	.5
	16.05.	0h16′	.00	.005	.010	.010	.2
	16.05.	4h44′	.24	.055	.055	.055	5.4
TF	21.05.	1h1′	8.19	.333	1.787	3.398	15.0
	22.05.	4h28′	.18	.028	.028	.028	7.6
	24.05.	9h36′	2.49	.154	.164	.164	15.5
TF	25.05.	45h36′	4.93	.069	.076	.076	81.7
	27.05.	3h54′	.01	.015	.015	.015	1.0
	28.05.	9h52′	.51	.068	.143	.143	8.4
	30.05.	1h6′	.00	.009	.009	.009	.6
F	03.06.	3h7′	1.32	.089	.412	.783	12.6
	09.06.	6h56′	1.41	.115	.203	.203	12.9
	17.06.	7h7′	.00	.002	.002	.002	.8
	18.06.	11h1′	.01	.011	.011	.011	2.7
	21.06.	3h28′	.17	.053	.053	.053	2.7
	22.06.	7h54′	.01	.018	.040	.040	1.1
	24.06.	0h58′	1.67	.177	.914	1.712	6.1

	22.03.	29h22′	.00	.001	.001	.001	1.5
	24.03.	1h37′	.01	.014	.014	.014	1.4
	28.03.	7h27′	.01	.007	.007	.007	3.0
	29.03.	4h54′	.00	.002	.002	.002	.6
	30.03.	24h55′	.02	.007	.007	.007	6.8
	02.04.	15h59′	.06	.010	.010	.010	9.9
	06.04.	17h52′	.02	.006	.006	.006	6.1
	08.04.	3h28′	.52	.066	.066	.066	8.3
	24.04.	4h26′	.21	.045	.125	.125	5.3
	29.04.	8h36′	.31	.030	.030	.030	12.5
	04.05.	18h35′	.00	.003	.003	.003	3.4
	05.05.	13h43′	.22	.024	.024	.024	12.6
	06.05.	16h28′	.28	.039	.039	.039	9.2
	09.05.	14h6′	.43	.062	.062	.062	9.6
	16.05.	0h16′	.02	.028	.053	.053	.8
	17.05.	4h52′	.00	.004	.004	.004	1.0
	18.05.	4h12′	.57	.093	.180	.342	5.8
T	19.05.	12h11′	2.09	.196	.223	.223	8.8
	20.05.	10h10′	.42	.086	.086	.086	5.7
	22.05.	2h48′	.01	.010	.010	.010	1.0
T	23.05.	24h51′	3.51	.143	.253	.253	27.7
	28.05.	2h35′	.01	.014	.014	.014	1.2
	02.06.	1h24′	1.53	.166	.311	.311	7.6
	04.06.	1h12′	.09	.038	.038	.038	2.7
	07.06.	1h3′	.56	.100	.189	.189	5.0
	10.06.	0h26′	.23	.082	.094	.094	2.5
	11.06.	0h59′	.29	.074	.144	.144	3.6
	11.06.	4h8′	.35	.063	.093	.093	6.4
TF	12.06.	9h19′	2.53	.157	.212	.212	16.1

	1.01.	6h15′	.01	.006	.006	.006	2.2
	2.01.	10h3′	.19	.021	.021	.021	11.8
	3.01.	19h18′	1.60	.052	.096	.096	35.1
	5.01.	14h7′	.79	.043	.043	.043	22.0
	6.01.	14h46′	.17	.017	.017	.017	14.1
	7.01.	4h33′	.06	.019	.019	.019	4.4
	8.01.	3h6′	.01	.009	.009	.009	1.6
	9.01.	5h23′	.02	.010	.010	.010	3.2
	10.01.	6h4′	.00	.003	.003	.003	1.0
	12.01.	19h53′	.13	.014	.014	.014	14.0
	14.01.	3h16′	.01	.010	.010	.010	2.0
	14.01.	20h23′	1.18	.053	.053	.053	26.8
	16.01.	19h10′	.06	.014	.014	.014	6.5
	17.01.	8h33′	.07	.014	.014	.014	7.2
	18.01.	11h13′	.05	.011	.011	.011	7.4
	19.01.	30h17′	2.55	.092	.092	.092	34.5
	26.01.	6h17′	.00	.001	.001	.001	.5
	3.02.	12h13′	.39	.042	.042	.042	11.8
	4.02.	9h10′	.13	.018	.018	.018	9.8
	5.02.	5h9′	.08	.019	.019	.019	5.8
	6.02.	5h46′	.07	.022	.022	.022	4.2
	10.02.	6h54′	.05	.013	.013	.013	5.3
	17.02.	4h22′	.01	.007	.007	.007	1.8
	18.02.	5h22′	.00	.005	.005	.005	1.7
	19.02.	2h53′	.00	.002	.002	.002	.3
	28.02.	41h51′	.29	.023	.023	.023	21.4
	2.03.	30h35′	.57	.028	.028	.028	27.9
	4.03.	10h10′	.15	.034	.034	.034	6.0
	6.03.	10h16′	.11	.028	.028	.028	6.1
	8.03.	11h3′	.32	.039	.039	.039	10.4
	10.03.	4h40′	.01	.006	.006	.006	1.7
	11.03.	4h40′	.01	.008	.008	.008	2.2
F	12.03.	19h39′	4.33	.124	.172	.172	36.8
	13.03.	4h35′	.01	.007	.007	.007	1.8
	14.03.	2h3′	.32	.067	.253	.253	4.1
	15.03.	2h29′	.00	.003	.003	.003	.5
	16.03.	7h2′	.63	.063	.063	.063	11.6
	17.03.	4h25′	.03	.012	.012	.012	3.2
	18.03.	3h16′	.39	.072	.072	.072	5.9

	1.01.	5h56′	.01	.007	.007	.007	1.7
	4.01.	9h4′	.01	.006	.006	.006	3.3
	5.01.	9h27′	.01	.005	.005	.005	2.9
TF	5.01.	8h56′	2.34	.093	.156	.156	24.5
	6.01.	10h4′	.03	.010	.010	.010	5.9
	8.01.	12h23′	4.57	.091	.091	.091	47.7
	10.01.	5h11′	.05	.014	.014	.014	4.5
	11.01.	1h5′	.00	.005	.005	.005	.3
	12.01.	7h25′	1.71	.103	.103	.103	16.9
	14.01.	3h59′	.00	.002	.002	.002	.5
	15.01.	7h26′	.01	.006	.006	.006	2.7
	23.01.	2h40′	.00	.007	.007	.007	1.1
	23.01.	16h54′	.10	.021	.021	.021	8.0
	25.01.	4h15′	.00	.001	.001	.001	.2
	26.01.	9h35′	.04	.010	.010	.010	5.9
	27.01.	3h1′	.01	.008	.008	.008	1.4
	29.01.	24h25′	1.37	.041	.041	.041	39.1
	31.01.	5h20′	.01	.008	.008	.008	2.6
	8.02.	1h35′	.06	.027	.027	.027	2.5
	14.02.	22h40′	.00	.003	.003	.003	4.3
	19.02.	35h59′	.07	.009	.009	.009	14.7
	23.02.	11h36′	.10	.014	.014	.014	10.0
	24.02.	5h31′	.00	.004	.004	.004	1.4
	25.02.	7h53′	.01	.006	.006	.006	3.0
	26.02.	2h56′	.00	.002	.002	.002	.3
	27.02.	6h52′	.01	.007	.007	.007	2.7
	28.02.	5h42′	.30	.056	.056	.056	6.0
	1.03.	0h39′	.04	.030	.039	.039	1.3
	2.03.	11h13′	.14	.019	.019	.019	10.3
	4.03.	11h31′	.06	.016	.016	.016	5.2
	5.03.	3h38′	.00	.002	.002	.002	.3
	10.03.	21h18′	.45	.052	.052	.052	11.2
	12.03.	1h10′	.04	.026	.026	.026	1.8
	12.03.	13h17′	.47	.061	.065	.125	9.8
	14.03.	3h41′	.12	.025	.025	.025	5.6
	17.03.	4h9′	.60	.079	.079	.079	8.2
	17.03.	6h26′	.14	.030	.030	.030	6.0
	18.03.	12h23′	.02	.012	.012	.012	2.5
	19.03.	1h40′	.02	.016	.016	.016	1.6
	20.03.	28h40′	.75	.056	.056	.056	17.7

	12.09.	7h35′	.44	.092	.175	.175	5.4
	13.09.	4h18′	2.16	.194	.369	.369	9.9
	15.09.	11h53′	.02	.009	.009	.009	4.0
	18.09.	18h4′	.40	.048	.048	.048	12.3
F	23.09.	7h17′	2.66	.163	.777	1.478	14.9
	23.09.	3h59′	.04	.015	.015	.015	3.5
	24.09.	2h46′	.00	.007	.007	.007	1.2
	27.09.	3h49′	.21	.044	.044	.044	5.6
	28.09.	21h13′	.90	.048	.048	.048	24.0
	02.10.	8h54′	.09	.021	.021	.021	6.3
	03.10.	9h5′	.08	.020	.020	.020	6.0
TF	06.10.	2h33′	10.34	.292	.476	.717	25.0
	09.10.	6h6′	.81	.098	.358	.358	8.4
	10.10.	17h47′	.73	.044	.084	.084	20.9
TF	12.10.	16h10′	7.13	.211	.218	.218	32.9
F	14.10.	19h19′	1.15	.075	.106	.106	19.6
	15.10.	0h18′	.01	.015	.024	.024	.4
	18.10.	0h21′	1.11	.159	.552	1.049	4.8
	20.10.	9h45′	.62	.049	.049	.049	15.1
	21.10.	12h2′	.18	.029	.029	.029	9.4
	22.10.	3h15′	.00	.004	.004	.004	.7
	23.10.	2h49′	.02	.013	.013	.013	2.2
	23.10.	10h30′	.08	.025	.025	.025	5.1
	25.10.	9h51′	.08	.022	.022	.022	6.1
	27.10.	15h41′	.05	.011	.011	.011	8.1
	29.10.	18h23′	.53	.039	.048	.048	18.1
	31.10.	1h11′	.00	.008	.008	.008	.6

	22.09.	2h24′	.03	.017	.017	.017	2.1
F	22.09.	4h50′	1.52	.106	.416	.766	13.1
F	26.09.	5h36′	1.76	.129	.136	.136	13.6
	30.09.	11h14′	1.13	.067	.067	.067	17.7
	04.10.	8h54′	1.37	.072	.072	.072	20.0
	06.10.	2h35′	.09	.027	.027	.027	4.1
	06.10.	15h35′	.55	.043	.043	.043	16.0
	07.10.	6h59′	.02	.010	.010	.010	4.0
	08.10.	6h14′	.06	.018	.018	.018	4.9
	10.10.	2h27′	.09	.042	.134	.134	2.6
	11.10.	9h10′	.41	.038	.038	.038	12.6
	13.10.	3h52′	.01	.007	.007	.007	1.7
	13.10.	10h53′	.74	.048	.048	.048	17.4
	14.10.	17h35′	1.75	.094	.290	.290	20.7
F	17.10.	14h21′	.42	.034	.034	.034	16.0
	18.10.	2h30′	.00	.004	.004	.004	.7
F	23.10.	41h26′	.95	.048	.048	.048	27.4

T: Erosion auf Testflächen festgestellt
F: Erosion im Feld festgestellt
Datum gibt den Beginn des Regens

Tab. 15: Niederschlagsparameter am Standort T350 (Flückigen).

Bodenkarte Taanbach **Abb. 23**

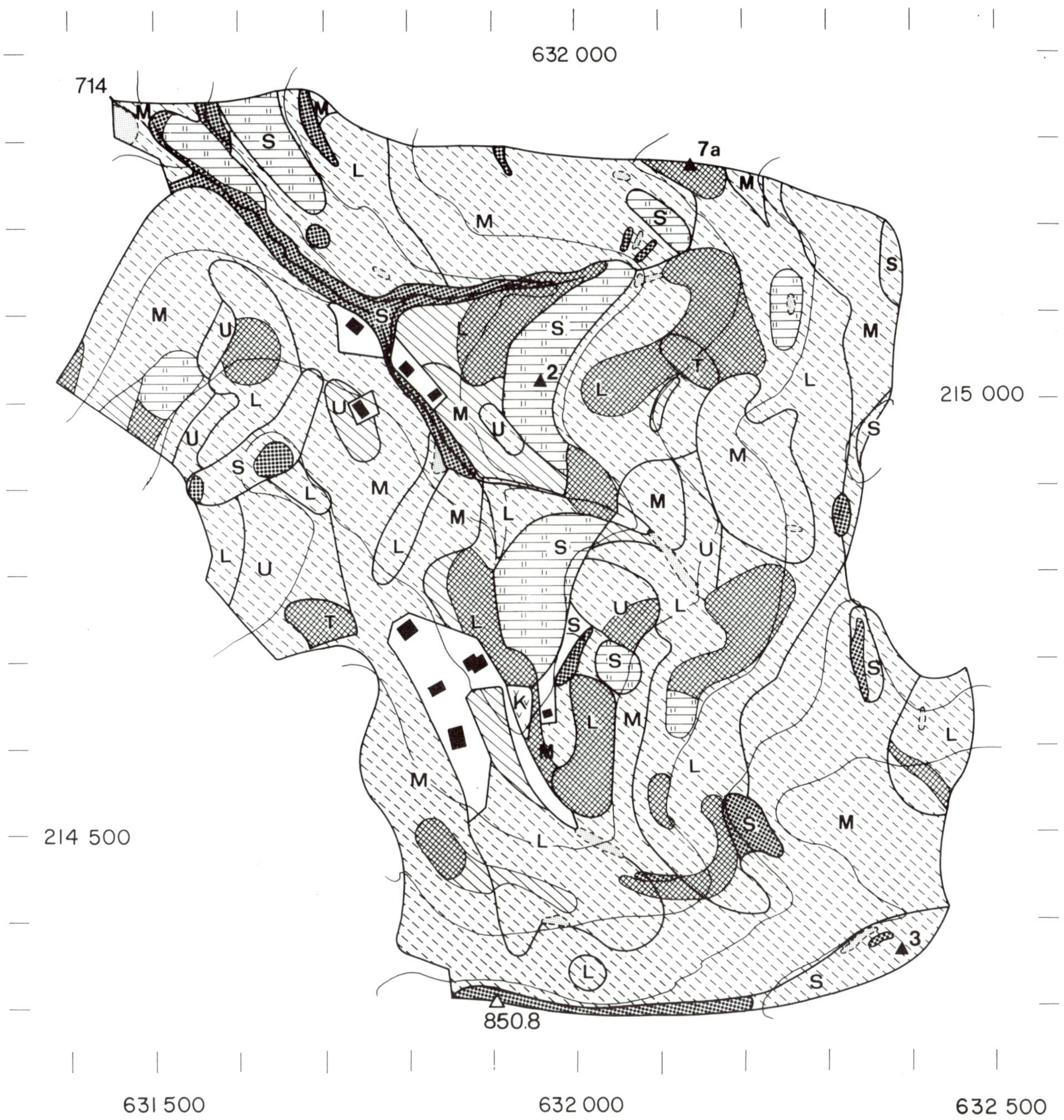

632 000

714

7a

2

215 000

214 500

3

850.8

631 500 632 000 632 500

Bodenkarte Flückigen

Abb. 24

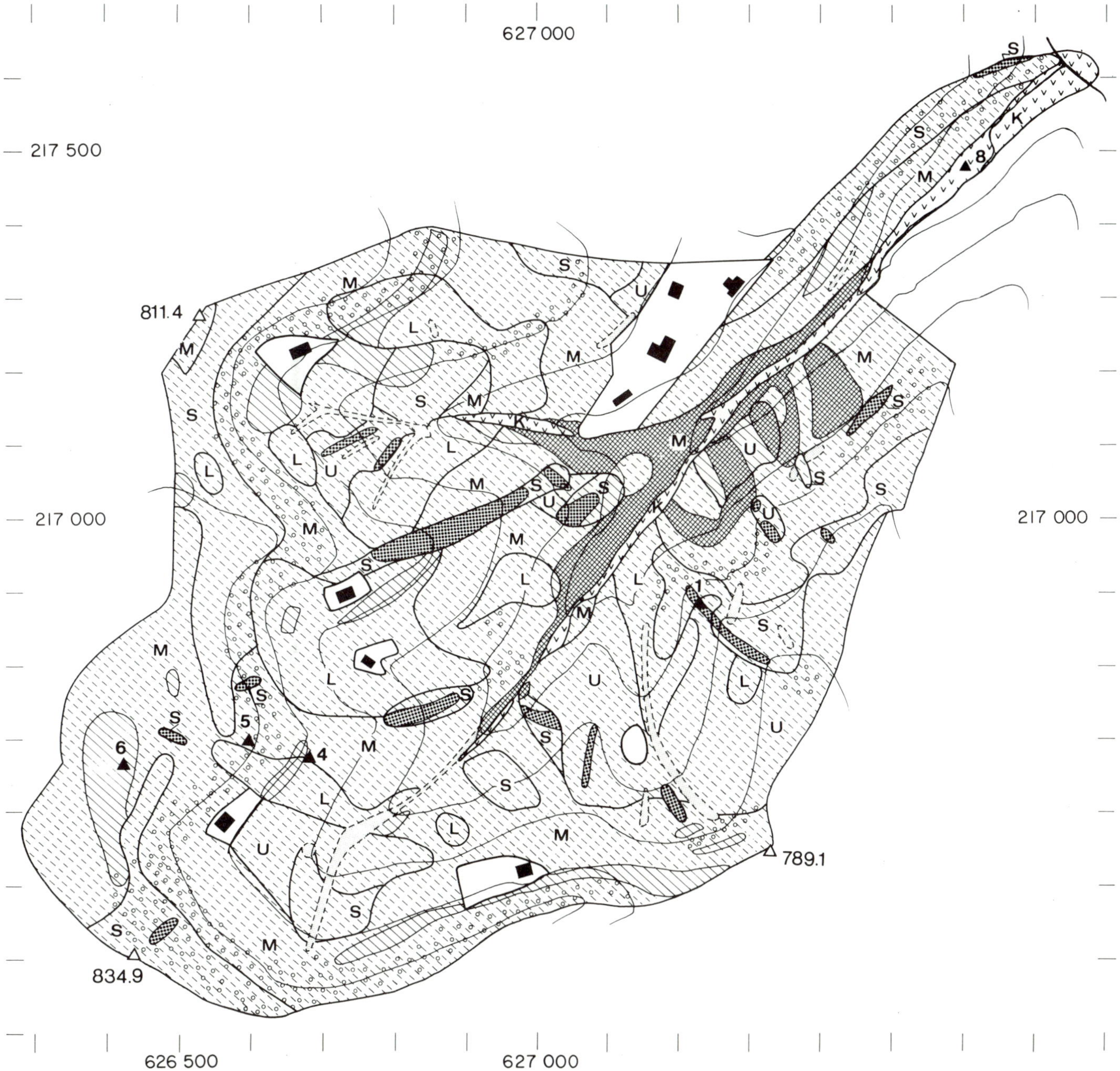

627 000

217 500

811.4

217 000

217 000

789.1

834.9

626 500

627 000

Karte der Bodenmächtigkeiten Flückigen **Abb. 35**

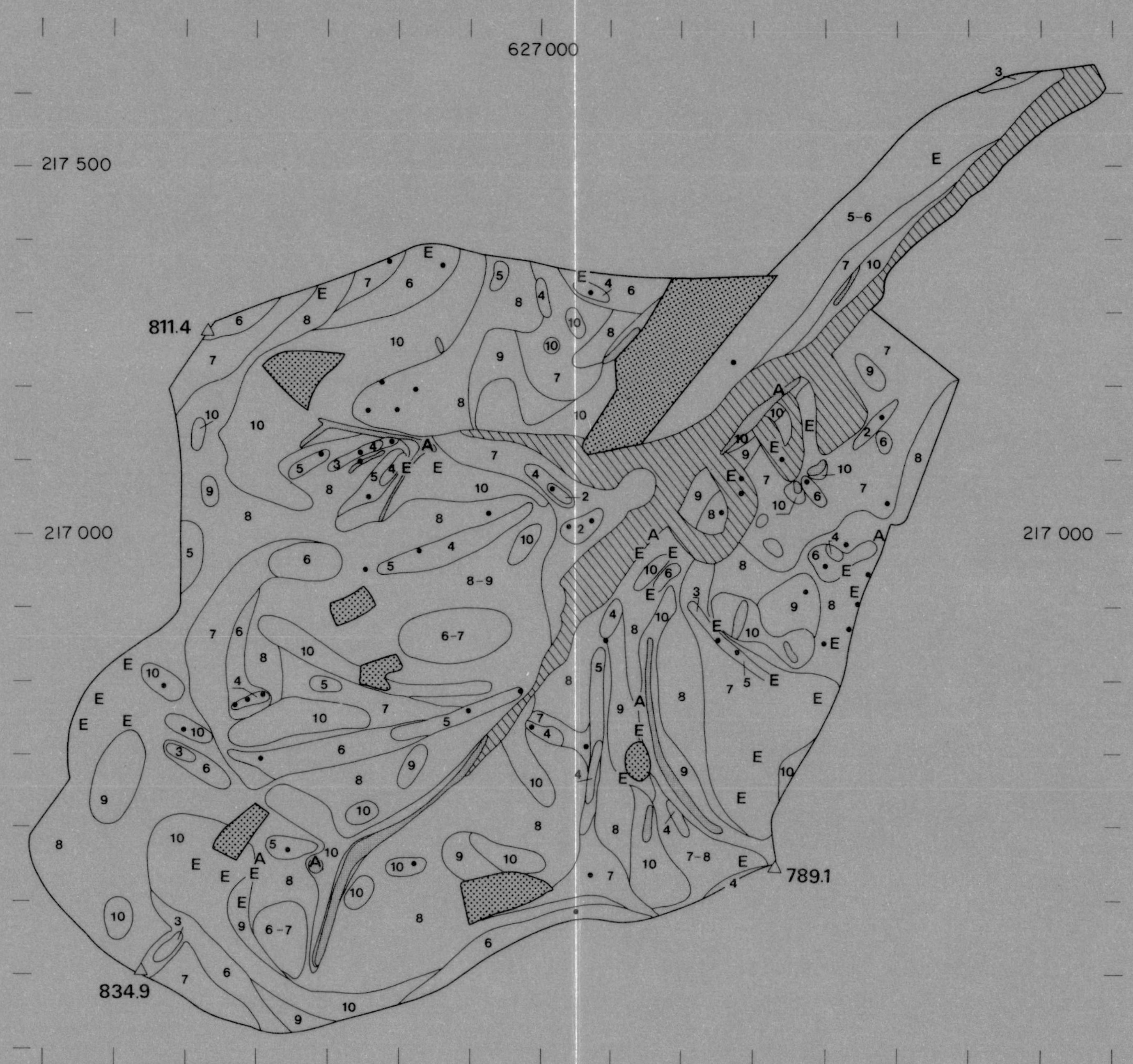

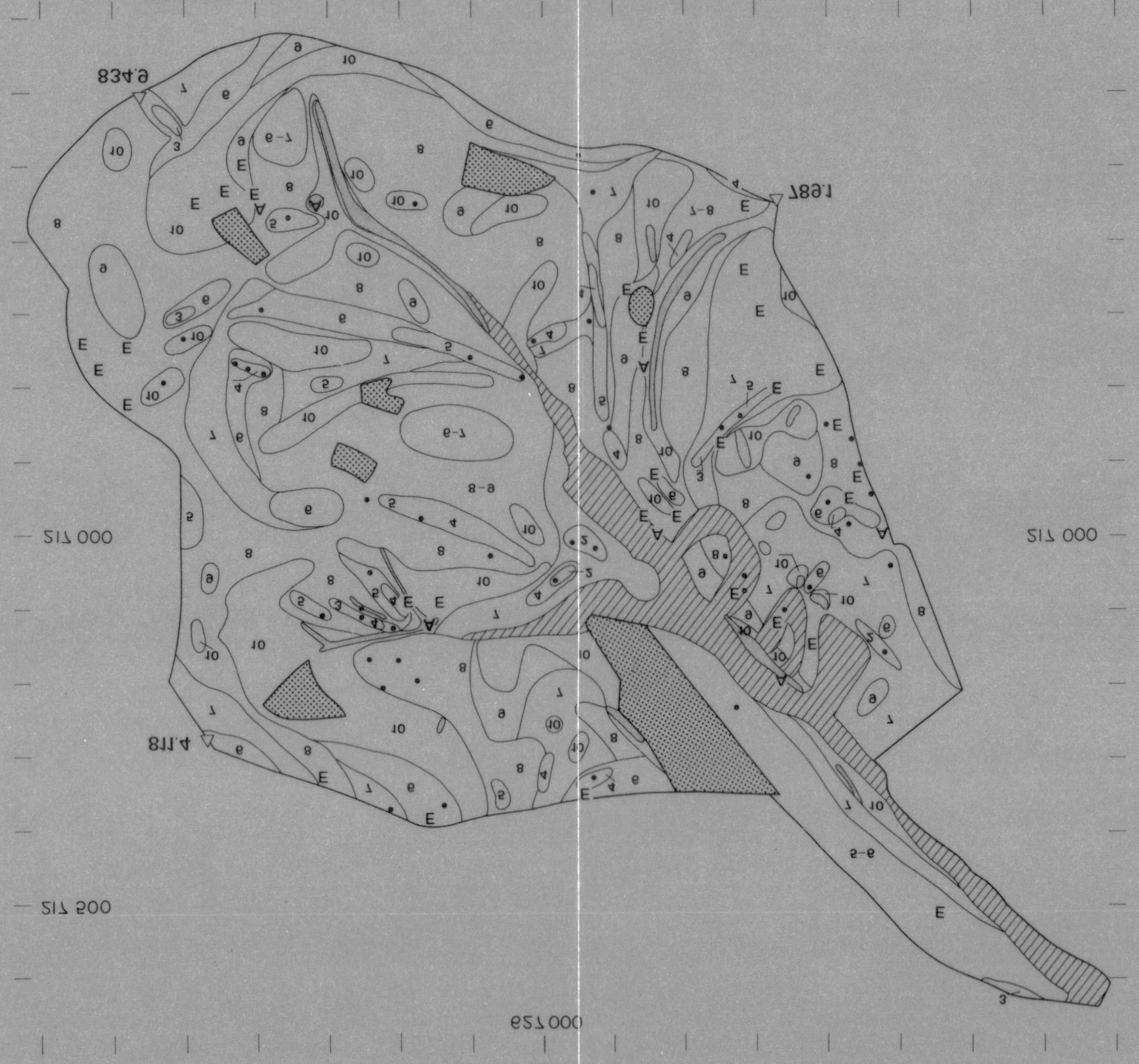

Karte der Bodenmächtigkeiten Flückigen Abb. 35

Karte der Bodenmächtigkeiten Taanbach Abb. 34

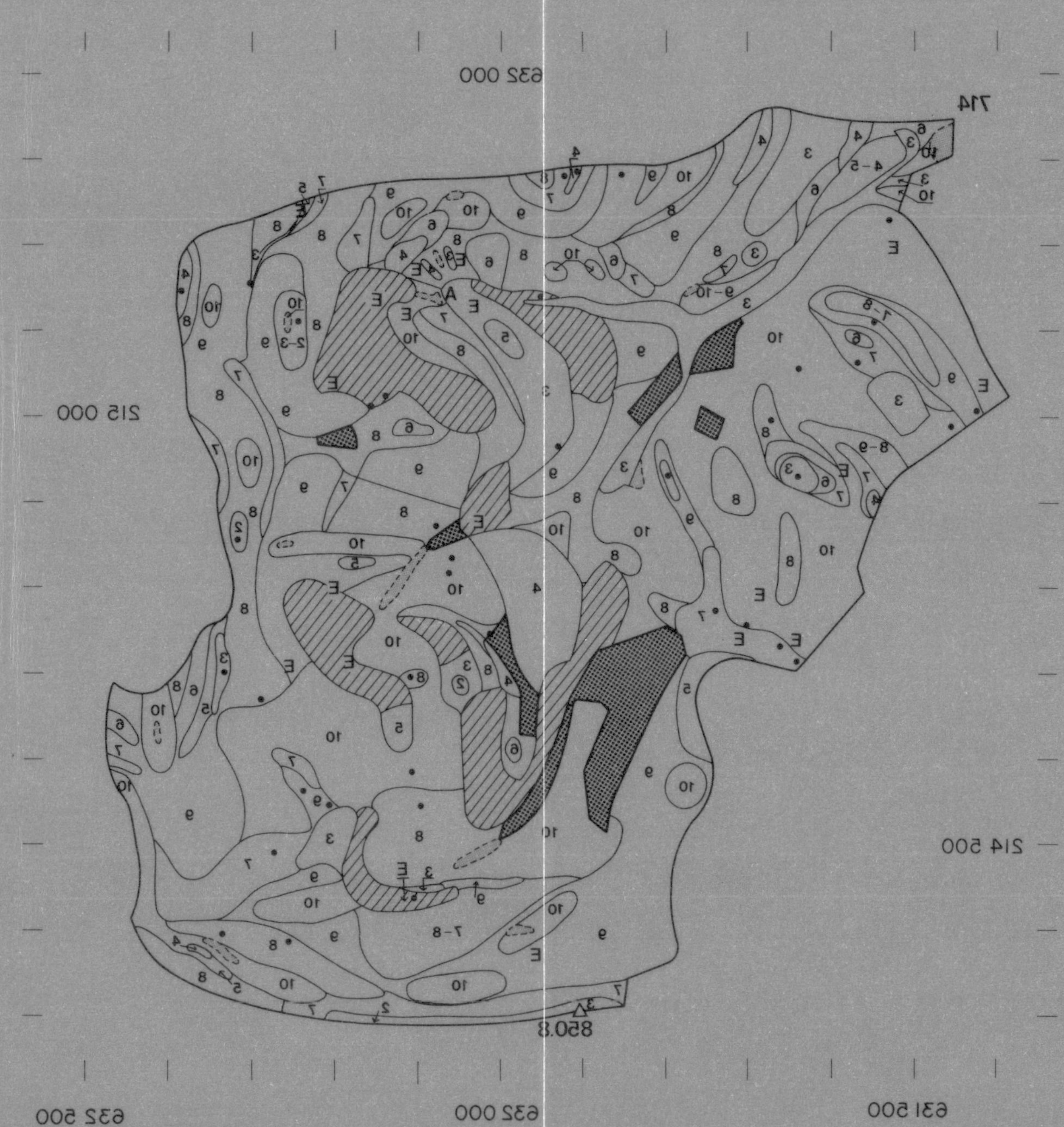

Karte der Bodenmächtigkeiten Taanbach Abb. 34

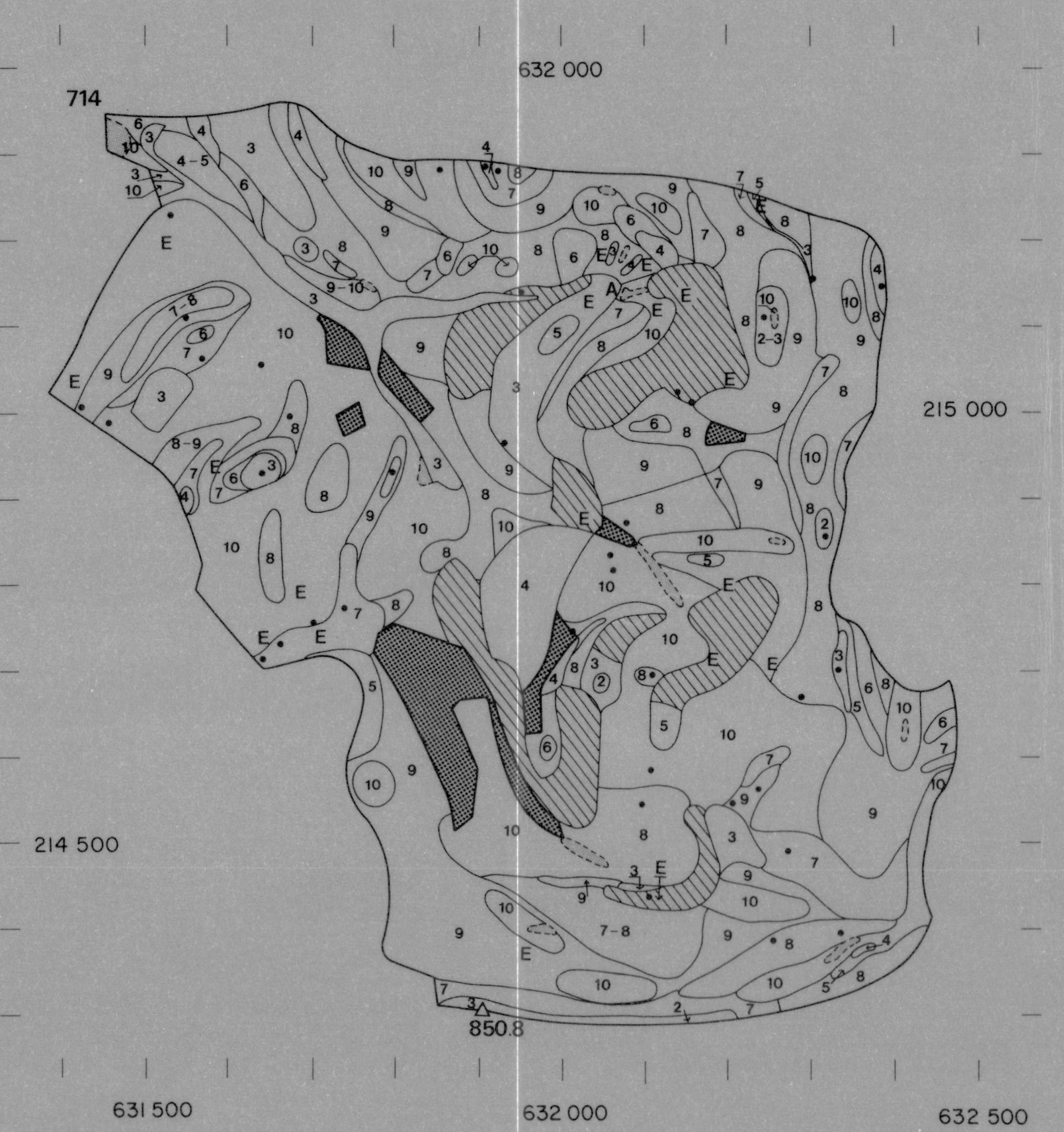

Kartenlegenden

Abb. 22

Bodenkarten

Substrate		Bodentypen	
K	Klock		Braunerde
S	Sand		Braunerde - Staugley
U	Schluff		Staugley
M	Salm		Nassgley
L	Lehm		Rendzina
T	Ton		Ranker
	Akkumulation	▲ 3	Leitprofile LP
			Sklettreiche Bereiche (nur auf Bodenkarte Flückigen)

Karten der Bodenmächtigkeiten

	hydromorphe Böden (Bodenmächtigkeit nicht bestimmt)
	Akkumulationen
6	Bodenmächtigkeit in dm (bei 10:10 dm und mehr)
•	geringmächtige A-Horizonte
E	Örtlichkeit mit beobachteter Erosion
A	Örtlichkeit mit beobachteter Akkumulation